国家科学技术学术著作出版基金资助出版

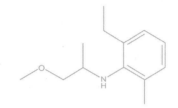

农药中相关杂质分析手册

农业部农药检定所　组编

中国农业出版社

图书在版编目（CIP）数据

农药中相关杂质分析手册/陈铁春，李国平，吴进龙主编；农业部农药检定所组编 .—北京：中国农业出版社，2016.7

国家科学技术学术著作出版基金

ISBN 978-7-109-21592-4

Ⅰ.①农… Ⅱ.①陈… ②李… ③吴… ④农… Ⅲ.①农药—杂质—分析—手册 Ⅳ.①TQ450.7-62

中国版本图书馆 CIP 数据核字（2016）第 078047 号

中国农业出版社出版

（北京市朝阳区麦子店街 18 号楼）

（邮政编码 100125）

责任编辑 阎莎莎 张洪光

北京通州皇家印刷厂印刷 新华书店北京发行所发行

2016 年 7 月第 1 版 2016 年 7 月北京第 1 次印刷

开本：787mm×1092mm 1/16 印张：16.75

字数：375 千字

定价：98.00 元

（凡本版图书出现印刷、装订错误，请向出版社发行部调换）

编写人员名单

主　编：陈铁春　李国平　吴进龙

副主编：黄啟良　宋俊华　邵向东　于　荣

　　　　姜宜飞　刘苹苹　曹立冬　王　玥

　　　　张峰祖　李红霞

参　编（按姓氏音序排序）：

　　　　薄　瑞　曹立冬　陈铁春　陈　翔

　　　　崔丽娜　范　理　高　静　郭海霞

　　　　黄啟良　黄　伟　姜宜飞　孔令娥

　　　　李红霞　李国平　李友顺　刘丰茂

　　　　刘苹苹　穆　兰　邵向东　宋俊华

　　　　王胜翔　王　玥　温华珍　吴厚斌

　　　　吴进龙　武　鹏　谢秀兰　杨　锚

　　　　于　荣　张峰祖

前　言

农药的质量和安全不仅影响到农业生产安全，更关系到人体健康、食品安全和生态环境保护。以《寂静的春天》出版为标志，人类对农药的安全评价给予了高度关注。自20世纪有机氯农药禁用之后，又有很多农药由于高毒、高残留等原因陆续被禁用。对于农药安全性的评价，除了有效成分之外，原药和制剂产品中的杂质也是重要的因素，相关杂质情况也成为判定农药产品质量和安全的重要指标之一，原因在于它不仅直接关乎农药产品的使用效果，而且对人体健康、环境安全和农产品安全也会产生重要影响，杂质管理已成为各国农药登记管理的重要内容。

农药产品中的杂质主要分为两类，一类为显著杂质，即原药中含量大于0.1%的任何非有意添加的成分；一类为相关杂质，是指与农药有效成分相比，农药产品在生产或储存过程中所产生的对人类和环境具有明显的毒害，或对适用作物产生药害，或引起农产品污染，或影响农药产品质量稳定性，或引起其他不良影响的杂质。相关杂质可能来源于农药生产原材料、化学反应的中间体或副产物、农药储藏过程中的分解产物、溶剂残留等，某些固体不溶物也可能成为相关杂质。尽管相关杂质含量通常很低，但其产生的潜在危害却不容忽视。近年来，联合国粮食及农业组织（FAO）、世界卫生组织（WHO）、欧盟、澳大利亚等国际组织和国家对农药中相关杂质的管理要求不断提高，分别对农药原药的杂质限量进行了规定。相比而言，我国对农药产品中相关杂质的管理起步晚，涉及的相关杂质数量少，限量要求也与国际要求有一定差距，如何借鉴发达国家的经验，严格控制我国农药产品中相关杂质含量，加强农药产品质量管理显得尤为迫切。

控制农药中相关杂质含量、提高农药产品质量和安全性，除需了解农药中相关杂质的种类、产生的原因及危害之外，更重要的是提升产品中相关杂质的定性定量检测能力，这也是我国农药杂质管理所面临的一个瓶颈。鉴于此，本书分析了农药原药中相关杂质产生的原因及危害，同时参考我国国家标准、行业标准及FAO/WHO公布的农药原药质量标准，对77种农药中的116种相关杂质的限量及定量分析方法进行了介绍，力求为我国农药中杂质的管理提供技术支撑，同时为生产企业提高国际竞争力而进一步优化农药生产工艺、减少相关杂质的产生提供参考，也为农药产品检测机构提供技术支持。

本书主要供农药质量监管机构、农药生产和加工企业、农药质量检测分析相关单位的管理者、技术人员参考，也可用于大专院校农药学等相关专业本科生、研究生教学和科研。本书由农业部农药检定所牵头编写，中国农业大学、中国农业科学院植物保护研究所、北京颖泰嘉和分析技术有限公司等单位的相关专家合作编著，吴孔明院士以及周志强教授、范志金教授、江云宝教授等对本书的编写提供了大力帮助和支持，在此表示衷心感谢。

本书作者在整理过程中，力求信息准确、及时，但仍不免出现纰漏之处，希望读者给予指正。

编　者

2015 年 10 月

目　录

前言

第一章　相关杂质介绍 ································· 1

　　一、相关杂质的定义 ····························· 1

　　二、相关杂质的确定程序 ························· 2

　　三、相关杂质分析与方法验证 ····················· 5

第二章　杀虫剂中的相关杂质 ························· 8

　　苯丁锡中相关杂质的测定 ························· 8

　　　　双［羟基双（2-甲基-2-苯基丙基）锡］氧化物（BHTO） ··· 8

　　丙溴磷中相关杂质的测定 ························· 9

　　　　2-氯-4-溴-苯酚 ··························· 9

　　敌敌畏中相关杂质的测定 ························· 11

　　　　三氯乙醛 ····························· 11

　　丁硫克百威中相关杂质的测定 ····················· 13

　　　　克百威 ····························· 13

　　毒死蜱中相关杂质的测定 ························· 16

　　　　治螟磷 ····························· 16

　　二嗪磷中相关杂质的测定 ························· 18

　　　　O,S-特普 ··························· 18

　　　　S,S-特普 ··························· 19

　　甲胺磷中相关杂质的测定 ························· 21

　　　　O,O,O-三甲基硫代磷酸酯 ····················· 21

　　　　O,O,S-三甲基硫代磷酸酯 ····················· 22

　　　　O,O-二甲基硫代磷酰胺 ····················· 22

　　　　O,O-二甲基硫代磷酰甲胺 ····················· 22

　　　　O,S-二甲基硫代磷酰甲胺 ····················· 23

　　甲基对硫磷中相关杂质的测定 ····················· 25

　　　　S-甲基对硫磷 ··························· 25

　　甲基嘧啶磷中相关杂质的测定 ····················· 27

　　　　O,O,S-三甲基硫代磷酸酯 ····················· 27

O,O-二甲基硫代磷酰氯 …………………………………………… 27

O,O,O-三甲基基硫代磷酸酯 ……………………………………… 27

异甲基嘧啶磷 ……………………………………………………… 28

O,O,S-三甲基二硫代磷酸酯 ……………………………………… 28

久效磷中相关杂质的测定 …………………………………………… 31

磷酸三甲酯 ………………………………………………………… 31

克百威中相关杂质的测定 …………………………………………… 33

呋喃酚 ……………………………………………………………… 33

乐果中相关杂质的测定 ……………………………………………… 34

氧乐果 ……………………………………………………………… 34

异乐果 ……………………………………………………………… 35

林丹中相关杂质的测定 ……………………………………………… 37

甲体六六六 ………………………………………………………… 37

硫丹中相关杂质的测定 ……………………………………………… 39

硫丹醚 ……………………………………………………………… 39

硫丹醇 ……………………………………………………………… 40

硫双威中相关杂质的测定 …………………………………………… 42

灭多威 ……………………………………………………………… 42

马拉硫磷中相关杂质的测定 ………………………………………… 44

异马拉硫磷 ………………………………………………………… 44

马拉氧磷 …………………………………………………………… 46

O,O,S-三甲基二硫代磷酸酯 ……………………………………… 49

O,O,O-三甲基巯基磷酸酯 ………………………………………… 49

灭线磷中相关杂质的测定 …………………………………………… 52

正丙硫醇 …………………………………………………………… 52

三氯杀螨醇中相关杂质的测定 ……………………………………… 54

滴滴涕（DDT） …………………………………………………… 54

杀虫单中相关杂质的测定 …………………………………………… 56

氯化钠 ……………………………………………………………… 56

杀铃脲中相关杂质的测定 …………………………………………… 57

N，N'-二-［4-（三氟甲氧基）苯基］脲 ……………………… 57

杀螟硫磷中相关杂质的测定 ………………………………………… 59

S-甲基杀螟硫磷 …………………………………………………… 59

O，O，O'，O'-四甲基二硫代磷酸酯（TMPP） ………………… 61

杀线威中相关杂质的测定 …………………………………………… 64

亚硝胺（NDMA） ………………………………………………… 64

双硫磷中相关杂质的测定 …………………………………………… 65

氧双硫磷 …………………………………………………………… 65

　　异双硫磷 ··· 66
　速灭威中相关杂质的测定 ·· 68
　　3-甲基苯酚 ·· 68
　涕灭威中相关杂质的测定 ·· 70
　　涕灭威腈 ·· 70
　　涕灭威肟 ·· 70
　　1,3-二甲基脲 ·· 70
　　1,3,5-三甲基双缩脲 ·· 71
　　异氰酸甲酯 ·· 74
　异丙威中相关杂质的测定 ·· 76
　　邻异丙基酚 ·· 76
　乙酰甲胺磷中相关杂质的测定 ·· 78
　　O,O,S-三甲基硫代磷酸酯（RE－15283） ······························ 78
　　乙酰胺 ·· 78
　　甲胺磷 ·· 78
　印楝素中相关杂质的测定 ·· 83
　　黄曲霉素 B1 ·· 83
　　黄曲霉素 B2 ·· 83
　　黄曲霉素 G1 ·· 83
　　黄曲霉素 G2 ·· 84
　右旋烯丙菊酯中相关杂质的测定 ·· 88
　　菊酸酐 ·· 88

第三章　除草剂中的相关杂质 ··· 90
　2,4-滴中相关杂质的测定 ·· 90
　　游离酚 ·· 90
　2,4-滴丁酯中相关杂质的测定 ·· 92
　　游离酚 ·· 92
　2 甲 4 氯中相关杂质的测定 ·· 93
　　4-氯-2-甲基苯酚 ·· 93
　2 甲 4 氯丙酸中相关杂质的测定 ·· 95
　　4-氯-2-甲基苯酚 ·· 95
　2 甲 4 氯丙酸金属盐中相关杂质的测定 ···································· 96
　　4-氯-2-甲基苯酚 ·· 96
　2 甲 4 氯丁酸中相关杂质的测定 ·· 96
　　4-氯-2-甲基苯酚 ·· 96
　2 甲 4 氯丁酸钾盐中相关杂质的测定 ······································ 97
　　4-氯-2-甲基苯酚 ·· 97

2 甲 4 氯钠盐中相关杂质的测定 ·· 98
　　4-氯-2-甲基苯酚 ·· 98
氨氯吡啶酸中相关杂质的测定 ·· 98
　　六氯苯（HCB） ·· 98
百草枯二氯盐中相关杂质的测定 ·· 101
　　三联吡啶异构体 ··· 101
　　4,4-联吡啶 ··· 104
苯磺隆中相关杂质的测定 ·· 106
　　甲磺隆 ··· 106
草甘膦中相关杂质的测定 ·· 109
　　甲醛 ··· 109
　　亚硝基草甘膦 ··· 110
敌草快中相关杂质的测定 ·· 112
　　1,2-二溴乙烷 ·· 112
　　2,2'-联吡啶 ··· 114
　　三联吡啶 ··· 116
碘苯腈辛酸酯中相关杂质的测定 ·· 120
　　游离酸 ··· 120
丁草胺中相关杂质的测定 ·· 121
　　伯酰胺 ··· 121
氟乐灵中相关杂质的测定 ·· 124
　　N,N-二丙基亚硝胺（NDPA） ······································· 124
环嗪酮中相关杂质的测定 ·· 126
　　氨基甲酸乙酯 ··· 126
甲草胺中相关杂质的测定 ·· 128
　　伯酰胺 ··· 128
利谷隆中相关杂质的测定 ·· 130
　　游离胺盐 ··· 130
氯草敏中相关杂质的测定 ·· 132
　　4-氨基-5-氯-2-苯基-3（2H）-哒嗪酮 ······························· 132
绿麦隆中相关杂质的测定 ·· 134
　　N-（4-甲基苯基）-N'，N'-二甲基脲 ······························· 134
　　N-（3-氯-4-甲基苯基）-N'-甲基脲 ································· 134
扑草净中相关杂质的测定 ·· 137
　　氯化钠 ··· 137
特乐酚中相关杂质的测定 ·· 138
　　无机亚硝酸盐 ··· 138
异丙甲草胺中相关杂质的测定 ·· 139

　　　　2-乙基-6-甲基苯胺 ··· 139

　　　　2-乙基-6-甲基-N-（2-甲氧基-1-甲基-乙基）苯胺 ···················· 140

　　　　2-乙基-6-甲基-2-氯乙酰苯胺 ··· 140

　　乙草胺中相关杂质的测定 ·· 142

　　　　伯酰胺 ·· 142

第四章　杀菌剂中的相关杂质 ·· 145

　　百菌清中相关杂质的测定 ·· 145

　　　　六氯苯 ·· 145

　　　　十氯联苯 ··· 147

　　代森锰锌中相关杂质的测定 ··· 151

　　　　乙撑硫脲（ETU） ·· 151

　　代森锰中相关杂质的测定 ·· 153

　　　　乙撑硫脲（ETU） ·· 153

　　　　锌 ··· 153

　　代森锌中相关杂质的测定 ·· 155

　　　　锰 ··· 155

　　　　砷 ··· 157

　　　　乙撑硫脲（ETU） ·· 159

　　多菌灵中相关杂质的测定 ·· 161

　　　　2,3-二氨基吩嗪（DAP） ·· 161

　　　　2-氨基-3-羟基吩嗪（AHP） ·· 162

　　福美铁中相关杂质的测定 ·· 165

　　　　福美双 ··· 165

　　福美锌中相关杂质的测定 ·· 167

　　　　砷 ··· 167

　　甲基硫菌灵中相关杂质的测定 ·· 169

　　　　2-氨基-3-羟基吩嗪（AHP） ·· 169

　　　　2,3-二氨基吩嗪（DAP） ·· 169

　　甲霜灵中相关杂质的测定 ·· 172

　　　　2,6-二甲基苯胺 ··· 172

　　克菌丹中相关杂质的测定 ·· 174

　　　　全氯甲硫醇（PCMM） ··· 174

　　氯氧化铜、碱式碳酸铜、硫酸铜和氧化亚铜中相关杂质的测定 ··········· 177

　　　　水溶性铜 ··· 177

　　氢氧化铜中相关杂质的测定 ··· 180

　　　　铅 ··· 180

　　氢氧化铜水溶液样品中相关杂质的测定 ··· 183

砷 ·· 183

  三唑醇和三唑酮中相关杂质的测定 ·· 186

    4-氯苯酚 ··· 186

  铜铵合剂、氯氧化铜、碱式碳酸铜、硫酸铜和氧化亚铜中相关杂质的测定 ········· 188

    砷 ·· 188

  五氯硝基苯中相关杂质的测定 ··· 190

    六氯苯 ··· 190

第五章　其他农药中的相关杂质 ·· 193

  1-甲基环丙烯中相关杂质的测定 ·· 193

    1-氯-2-甲基丙烯（1-CMP） ··· 193

    3-氯-2-甲基丙烯（3-CMP） ··· 193

  矮壮素中相关杂质的测定 ··· 197

    1,2-二氯乙烷 ·· 197

  甲哌鎓原药中相关杂质的测定 ··· 199

    N-甲基哌啶盐酸盐 ·· 199

  甲哌鎓水剂中相关杂质的测定 ··· 201

    有机氯化物及氯化钠 ·· 201

  咪鲜胺中相关杂质的测定 ··· 204

    2,4,6-三氯苯酚 ··· 204

  乙烯利中相关杂质的测定 ··· 206

    1,2-二氯乙烷 ·· 206

  增效醚中相关杂质的测定 ··· 208

    二氢黄樟素 ·· 208

附表1　FAO/WHO农药标准中相关杂质 ··· 211

附表2　欧盟登记规定的相关杂质 ··· 235

附表3　澳大利亚登记规定的相关杂质 ··· 246

参考文献 ··· 252

第一章　相关杂质介绍

相关杂质（relevant impurity）属于农药杂质（impurity）中的一种。因为其毒副作用普遍高于农药有效成分，可能会在原药或制剂配制或使用过程中增加风险，或对药效产生不利影响，而成为农药产品标准的重要控制项目与技术指标，也属于农药登记管理最受关注的项目之一。联合国粮食及农业组织/世界卫生组织（FAO/WHO）按新程序制定的农药国际标准对相关杂质的要求有所提高，我国也要求在制定农药国家或行业标准时列出其中存在的相关杂质，并对相关杂质限量进行规定。同时，要求建立一套具有可操作性、符合相关杂质限量检测要求的、与农药质量监测系统及生产相适应的杂质定性定量分析方法。

目前，我国及澳大利亚、FAO/WHO、欧盟（EU）等国家及相关国际组织已经对130多种农药有效成分的原药及制剂产品制定了相关杂质及限量标准，并规定了有关检测方法。

相关杂质已经成为影响农药产品质量与使用安全的重要控制指标。本章侧重介绍我国及相关国际组织对农药相关杂质的定义、确定程序、检测方法及验证要求。在介绍上述内容之前，有两点需特别说明。一是水分和不溶物也可能被视为相关杂质。当水分影响了农药稳定性或者加工产品的质量时，则被视为相关杂质；原药中的不溶物如果影响了其加工产品的正常使用（如堵塞施药器械滤网或喷头），或者影响了加工产品技术指标（如影响湿筛法测定细度）控制，则不溶物也被视为相关杂质。本书中仅介绍有毒相关杂质，水分、不溶物等不列入其中。二是根据杂质与有效成分相比较而产生的危害。同一种杂质对一个农药产品被视为相关杂质，对另一个农药产品则可能被视为相关杂质，也可能不被视为相关杂质，或需制定不同的限量标准。本书以农药有效成分为单元，对其中所有相关杂质分别进行介绍。

一、相关杂质的定义

广义地讲，与农药有效成分相比，在农药生产或储存过程中含有的对人类和环境的毒理学危害更大，或对适用作物产生药害，或引起农产品污染，或影响农药产品质量稳定性，或引起其他不良影响的杂质皆称为相关杂质。

本书所指相关杂质主要是农药生产与储存过程中产生的，与农药有效成分相比具有明显毒理学危害或风险的反应副产物、分解代谢产物或原料及其携带物。农药原药中的相关杂质主要是合成过程中由于原料质量、合成路线、合成工艺、控制水平等的不同或储存过程中储存条件不当而形成的；农药制剂中的相关杂质则主要来源于加工使用的原药和助剂或者加工、储存过程中产生的有害杂质。

二、相关杂质的确定程序

《FAO/WHO农药标准制定和使用手册》（2010年11月，第二次修订版）中第3.1节D部分介绍了农药相关杂质的确定程序。

1　确定原则

农药中的杂质是否是相关杂质，首要考虑的是与有效成分相比所具有的毒副作用，其次考虑杂质含量对产品所有危害的贡献率。一旦确定为相关杂质，则必须在产品标准中加以控制。

这里所指的毒副作用可以是毒性危害也可以是非毒性危害。毒副作用可以是杂质已经表现出来的，也可以是有有效的证据证明，在实际使用中没有表现出来，但是值得关注的危害。尽管杂质的危害风险与其含量相关，但风险主要还是依赖于实际应用中所造成的结果。因此，FAO/WHO农药标准联席会议（JMPS）在确定杂质的相关性时，综合考虑了杂质浓度对产品所有危害的贡献率。在这方面，JMPS对农药相关杂质的确定程序与全球化学品协调系统（GHS）对混合物的确定规范类似。但是JMPS在采用GHS准则确定程序的同时，也有一些差异。

GHS准则的限量标准既适用于单一物质，也适用于混合物质（相当于制剂和用原药稀释后的母液）。与之相反，FAO/WHO关于相关杂质的限量要求通常是基于有效成分的含量，以确保制剂加工所需原药或母液的质量。

是否是相关杂质取决于其与有效成分相比产生的危害。因此，同一种杂质对不同有效成分可能得到不同的确定结果，对一个农药或其产品被视为相关杂质，对另一个农药产品则可能被视为相关杂质，也可能不被视为相关杂质，或者针对不同有效成分制定不同的限量标准。

2　确定程序

按照下列程序，分别对杂质的每种危害（毒理的或非毒理的）进行评估。

2.1　已有的危害信息

（a）杂质和有效成分属于相同类型危害物（毒性被认为具有相加作用），继续进行下述2.2步骤评估。

（b）杂质和有效成分属于不同类型危害物，继续进行下述2.2步骤评估。

（c）从化学结构或其他方面可提供强有力的证据证明杂质的危害属于上述（a）、（b）两种类型，继续进行下述2.2步骤评估。

（d）如杂质危害未知，并且没有证据证明它可能属于类别（a）或（b），则可判定为非相关杂质。

2.2　杂质出现的概率

（e）在实际生产的原药批次产品存储前后，杂质至少有一次达到了检出水平，继续进行下述2.3步骤评估。

（f）在实际生产的原药批次产品存储后，杂质至少有一次达到了定量水平，继续进行下述 2.3 步骤评估。

（g）如杂质仅在实际生产的制剂批次产品存储前后被检出，则该杂质可视为原药中的非相关杂质，制剂继续进行下述 2.3 步骤评估。

（h）如杂质在原药或制剂中没有达到定量水平，则继续进行下述 2.4 步骤评估。

2.3　危害程度

杂质危害程度可以通过计算有效成分中的杂质在毒性危害中的最坏可能性进行评价（《FAO/WHO 农药标准制定和使用手册》，2010 年第二次修订版，附件 J），通过计算有效成分/杂质混合物的最大理论危害增加值进行杂质危害程度识别，并由此计算得出杂质最大可接受浓度。

计算所用公式是 WHO/PCS 向 JMPS 提出建议时使用的。通常在以下情况下可计算：①有效成分和杂质具有相似的毒性等级；②或者二者的毒性等级被认为是相加的；③杂质的毒性经过测定或者杂质的毒性可以由相似化合物评估得出。如果符合①和③的条件，毒性的效果不是相加的，但如果本身的交互作用是已知的，那么也可以进行计算，但不含在下述公式中。

具体计算公式如下：

杂质的相对危害（$RelHaz_{imp}$）：

$$RelHaz_{imp} = \frac{Haz_{ai}}{Haz_{imp}} \tag{1-1}$$

有效成分/杂质混合物的最大理论危害增加值（MTIHaz）：

$$MTIHaz = \frac{\%ai_{min} \times RelHaz_{ai} + \%imp_{max} \times RelHaz_{imp}}{\%ai_{min} \times RelHaz_{ai}} \tag{1-2}$$

由于 $RelHaz_{ai} = 1$，上式可简化为：

$$MTIHaz = \frac{\%ai_{min} + \%imp_{max} \times RelHaz_{imp}}{\%ai_{min}} \tag{1-3}$$

杂质最大可接受浓度（$\%imp_{maxaccept}$）：

把式（1-2）中 MTIHaz 的界限值设为 1.1（相当于有效成分/杂质混合物的最大理论危害增加值+10%），用 $\%imp_{maxaccept}$ 代替 $\%imp_{max}$，得到下式：

$$1.1 = \frac{\%ai_{min} + \%imp_{maxaccept} \times RelHaz_{imp}}{\%ai_{min}} \tag{1-4}$$

把式（1-4）重新整理，得到下式：

$$\%imp_{maxaccept} = \frac{0.1 \times \%ai_{min}}{RelHaz_{imp}} \tag{1-5}$$

上述式中：

　　Haz_{ai}——有效成分的危害数据；

　　Haz_{imp}——杂质的危害数据；

　$RelHaz_{imp}$——杂质的相对危害数据；

　$RelHaz_{ai}$——有效成分的相对危害值（=1）；

　　$\%ai_{min}$——有效成分的最小含量；

%imp~max~——杂质的最大理论含量；

MTIHaz——有效成分/杂质混合物的最大理论危害增加值；

%imp~maxaccept~——杂质最大可接受浓度。

注：Haz通常以其毒理学相关的数据表示，如致死中量（LD~50~）、无毒性反应剂量（NOAEL）、基准剂量（BMD）或其下限（BMDL）等。

为了便于理解，举例如下：

例1：杂质的急性经口毒性 LD~50~ 是 100mg/kg，有效成分的急性经口毒性 LD~50~ 是 1 000mg/kg，有效成分最小含量是92%。则杂质的相对危害数据 RelHaz~imp~ ＝ 1000/100＝10。有效成分/杂质混合物的最大理论危害增加值 MTIHaz＝［92＋（8×10）］/92＝1.87（87%＞10%，则杂质是相关杂质）。杂质最大可接受浓度%imp~maxaccept~ ＝（0.1×92）/10＝0.92%。保留一位有效数字，则有效成分/杂质混合物的最大理论危害增加值是1%。

例2：生物农药的最小纯度为20%。杂质的急性经口毒性 LD~50~ 为 2 000mg/kg，有效成分的急性经口毒性 LD~50~ 为 1 000mg/kg。这时，杂质的危害小于有效成分的危害。杂质的相对危害数据 RelHaz~imp~＝1000/2000＝0.5。有效成分/杂质混合物的最大理论危害增加值 MTIHaz＝［20＋（80×0.5）］/20＝3.0（200%＞10%，则杂质是相关杂质）。杂质最大可接受浓度%imp~maxaccept~ ＝（0.1×20）/0.5＝4%。

例3：杂质和有效成分的急性经口毒性 LD~50~ 分别为400mg/kg和600mg/kg，有效成分的最小纯度为98%。杂质的相对危害数据 RelHaz~imp~＝600/400＝1.5。有效成分/杂质混合物的最大理论危害增加值 MTIHaz＝［98＋（2×1.5）］/98＝1.03（3%＜10%，则杂质是非相关杂质）。

（i）在最坏可能情形下，计算得出的杂质的危害超过了可以忽略的阀值，即可确定为相关杂质。

（j）在最坏可能情形下，杂质的危害无法计算，即可确定为相关杂质。

（k）在最坏可能情形下，计算得出的杂质的危害没有超过可以忽略的阀值，即可确定为非相关杂质。

2.4 未达定量水平杂质相关性的评估

（l）杂质偶尔出现在实际生产批次产品中，但混合批次产品中未达定量水平，则采用混合前量值按照上述2.3步骤评估杂质危害程度。

（m）有证据或经验表明，在有效成分生产中可能产生杂质：

——但在评估产品中从未达到检出水平，或者

——采用的工艺不可能产生该杂质，或者

——杂质可能来源于生产的起始原料，但经评估，申请产品的生产商实际使用的原料中不会出现。则可认定为非相关杂质，但应在产品标准中注明注意事项。

3 相关杂质的限量值

杂质限量的制定是依据具体情况得出的科学判断。相关杂质限量值的制定通常要考虑WHO或其他权威机构专家的意见。

3.1 最大可接受限量

在没有数据或其他信息提供更准确的支持时，JMPS 通常会采取 GHS 准则规定的值作为相关杂质最大可接受限量的默认值（GHS 准则中规定具有致癌、致畸 I 类，生殖毒性的杂质限量为 1g/kg，而除此之外的其他有毒杂质限量皆为 10g/kg）。当杂质与有效成分表现出不同的毒副作用时，通常采用这种方式。当然，只要必要和有依据，GHS 接受一些情形下限量值对准则的偏离。一旦 JMPS 有足够有效的数据来制定杂质的最大可接受限量，其对应的对产品整体危害贡献值可忽略，JMPS 将对其作出评估，并可比 GHS 准则规定的限量优先使用。

对于与有效成分具有类似毒理机制的杂质（二者产生的毒性危害属于相加作用），JMPS 通常会以能够增加有效成分 10% 毒性对应的杂质含量作为其最大可接受限量。尽管 10% 的增加值是人为制定的，但被认为其对危害的增加可以忽略不计。《FAO/WHO 农药标准制定和使用手册》（2010 年第二次修订版）附录 J 中给出了计算的示例，但那仅仅针对与有效成分具有类似毒理机制的杂质。否则，需要基于实际情况具体分析和计算。

3.2 相关杂质的限量标准

如果申请者根据生产实际提出的相关杂质限量值低于其最大可接受限量〔参考《FAO/WHO 农药标准制定和使用手册》（2010 年第二次修订版）第 3.1 节第 A.5 或 A.6 段〕，JMPS 通常会优先采用前者。

标准中相关杂质限量标准的最大值采用有效成分含量的 g/kg 来表示。个别情况下，当有证据表明相关杂质的浓度与有效成分加工、稀释等影响相关时，该最大值可采用制剂产品的 g/kg 来表示。规格标准中要分别对每种相关杂质规定不同的条款。相关杂质的检测平均值不能超出限量规定的最大值。

①大于等于 1g/kg 的相关杂质，限量标准参照全组分分析报告（至少 5 个有代表性的批次）中研究确定的结果（目前要求提供 5 批次 GLP 全组分分析报告）制定，申请者要对制定依据给出明确解释（例如，在实际生产中发现的最高剂量；实际生产中所测平均值加 3 倍标准偏差等）。相关杂质的限量标准一般用 5 批次全组分分析报告研究结果的平均值加上 3 倍标准偏差表示。

如使用同一工艺在一个以上地方生产，应提供至少两个生产点的 5 批次全分析报告，且反映典型极端情况下的杂质数据。

②含量低于 1g/kg 的相关杂质，限量标准同样参照全组分分析报告（至少 5 个有代表性的批次）中研究确定的结果（目前要求提供 GLP5 批次全组分分析报告）制定，申请者也需给出制定依据。

③对观察到的相关杂质的毒副作用给出解释，如毒理学效应、对有效成分稳定性的影响等。JMPR 或登记注册机构制定的限量标准应该附有上述解释，以示限量标准制定的权威性。

三、相关杂质分析与方法验证

我国及 FAO/WHO 等国家和国际组织要求，在制定农药产品相关杂质限量标准时，必须同时建立一套具有可操作性、符合相关杂质限量检测要求、与农药质量监测系统及生产相适应的杂质定性定量分析方法。相关杂质的分析方法至少应经过等效性确认，若还没有已公布的分析方法和方法等效性确认资料，则申请人应向登记注册机构提交这些资料。

1 相关杂质的定性分析

我国要求申请者在提交的原药全组分分析报告中，提供原药中杂质红外光谱、核磁共振谱和质谱中至少一种定性试验方法及色谱保留时间、解析过程、结构式、通用名称或化学名称及相关谱图。

2 相关杂质的定量分析

2.1 定量分析方法

①应采用标准品对照定量法，分析方法应进行确认。

②采用国家标准、行业标准或国际农药分析协作委员会（CIPAC）等国际通用方法的，仅需进行特异性、定量限等必要参数的适应性验证。

③对于实验室自行开发的方法，应进行方法确认。方法确认包括特异性、线性关系、精密度、准确度和定量限等。

2.2 定量分析方法确认

①特异性：特异性可通过与另一种已证明是合适的、分离或检测原理不同、或具有较强分辨能力的方法进行结果比较来确定。通常可使用气相色谱-质谱联用仪（GC/MS）、液相色谱-质谱联用仪（LC/MS）或者二极管阵列检测器（DAD）进行测定，确认其特异性。

②线性关系：被测组分响应的线性范围，至少应涵盖该组分测定浓度的±20%。至少配制3个浓度，每个浓度重复两次，或者至少配制5个浓度，每个浓度重复一次。应附上线性方程式、线性范围和线性相关系数等数据。线性范围内，相关系数（r）应大于0.99，否则应提供如何保证方法有效性的说明。如因特殊需要使用非线性响应的方法，应做出解释。

③精密度（重复性）：重复性试验应至少进行5次样品测定，并计算测定结果的相对标准偏差，相对标准偏差应小于$2^{(1-0.5\log C)} \times 0.67$，其中，$C$为样品中相关杂质含量，以小数计（如1%，$C=0.01$）。

可用Dixon法或Grubbs法检验测定结果中的偏离数据，但要舍去某些结果时，应明确指出，并解释产生偏离的原因。

④准确度：对于原药中的相关杂质分析方法，可采用标准品添加法，通过计算回收率评价其准确度。应在符合产品规格的水平上进行回收率测定。如采用其他方法，应详细说明试验过程。

进行添加回收率试验时，可配制与待测组分含量测定时浓度相同的5份样品（样品取样量减半，按1∶1比例加入标准品），也可至少配制三个不同浓度的样品（样品取样量减半，至少包括0.8∶1、1∶1、1.2∶1三个比例），每个浓度平行做2份，共6份。回收率R（%）按式（1-6）计算：

$$R = \frac{a-b}{c} \times 100\%$$ (1-6)

式中：

R——回收率（%）；

a——测得量（mg）；

b——所称原药样品中待测组分量（mg）；

c——理论加入量（mg）。

添加回收率应符合下列要求：

相关杂质标准限量浓度（%）	添加回收率（%）
>1	90～110
0.1～1	80～120
<0.1	75～125

⑤定量限：原药中的相关杂质分析方法应报告定量限，根据原药所声明的技术规格要求，定量限应小于原药中有效成分含量的 0.1%。如相关杂质含量小于有效成分含量的 0.1%，定量限应在适当的水平。

第二章　杀虫剂中的相关杂质

苯丁锡中相关杂质的测定

双［羟基双（2-甲基-2-苯基丙基）锡］氧化物（BHTO）

$$C_{20}H_{28}O_3Sn_2 \quad 553.9^*$$

中文化学名称：双［羟基双（2-甲基-2-苯基丙基）锡］氧化物

英文化学名称：bis［hydroxyl bis（2-methyl-2-phenylpropy）tin］oxide

试验方法

1　方法提要

使用薄层谱对苯丁锡中双［羟基双（2-甲基-2-苯基丙基）锡］氧化物进行分离和测定，利用氯气和邻苯二酚紫显色，结合标准品比对来识别斑点。

2　试剂和溶液

氯仿；正己烷；冰醋酸；丙酮；十六烷基三甲基溴化铵；邻苯二酚基磺酸（邻苯二酚紫喷雾试剂），使用丙酮/水（1/1，v/v）200mL 溶液溶解邻苯二酚紫（0.1g）和十六烷基三甲基溴化铵；氯气，液氯钢瓶应该放在通风处；BHTO，分析纯级。

3　仪器

薄层色谱玻璃平板：200mm×200mm，厚度 0.25mm 的 60 F_{254} 硅胶涂层；层析缸：大约260mm×85mm ×220mm（深度）；微量注射器：10μL；喷枪；具塞量筒：10mL 和 100mL；滤纸；玻璃缸。

4　TLC 条件

层析缸：底部放入滤纸，使用展开剂预饱和 15min；展开剂：正己烷/冰醋酸

---

* 相对分子质量。全书同。

（85/15，v/v）；显色：薄层板暴露于氯气中，然后使用含邻苯二酚紫和十六烷基三甲基溴化铵的丙酮/水溶液喷雾显色；R_f值：苯丁锡为 0.26，BHTO 为 0.13。

5 操作步骤

5.1 样品中 BHTO 的测定

称量约 1g（精确至 1mg）苯丁锡原药试样于 10mL 容量瓶中，用氯仿溶解并稀释至刻度，混匀。称取 50mg（精确至 0.1mg）的 BHTO 于 100mL 容量瓶中，用氯仿溶解稀释定容并混匀（0.50μg/μL）。用铅笔在薄层板底端上面 25mm 处画一条直线，从线的一端 18mm 处开始每隔 15mm 进行点标记，共 12 点，选测其中 6 点进行 BHTO 点样，分别对应 0.5μg、1.0μg、2.0μg、3.0μg、4.0μg 及 5.0μg BHTO。其他剩余 6 点用于 500μg 苯丁锡原药（即 5μL 的样品溶液）。待样品和标样点干燥后，把薄层板置于层析缸内，待展开液从底部上升到薄层板顶端的标记线处，风干。将薄层板暴露于置于风橱中含氯气的玻璃缸内大约 5min，取出快速蒸发溶剂（操作必须在通风橱中进行），然后使用邻苯二酚紫喷雾，在黄色的底板上呈现紫色的斑点。通过标样斑点和样品斑点的目测比较测定苯丁锡样品中 BHTO 的含量。

5.2 计算

BHTO 的含量 y（g/kg）按式（2-1）计算：

$$y = \frac{a \times 1000}{b} \tag{2-1}$$

式中：

a——加到薄层板上样品中 BHTO 的量（μg）；

b——加到薄层板上的苯丁锡原药量（μg）。

丙溴磷中相关杂质的测定

2-氯-4-溴-苯酚

C_6H_4BrClO 207.5

中文化学名称： 2-氯-4-溴-苯酚

英文化学名称： 4-bromo-2-chlorophenol

CAS 登录号： 695-96-5

理化性状： 常温下为白色粉末状无味固体，熔点 31～34℃，沸点 230～232℃（760mmHg*），闪点＞110℃（闭杯），可溶于苯、甲苯、四氯化碳等有机溶剂。

---

* mmHg 为非法定计量单位，1mmHg≈133.32Pa。全书同。

危害性概述:

GHS 分类:皮肤刺激(类别 2);眼睛刺激(类别 2A);特异性靶标器官毒性(一次接触)(类别 3)。GHS 危害标识:H315(皮肤刺激);H319(严重眼刺激);H335(可引起呼吸道刺激);H301(吞咽有毒)。

试验方法

1 方法提要

试样用三氯甲烷溶解,使用 3%OV-210/Chromosorb W AW DMCS(180~250μm)为填充物的玻璃柱和氢火焰离子化检测器,对试样中的 2-氯-4-溴-苯酚进行气相色谱分离和测定。

2 试剂和溶液

三氯甲烷;2-氯-4-溴-苯酚标样:已知含量≥99.0%;固定液:OV-210;载体:Chromosorb W AW DMCS(180~250μm)。

3 仪器

气相色谱仪:具有氢火焰离子化检测器;色谱数据处理机;色谱柱:1.0m×3.2mm(内径,i.d.),玻璃柱或不锈钢柱;柱填充物:OV-210 涂渍在 Chromosorb W AW DMCS(180~250μm)上;固定液:(固定液+载体)=3:100(质量比)。

4 色谱条件

汽化室温度:150℃;检测器温度:150℃;柱箱温度:95℃;载气(N$_2$):30mL/min;氢气:35mL/min;空气:350mL/min;进样量:2μL;保留时间:2-氯-4-溴-苯酚 3.8min。

上述是典型操作参数,可根据不同仪器特点,对给定操作参数做适当调整,以期获得最佳效果。丙溴磷原药中 2-氯-4-溴-苯酚的气相色谱图如图 2-1。

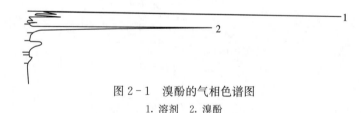

图 2-1 溴酚的气相色谱图
1. 溶剂 2. 溴酚

5 测定步骤

5.1 标样溶液的制备

称取标样 0.05g(精确至 0.2mg),置于 10mL 容量瓶中,用三氯甲烷溶解并定容至刻度,摇匀。

5.2 试样溶液的制备

称取含 2-氯-4-溴-苯酚约 0.05g 的试样(精确至 0.2mg),置于 10mL 容量瓶中,用三氯甲烷溶解并定容至刻度，摇匀。

5.3 测定

在上述操作条件下，待仪器稳定后，连续注入数针标样溶液，计算各针相对响应值的重复性，待相邻两针的相对响应值变化小于 2.0% 时，按照标样溶液、试样溶液、试样溶液、标样溶液的顺序进行测定。

6 计算

将测得的两针试样溶液以及试样前后两针标样溶液中 2-氯-4-溴-苯酚峰面积值，分别进行平均。2-氯-4-溴-苯酚的质量分数 ω_1（%）按式（2-2）计算：

$$\omega_1 = \frac{A_1 \times m_2 \times \omega}{A_2 \times m_1} \tag{2-2}$$

式中：

A_1——试样溶液中，2-氯-4-溴-苯酚峰面积值；

A_2——标样溶液中，2-氯-4-溴-苯酚峰面积值；

m_1——试样的质量（g）；

m_2——标样的质量（g）；

ω——标样中 2-氯-4-溴-苯酚的纯度（%，m/m）。

7 允许差

两次平行测定的相对差，应不大于 0.2%。

敌敌畏中相关杂质的测定

三 氯 乙 醛

C_2HCl_3O 147.4

中文化学名称：三氯乙醛

英文化学名称：trichloracetic aldehyde

CAS 登录号：75-87-6

理化性状：纯品为无色易挥发的油状液体，有刺激气味。熔点 −57.5℃，饱和蒸气压 4.67 kPa（20℃），密度 1.583g/cm³（20℃）。溶解性：溶于水、乙醇、乙醚、氯仿。稳定性：受热分解放出有催泪性及腐蚀性的气体。

危害性概述：对皮肤和黏膜有强烈的刺激作用。对动物全身毒性作用较强，引起麻醉作用。表现有短期兴奋，继而发生共济失调、侧倒、麻醉及死亡。大鼠长期接触其蒸气，可导致发育迟滞，中枢神经系统功能紊乱，有低血压倾向，肝、肾及脾脏损害，支气管炎等。

试验方法

1 方法提要

样品用丙酮溶解，以甲苯为内标物，以 5％HP-5 毛细管色谱柱分离，氢火焰离子化检测器检测，内标法定量。

2 试剂和溶液

丙酮；水合三氯乙醛标样：已知质量分数≥99.0％；内标物：甲苯（没有干扰色谱分析的杂质）；内标溶液：准确称取 0.175g 甲苯，置于 100mL 容量瓶中，用丙酮溶解并稀释至刻度，摇匀。

3 仪器

气相色谱仪，具氢火焰离子化检测器；色谱数据处理机；色谱柱：30m×0.32mm（i.d.）石英毛细管柱，内壁涂 5％HP-5 固定液，膜厚 0.25μm；微量进样器：10μL。

4 色谱条件

温度：柱箱 41℃保留 5min，30℃/min 升温至 200℃保留 5min，气化室 200℃，检测器 250℃；气体流量：载气（N_2）30mL/min；氢气：30mL/min；空气：300mL/min；进样量：1μL；保留时间：三氯乙醛约 3.3min，甲苯 4.7min。

上述操作是典型参数，可根据不同仪器特点，对给定的操作参数做适当调整，以期获得最佳效果。典型的三氯乙醛气相色谱图见图 2-2。

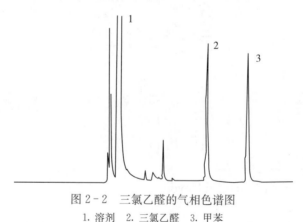

图 2-2　三氯乙醛的气相色谱图
1. 溶剂　2. 三氯乙醛　3. 甲苯

5 操作步骤

5.1 标准溶液的配制

称取水合三氯乙醛标样 0.1g（精确至 0.2mg）置于一具塞玻璃瓶中，用移液管准确加入 5mL 内标液，摇匀。

5.2 试样的配制

称取含三氯乙醛 0.1g 的试样（精确至 0.2mg），置于一具塞玻璃瓶中，用与 5.1 中使用的同一支移液管准确加入 5mL 内标溶液，摇匀。

5.3 测定

在上述操作条件下，待仪器稳定后，连续注入数针标样溶液，直至相邻两针三氯乙醛峰面积与内标峰面积的比相对变化小于 1.5% 后，按照标样溶液、试样溶液、试样溶液、标样溶液的顺序进行测定。

6 计算

试样中三氯乙醛的质量分数 ω_1（%）按式（2-3）计算：

$$\omega_1 = \frac{\gamma_2 \times m_1 \times \omega}{\gamma_1 \times m_2} \times \frac{147.4}{165.4} \qquad (2-3)$$

式中：

γ_1——标准溶液中，三氯乙醛峰面积与内标峰面积比的平均值；

γ_2——试样溶液中，三氯乙醛峰面积与内标峰面积比的平均值；

m_1——标样的质量（g）；

m_2——试样的质量（g）；

147.4——三氯乙醛的相对分子质量；

165.4——水合三氯乙醛的相对分子质量；

ω——标样中水合三氯乙醛的质量分数（%）。

丁硫克百威中相关杂质的测定

克 百 威

$C_{12}H_{15}NO_3$　221.3

中文化学名称：2,3-二氢-2,2-二甲基-7-苯并呋喃基甲氨基甲酸酯

英文化学名称：2,3-dihydro-2,2-dimethylbenzonfuran-7-yl methylcarbamate

CAS 登录号：1563-66-2

理化性状：纯品为无色晶体。熔点 153～154℃，蒸气压 0.031mPa（20℃），油水分配系数 1.52（20℃），密度 1.18g/cm³（20℃）。溶解度：水 320（mg/L，20℃），350（mg/L，25℃）；二氯甲烷 >200，异丙醇 20～50，甲苯 10～20（g/L，20℃）。稳定性：在碱性溶液中不稳定，中性和酸性溶液中可以稳定存在。DT$_{50}$（22℃）远大于 1 年

（pH4），121d（pH7），31h（pH9）。

试验方法

1 方法提要

试样用甲醇溶解，以甲醇＋水为流动相，使用以 Agilent TC-C$_{18}$ 为填料的不锈钢柱和具 280nm 的紫外检测器，对试样中的克百威进行反相高效液相色谱分离和测定，外标法定量。

2 试剂和溶液

甲醇：优级纯；水：Milli-Q 去离子水；克百威标样：已知质量分数≥99.0％。

3 仪器

液相色谱仪，具 280nm 的可变波长紫外检测器；工作站；色谱柱：长 250mm，内径 4.6mm 不锈钢柱，内装 Agilent TC-C$_{18}$，粒径 5μm 的填充物（或具等同效果的色谱柱）；过滤器：滤膜孔径约 0.45μm；进样器：100 μL；定量进样管：5μL；超声波清洗器。

4 色谱条件

流动相：甲醇＋水＝88＋12（v/v），经滤膜过滤，并脱气；流量：1.0mL/min；柱温：室温（温差变化应不大于 2℃）；检测波长：280nm；进样量：5μL；保留时间：丁硫克百威 13.8min，克百威 3.6min。

上述是典型色谱操作条件，操作者可根据仪器不同特点对操作参数做适当调整，以期获得最佳分离效果。典型色谱图见图 2-3。

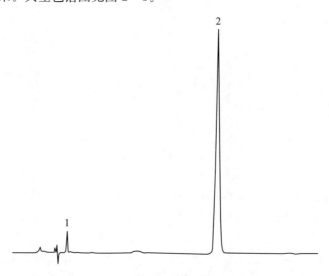

图 2-3 丁硫克百威原药的液相色谱图
1. 克百威 2. 丁硫克百威

5 测定步骤

5.1 标样溶液的制备

准确称取克百威标样 0.05g（精确至 0.2mg）于 50mL 容量瓶中，用甲醇在超声波下振荡 5min 使其溶解，冷却后，定容至刻度，摇匀。准确移取 2mL 于 50mL 容量瓶中，用甲醇稀释至刻度，摇匀，备用。

5.2 样品溶液的制备

称取含丁硫克百威 0.1g（精确至 0.2mg）的试样，置于 50mL 容量瓶中，用甲醇溶解并稀释至刻度，摇匀。用移液管准确移取 10mL 上述溶液置于另一 50mL 容量瓶中，用甲醇稀释至刻度，摇匀，备用。

5.3 测定

在上述色谱操作条件下，待仪器稳定后，连续注入数针标样溶液，直至相邻两针丁硫克百威峰面积相对变化小于 1.0% 后，按照标样溶液、试样溶液、试样溶液、标样溶液的顺序进样。

6 计算

将测得的两针试样溶液以及试样前后两针标样溶液中丁硫克百威峰面积（克百威的峰面积）分别进行平均。试样中丁硫克百威（克百威）质量分数 ω_1（%）按式（2-4）计算：

$$\omega_1 = \frac{A_1 \times m_2 \times \omega_0}{A_2 \times m_1 \times 100} \times f \qquad (2-4)$$

式中：

ω_1——试样中丁硫克百威（克百威）的质量分数（%）；

A_1——试样溶液中丁硫克百威峰面积（克百威峰面积）的平均值；

m_2——丁硫克百威标样的质量（g）；

ω_0——标样中丁硫克百威（克百威）的质量分数（%）；

A_2——标样溶液中丁硫克百威峰面积（克百威峰面积）的平均值；

m_1——试样的质量（g）；

f——稀释倍数，丁硫克百威 $f=1$，克百威 $f=0.2$。

计算结果应精确至三位有效数字。

7 允许差

丁硫克百威质量分数两次平行测定结果之差应不大于 1.5%，克百威质量分数两次平行测定结果之差应不大于 0.2%，取其算术平均值作为测定结果。

毒死蜱中相关杂质的测定

治 螟 磷

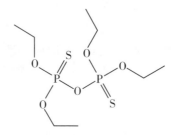

$C_8H_{21}O_5P_2S_2$　322.3

中文化学名称：O，O，O'，O'-四乙基二硫代磷酸二酯

英文化学名称：O，O，O'，O'-tetraethyl dithiopyrophosphate

CAS 登录号：3689-24-5

理化性状：纯品为淡黄色液体。沸点 136～139℃（2mmHg），蒸气压 14mPa（20℃），油水分配系数 3.99（20℃），密度 1.196g/cm³（20℃）。水中溶解度 10mg/L（20℃），可溶解大多数有机溶剂，难溶于石油醚。稳定性：缓慢水解。DT_{50} 10.7d（pH4），8.2d（pH7），9.1d（pH 9）（22℃）。

试验方法

1　方法提要

试样用异辛烷溶解，使用涂敷有 $2.65\mu m$ 厚的 HP-1 固定相层（交联二甲聚硅氧烷）的毛细管柱和氢火焰离子化检测器，对试样中的治螟磷进行气相色谱分离和测定，外标法定量。

2　试剂和溶液

异辛烷；治螟磷标样：已知质量分数≥98.0%。

3　仪器

气相色谱仪：具有氢火焰离子化检测器，如安捷伦 6890；色谱数据处理机或色谱工作站；色谱柱：长 30m，内径 0.53mm 的毛细管柱，涂敷有 $2.65\mu m$ 厚的 HP-1 固定相层（交联二甲聚硅氧烷）（或具等同效果的色谱柱）；自动进样器；分流/不分流进样口。

4　色谱条件

柱温箱升温程序：70℃ 保持 0.3min，以 10℃/min 升至 110℃，保持 0.1min，12℃/min 升至 180℃，保持 3min，12℃/min 升至 260℃，保持 5min；进样口温度：

220℃；检测室温度：275℃；检测器气体流速：氮气 25mL/min、氢气 30mL/min、空气 300mL/min；载气（N₂）流速：8mL/min；进样体积：1μL；运行时间：25min；保留时间：治螟磷约 15.8min。

上述气相色谱操作条件为典型操作参数。可根据不同仪器特点，对给定的操作参数做适当调整以期获得最佳效果。典型的标准溶液气相色谱图见图 2-4。

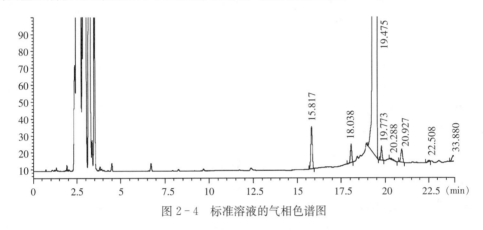

图 2-4 标准溶液的气相色谱图

5 测定步骤

5.1 标样溶液的制备

准确称取 0.035g 左右（精确到 0.1mg）治螟磷标准品至 10mL 容量瓶中。在 20℃条件下用异辛烷溶解并定容至刻度线，超声波下振荡 5min 使其溶解。移取 60μL 此母液至含有大约 0.28g 毒死蜱标准品的 10mL 容量瓶中，在 20℃条件下用异辛烷溶解并定容至刻度线。

5.2 样品溶液的制备

准确称取 0.63g 左右（精确至 0.1mg）的毒死蜱乳油制剂至一大小合适的玻璃样品瓶中。向样品中加入 10mL 蒸馏水和 24.4mL 异辛烷，剧烈摇晃 20min。2 000r/min 离心 5min，取上层有机相滤膜过滤（0.45μm、25mm 的 GF 滤膜或 0.45μm 的 GHP 膜），摇匀，备用。

5.3 测定

在上述操作条件下，待仪器基线稳定后，连续注入数针标样溶液，计算各针毒死蜱与内标物峰面积之比的重复性，待相邻两针毒死蜱与内标物峰面积的比相对变化小于 1.5％时，按照标样溶液、试样溶液、试样溶液、标样溶液的顺序进行测定。

6 计算

将测得的两针试样溶液以及试样前后两针标样溶液中治螟磷分别进行平均计算。

6.1 校准溶液中治螟磷浓度的计算（mg/mL）

$$C_{(i,cal)} = \frac{\left[W_i \times \left(\frac{P}{100}\right)\right]}{10\text{mL}} \times \frac{0.06\text{mL}}{10\text{mL}} \tag{2-5}$$

式中：

$C_{(i,cal)}$——校准溶液中治螟磷的浓度（mg/mL）；

W_i——母液中治螟磷的重量（mg）；

P——杂质标准品的纯度，以百分数表示；

10mL——配制的母液的体积；

0.06mL——加到校准溶液中的母液的体积；

10mL——配制的校准溶液的体积。

6.2 治螟磷外标响应因子（RF）的计算

$$RF_{(i)} = \frac{C_{(i,cal)}}{Area_{(i,cal)}} \tag{2-6}$$

式中：

$RF_{(i)}$——治螟磷的响应因子；

$C_{(i,cal)}$——校准溶液中治螟磷的浓度（mg/mL）；

$Area_{(i,cal)}$——校准溶液中治螟磷的峰面积。

6.3 样品中治螟磷质量分数（％）的计算

$$\%w/w = \frac{\left[Area_{(sample)} \times RF_{(i)}\right]}{w_{(sample)}/25\text{mL}} \times 100\% \tag{2-7}$$

式中：

$\%w/w$——样品中治螟磷的百分含量；

$RF_{(i)}$——校准溶液中治螟磷的响应因子；

$Area_{(sample)}$——样品溶液中治螟磷的峰面积；

$w_{(sample)}$——样品的重量（mg）；

25mL——制备的样品溶液的体积。

二嗪磷中相关杂质的测定

O,S-特普

$C_8H_{20}O_6P_2S$　306.3

中文通用名称：O,S-特普

英文通用名称：O,S-TEEP

中文化学名称：硫代焦磷酸四乙酯

英文化学名称：O，O，O'，O'-tetraethyl thiopyrophosphate

CAS 登录号：645-78-3

理化性状：密度 1.232g/cm³，沸点 307.6℃（760mmHg），闪点 139.8℃，蒸气压 173.32mPa（0.001 3mmHg）（25℃）。

S,S-特普

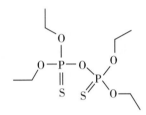

$C_8H_{20}O_5P_2S_2$ 322.3

中文通用名称：治螟磷

英文通用名称：S,S-TEEP

中文化学名称：二硫代焦磷酸四乙酯

英文化学名称：O，O，O'，O'-tetraethyl dithiopyrophosphate

CAS 登录号：3689-24-5

理化性状：淡黄色易流动液体，有大蒜味。沸点 136～139℃（0.267kPa），110～113℃（27Pa），相对密度 1.196（20℃），折光率 1.4753（25℃），蒸气压 2.27×10^{-2} Pa（20℃）。

溶解度：能与多数有机溶剂混溶，在水中的溶解度为 670mg/L，不易水解，对铁有腐蚀性。

危害性概括：本品是胆碱酯酶抑制剂，可引起恶心、呕吐、腹部痛性痉挛、腹泻、多涎、头痛、眩晕、无力、胸闷、视力模糊、流泪、口齿不清、意识模糊、呼吸困难、惊厥、昏迷甚至死亡。

试验方法

1 方法提要

样品用甲醇溶解，通过阳离子交换树脂柱除去二嗪磷，洗脱液浓缩后溶解在 1,1,1-三氯乙烷中，以邻苯二甲酸二乙酯为内标物，使用氢火焰离子化检测器，对试样中的 O,S-特普和 S,S-特普进行毛细管气液色谱分离和测定。

2 试剂和溶液

离子交换树脂 Dowex 50 W X 2，强酸性阳离子交换树脂，50～100 目，H⁺ 型；

O,S-特普标样：已知纯度；S,S-特普标样：已知纯度；内标物：邻苯二甲酸二乙酯，色谱纯。

3 仪器

气液色谱仪：Carlo Erba HRGC 5160 或同等仪器，具冷柱进样系统和氢火焰离子化检测器；气液色谱柱：30m × 0.32mm（i.d.）熔融石英柱，内壁涂 OV 1701（固定液），膜厚 1μm；前置柱：20cm × 0.53mm（i.d.）熔融石英柱，无涂层，通过压入连接器连接到气液色谱柱上；静电计：灵敏度 10^{-9} A/V；色谱柱：250mm × 10mm（i.d.）；旋转蒸发仪。

4 色谱条件

温度：起始柱温 60℃，保留 1min，升温速率 5℃/min，升温至 250℃，保留 12min，气化室温度 250℃，离子火焰检测器温度 270℃；流速：载气（氢气）60℃下用二氯甲烷测定为 40 cm/s，补充气（氮气）50mL/min，检测气：氢气 25mL/min，空气 350mL/min；进样量：0.5μL。

在上述色谱操作条件下，O,S-特普保留时间为 258.70min；S,S-特普保留时间为 26.15min，内标物保留时间为 23.93min。

上述色谱操作条件是典型的，操作者可根据仪器不同特点做适当调整，以期获得最佳分离效果。

5 测定步骤

5.1 标准溶液的配制

O,S-特普/内标物标准储备液：准确称取 10mg O,S-特普标样和 50mg 邻苯二甲酸二乙酯内标物置于 50mL 容量瓶中，用 1,1,1-三氯乙烷稀释，定容摇匀。

内标溶液的配制：准确称取 20mg 内标物置于 100mL 容量瓶中，用甲醇定容至刻度，摇匀。

校准溶液的配制：准确称取 12.5mg S,S-特普的标样置于 100mL 容量瓶中，用移液管加入 5.0mL O,S-特普/内标物标准储备液，用 1,1,1-三氯乙烷稀释，定容摇匀。（100mL 溶液中大约含有 1mg O,S-特普，12.5mg S,S-特普和 5mg 内标物）。

5.2 离子交换柱的准备

用甲醇浸泡离子交换树脂（每根柱约 7g），搅拌，静置至少 1 h，倒入色谱柱中，沉淀后树脂高 8～10 cm。用甲醇冲洗树脂至流出液澄清无色且呈中性。保持液面高于树脂床顶部。

5.3 样品的制备与分析

准确称量含 1g 二嗪磷的样品置于 10mL 容量瓶内，用移液管加入 5.0mL 内标溶液，用甲醇稀释到刻度，摇匀。移取 1.0mL 该溶液加入到离子交换柱中，使液面在树脂床顶部。用 20mL 甲醇洗脱，洗脱液收集在 20mL 圆底烧瓶中。用旋转蒸发仪在 40℃下蒸干，加入 2.0mL 1,1,1-三氯乙烷溶解。

连续注入数针校准溶液，计算各针相对响应值，直至 O,S-特普/内标物与 S,S-特普/内标物的峰高比变化小于 5%。按照校准溶液、样品溶液、样品溶液、校准溶液的顺序进行测定。

6 计算

根据校准溶液的色谱图计算校正系数 f：

$$f = \frac{W_C \times A_{CI}}{A_C \times W_{CI}} \qquad (2-8)$$

式中：

A_C——校准液中 O,S-特普（或 S,S-特普）的峰面积；

A_{CI}——校准液中内标物的峰面积；

W_C——校准液的最终稀释液中 O,S-特普（或 S,S-特普）的质量（mg）；

W_{CI}——校准液的最终稀释液中内标物的质量（mg）。

根据样品溶液的色谱图计算 O,S-特普（或 S,S-特普）的含量 ω（g/kg）：

$$\omega = \frac{W_{SI} \times A_S \times f \times P}{A_{SI} \times W_S} \qquad (2-9)$$

式中：

A_S——样品液中 O,S-特普（或 S,S-特普）的峰面积；

A_{SI}——样品液中内标物的峰面积；

W_S——样品液的最终稀释液中 O,S-特普（或 S,S-特普）的质量（mg）；

W_{SI}——样品液的最终稀释液中内标物的质量（mg）；

P——O,S-特普（或 S,S-特普）标样的纯度（g/kg）。

上述公式中所用的校正系数 f 是样品溶液进样前后校准溶液两次进样校正系数的平均值。

甲胺磷中相关杂质的测定

O,O,O-三甲基硫代磷酸酯

$$S={\overset{\displaystyle OCH_3}{\underset{\displaystyle OCH_3}{P}}}-OCH_3$$

$$C_3H_9O_3PS \quad 156.14$$

中文化学名称： O,O,O-三甲基硫代磷酸酯

英文化学名称： O,O,O-trimethyl phosphorothioate

CAS 登录号： 152-18-1

理化性质： 沸点 169℃（760mmHg），蒸气压 278.64Pa（2.09mmHg）（25℃），密度

$1.21g/cm^3$（25℃），闪点56℃。常温常压下稳定。密封于干燥阴凉处保存。

危害性概述：该物质对环境可能有危害，对水体应给予特别注意。

O,O,S-三甲基硫代磷酸酯

$$CH_3O-\underset{\underset{SCH_3}{|}}{\overset{\overset{O}{\|}}{P}}-OCH_3$$

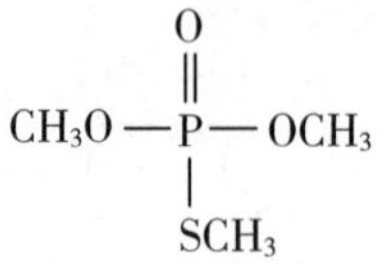

中文化学名称：O,O,S-三甲基硫代磷酸酯

英文化学名称：O,O,S-trimethyl phosphorothioate

CAS登录号：152-20-5

危害性概述：O,O,S-三甲基硫代磷酸酯（LD_{50} 15～20mg/kg）经大白鼠口服表现出意外的强烈的迟发性毒性，引起大鼠迟发性肺损伤而死亡。它对大白鼠的毒性与典型的有机磷杀虫剂显著不同，实际出现死亡所需的时间较长。

O,O-二甲基硫代磷酰胺

$$NH_2-\underset{\underset{S}{\|}}{\overset{\overset{OCH_3}{|}}{P}}-OCH_3$$

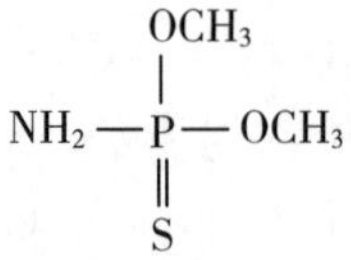

$$C_2H_8NO_2PS \quad 141.13$$

中文化学名称：O,O-二甲基硫代磷酰胺

英文化学名称：O,O-dimethyl phosphoromidothioate

CAS登录号：17321-47-0

理化性质：无色液体，沸点72～73℃（160 Pa），不溶于水。

O,O-二甲基硫代磷酰甲胺

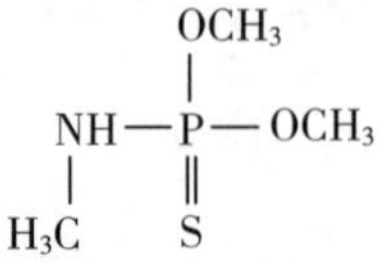

$$\underset{H_3C}{NH}-\underset{\underset{S}{\|}}{\overset{\overset{OCH_3}{|}}{P}}-OCH_3$$

中文化学名称：O,O-二甲基硫代磷酰甲胺

英文化学名称：O,O-dimethyl methylphosphorramidothioate

O,S-二甲基硫代磷酰甲胺

$$NH-P-SCH_3$$

（结构式：OCH₃、NH—P—SCH₃、H₃C、O）

中文化学名称： O,S-二甲基硫代磷酰甲胺（甲基甲胺磷）

英文化学名称： O,S-dimethyl methylphosphorramidothioate

试验方法

1 方法提要

该方法用于测定甲胺磷原药或母药中的副产物。样品用丙酮溶解，用四氯甲烷稀释。以正十二烷为内标物，以 SE-50 石英毛细管柱分离，FID 检测器检测，内标法定量，对试样中的 5 种杂质进行气相色谱分离和测定。

2 试剂和溶液

甲胺磷，标样；O,O,O-三甲基硫代磷酸酯，标样；O,O,S-三甲基硫代磷酸酯，标样；O,O-二甲基硫代磷酰胺，标样；O,O-二甲基硫代磷酰甲胺，标样；O,S-二甲基硫代磷酰甲胺，标样；内标物：正十二烷，无干扰物；丙酮，分析纯；四氯化碳：无干扰物。

3 仪器

气相色谱仪：具氢火焰离子化检测器；积分仪；色谱柱：50m×0.3mm（i.d.）硅烷化处理玻璃柱，内壁涂 SE-54（固定液）；进样量：1μL。

4 色谱条件

温度：柱温起始 80℃，保留 1min，一阶升温速率 15℃/min，一阶柱温 80～120℃，保留 10min，二阶升温速率 20℃/min，终温 120～140℃，保留 5min，三阶柱温 140～280℃，保留 10min，检测器 300℃；流速：载气（H₂）30mL/min，空气 300mL/min，补充气（He）20mL/min；进样量：0.4μL；保留时间：内标物 16.0min，O,O,O-三甲基硫代磷酸酯 7.8min，O,O-二甲基硫代磷酰胺 10.9min，O,O,S-三甲基硫代磷酸酯 11.9min，O,O-二甲基硫代磷酰甲胺 12.3min，O,S-二甲基硫代磷酰甲胺 18.3min。

5 测定

5.1 相应因子的测定

分别称取各杂质标样 0.03g（标记为 s g）、正十二烷 0.04g（标记为 r g）和甲胺磷标样 0.5g（精确至 0.1mg）置于 500mL 容量瓶中，加入丙酮 1mL 使其溶解，用四氯化碳稀释至 300mL，摇匀，备用。吸取 0.4μL 该溶液注入色谱仪中进行分析，分别测定内标物和各个杂质的峰面积。

5.2 样品溶液的配制

称取约 0.3g（标记为 w g）混合均匀的样品（精确至 0.1mg）和内标物正十二烷 0.2g（标记为 q g）置于 500mL 容量瓶中。加入丙酮 1mL 使其溶解，用四氯化碳稀释至 300mL，摇匀，备用。

5.3 样品测定

在给定的色谱操作条件下，待仪器稳定后，连续注入数针标样溶液，直至相邻两针甲胺磷与内标物峰面积的比值相对变化小于 1.2% 后，将适量体积的样品溶液注入色谱仪进行分析。分别测定内标物和各个杂质的峰面积。

6 计算

6.1 响应因子 f_i 的计算

$$f_i = \frac{s \times I_r \times P}{r \times H_s} \qquad (2-10)$$

式中：

s——校准溶液中某杂质的质量（g）；

H_s——校准溶液中某杂质的峰面积；

I_r——校准溶液中内标物的峰面积；

r——校准溶液中内标物的质量（g）；

P——某杂质的纯度（g/kg）。

6.2 杂质含量的计算

试样中某杂质的含量 X_i（g/kg）按式（2-11）计算：

$$X_i = \frac{H_w \times q \times f_i}{w \times I_q} \qquad (2-11)$$

式中：

f_i——某杂质的相应因子；

w——样品溶液中样品的质量（g）；

H_w——样品溶液中某杂质的峰面积；

q——样品溶液中内标物的质量（g）；

I_q——样品溶液中内标物的峰面积。

甲基对硫磷中相关杂质的测定

S-甲基对硫磷

$C_8H_{10}NO_5PS$ 263.207 5

中文化学名称： O,S-二甲基-O-（4-硝基苯基）硫代磷酸酯

英文化学名称： O,S-dimethyl-O-（4-nitrophenyl）phosphorothioate

CAS 登录号： 597-89-7

理化性状： 密度 1.413g/cm³，沸点 371.1℃，蒸气压 2.25×10⁻⁵mmHg（25℃），折射率 1.565，闪点 178.3℃。

试验方法

1 方法提要

试样用氨水乙腈溶液溶解，以乙腈＋磷酸溶液为流动相，使用以 RP Select B 不锈钢色谱柱和具 270nm 的紫外检测器，对试样中的 O,S-甲基对硫磷进行反相高效液相色谱分离和测定，外标法定量。

2 试剂和溶液

乙腈：HPLC 级；水：HPLC 级；磷酸：85%；0.1% 磷酸水溶液；S-甲基对硫磷标样。

3 仪器

液相色谱仪，具可变波长紫外检测器；工作站；色谱柱：250mm×4mm（i.d.），内装 LiChrospher 60 RP Select B 5μm（或具等同效果的色谱柱）；过滤器：滤膜孔径约 0.45μm；进样器：100μL；离心机。

4 色谱条件

流动相：乙腈＋磷酸溶液（0.1%）＝55＋45（v/v）；流速：1.5mL/min；柱温：

$40℃±2℃$；检测波长：$270nm$；进样量：$5\mu L$；保留时间：S-甲基对硫磷：$3min$；甲基对硫磷：$6min$。

上述是典型色谱操作条件，操作者可根据仪器不同特点对操作参数做适当调整，以期获得最佳分离效果。

5　测定步骤

5.1　标样溶液的制备

称取 $25mg$（精确至 $0.1mg$）S-甲基对硫磷标样放入 $50mL$ 容量瓶中，加入约 $45mL$ 乙腈溶液，超声处理 $1min$，放至室温，用乙腈定容，摇匀。用移液管移取 $2.0mL$ 溶液放入 $100mL$ 容量瓶中，用乙腈定容，摇匀。如果样品中的 S-甲基对硫磷的含量超过甲基对硫磷的 0.5%，采用这种浓度，则标样溶液不会与样品溶液中 S-甲基对硫磷峰面积的偏离超过 10%。

5.2　样品溶液的制备

称取含甲基对硫磷约 $100mg$ 的样品（精确至 $0.1mg$），放入 $50mL$ 容量瓶中，加入约 $45mL$ 乙腈，超声处理 $10min$，冷却至室温，用乙腈定容，混匀，离心。

5.3　测定

在上述色谱操作条件下，待仪器稳定后，连续注入数针标样溶液，直至相邻两针 S-甲基对硫磷的峰面积相对变化小于 2.0% 后，按照标样溶液、试样溶液、试样溶液、标样溶液的顺序进样。

6　计算

将测得的两针试样溶液以及试样前后两针标样溶液中 S-甲基对硫磷峰面积分别进行平均。试样中 S-甲基对硫磷质量分数 ω_1（$\%$）按式（2-12）计算：

$$\omega_1 = \frac{A_1 \times m_2 \times \omega_0}{A_2 \times m_1 \times 50} \qquad (2-12)$$

式中：

ω_1——试样中 S-甲基对硫磷的质量分数（$\%$）；

A_1——试样溶液中 S-甲基对硫磷峰面积的平均值；

m_2——S-甲基对硫磷标样的质量（g）；

ω_0——标样中 S-甲基对硫磷的质量分数（$\%$）；

A_2——标样溶液中 S-甲基对硫磷峰面积的平均值；

m_1——试样的质量（g）；

50——稀释倍数。

7　允许差

两次平行测定的相对差，应不大于 30%，取其算术平均值作为测定结果。

甲基嘧啶磷中相关杂质的测定

O,O,S-三甲基硫代磷酸酯

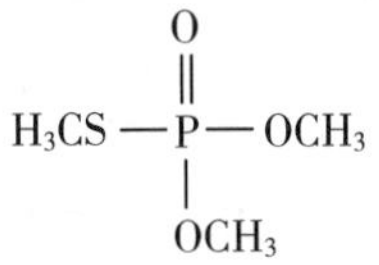

$$H_3CS—P—OCH_3$$

（结构式：P 上双键连 O，下连 OCH_3）

$C_3H_9O_3PS$　156.14

中文化学名称：O,O,S-三甲基硫代磷酸酯

英文化学名称：O,O,S-trimethyl phosphorothioate

CAS 登录号：152 - 20 - 5

危害性概述：O,O,S-三甲基硫代磷酸酯（LD_{50} 15～20mg/kg）经大白鼠口服表现出意外的强烈的迟发性毒性，引起大鼠迟发性肺损伤而死亡。它对大白鼠的毒性与典型的有机磷杀虫剂显著不同，实际出现死亡所需的时间较长。

O,O-二甲基硫代磷酰氯

$$Cl—P—OCH_3$$

（结构式：P 上双键连 S，下连 OCH_3）

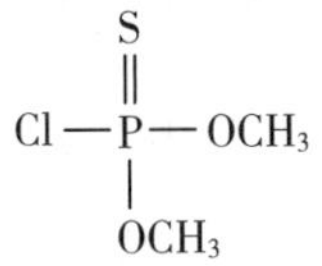

$C_2H_6ClO_2PS$　160.56

中文化学名称：O,O-二甲基硫代磷酰氯

英文化学名称：O,O-dimethyl phosphorochloridothioate

CAS 登录号：2524 - 03 - 0

理化性状：纯品为无色或微黄色液体，有令人窒息的刺激性气味。沸点 66～67℃（16mmHg），蒸气压 4.62kPa（20℃），密度 1.322g/mL（25℃），闪点 105℃。溶解度：不溶于水，溶于苯、氯仿、乙醚等多数有机溶剂。

危害性概述：

GHS 分类：急性经口毒性（3 级）；急性经皮毒性（3 级）；急性吸入毒性（3 级）；皮肤腐蚀（1B 级）；严重的眼损伤（1 级）。GHS 危害标识：H301（吞咽会中毒）；H311（皮肤接触会中毒）；H314（造成严重皮肤灼伤和眼损伤）；H331（吸入会中毒）。

O,O,O-三甲基硫代磷酸酯

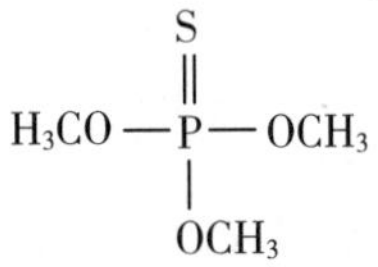

$$H_3CO—P—OCH_3$$

（结构式：P 上双键连 S，下连 OCH_3）

$C_3H_9O_3PS$　156.14

中文化学名称：O,O,O-三甲基硫代磷酸酯

英文化学名称：O,O,O-trimethyl phosphorothioate

CAS 登录号：152－18－1

理化性状：沸点 169℃（760mmHg），蒸气压 2.09mmHg（25℃），密度 1.211g/cm³，闪点 56℃。常温常压下稳定，密封于干燥阴凉处保存。

危害性概述：该物质对环境可能有危害，对水体应给予特别注意。

异甲基嘧啶磷

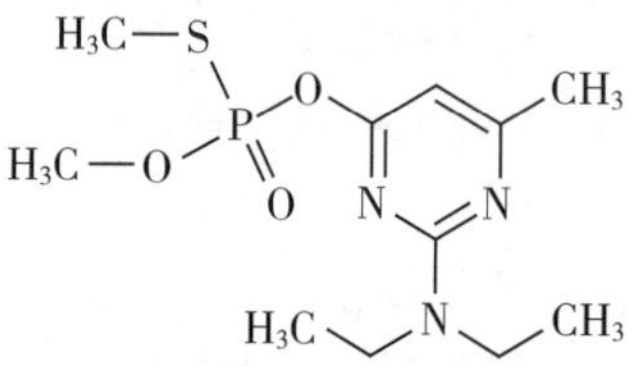

$$C_{11}H_{20}N_3O_3PS \quad 305.33$$

中文通用名称：异甲基嘧啶磷

英文通用名称：iso-pirimiphos-methyl

中文化学名称：O,S-二甲基-（O-2-二乙氨基-6-甲基嘧啶-4-基）-硫代磷酸酯

英文化学名称：O-2-diethylamino-6-methylpyrimidin-4-yl-O,S-dimethyl phosphorothioate

CAS 登录号：76471－79－9

O,O,S-三甲基二硫代磷酸酯

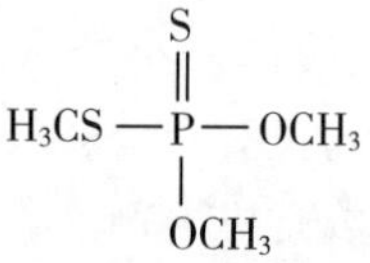

$$C_3H_9O_2PS_2 \quad 172.21$$

中文化学名称：O,O,S-三甲基二硫代磷酸酯

英文化学名称：O,O,S-trimethyl phosphorodithioate

CAS 登录号：2953－29－9

试验方法

1 方法提要

甲基嘧啶磷原药或乳油试样用氘代三氯甲烷溶解，对试样中杂质相对于甲基嘧啶磷含量的质量百分比，采用核磁共振磷谱法（^{31}P-NMR）计算。

2 试剂和溶液

氘代三氯甲烷：本方法中所用的溶液在室温下至少稳定 22h。

3 仪器

Varian Inova 400 核磁共振波谱仪，具[31]P 检测的双共振或三共振液体探头。

4 NMR 操作条件

脉冲程序：采用反转门控[1]H 去耦的标准 X 核脉冲实验；观察核：[31]P；弛豫延迟：>50s；脉冲倾倒角：90°；去耦核：[1]H；去耦模式：反转门控；去耦调制模式：宽频 WALTZ 去耦；脉冲激发中心频率：48ppm[*]；FID（自由感应衰减）点数：256k；扫描次数：64；谱宽：150ppm；温度：室温。

5 数据采集和积分

按照仪器厂商建议和实验室相关规范进行 NMR 试验。数据处理采用标准 1D 数据处理过程，用 0 填充到 512k，使用指数型窗口函数（LB）进行谱线增宽。调整好相位及基线校正后积分，将甲基嘧啶磷积分标定为 100。

6 试样溶液的制备

从每个测试样品中制备两个试样溶液（A 和 B），具体步骤如下。

原药：彻底摇匀原药以确保均一性。称取约 125mg 试样于 4mL 样品瓶中，加入 0.75mL 氘代三氯甲烷，摇匀。移取约 0.7mL 上述溶液于 5mm 核磁管中。

乳油：彻底摇匀乳油以确保均一性。称取含甲基嘧啶磷约 125mg 的试样于 4mL 样品瓶中，加入 0.5mL 氘代三氯甲烷，摇匀。移取约 0.7mL 上述溶液于 5mm 核磁管中。

7 化学位移定标

按照实验室惯例确定谱图参考峰或者设定甲基嘧啶磷信号为 64ppm，选择其中比较方便的进行操作。

表 2-1   相对于 85% H_3PO_4 的化学位移

化合物	化学位移，ppm
甲基嘧啶磷	64
O,O,S-三甲基硫代磷酸酯	32
O,O-二甲基硫代磷酰氯	72.8
O,O,O-三甲基硫代磷酸酯	73.2
异甲基嘧啶磷	93
O,O,S-三甲基二硫代磷酸酯	100

---

* ppm 为非法定计量单位，1ppm＝10^{-6}。

8 计算

根据获得的甲基嘧啶磷和杂质的积分结果，按照下面适合的公式计算杂质相对于甲基嘧啶磷的百分比。

如果甲基嘧啶磷 NMR 积分设定为 100：

杂质百分比（相对于甲基嘧啶磷）＝杂质 NMR 积分×杂质分子量比   （2－13）

如果甲基嘧啶磷 NMR 积分未设定为 100：

$$杂质百分比（相对于甲基嘧啶磷）＝\frac{杂质 NMR 积分×杂质分子量比×100}{甲基嘧啶磷 NMR 积分}$$

$$（2－14）$$

杂质分子量比——杂质相对于甲基嘧啶磷的分子量比值，如表 2－2 所示：

表 2－2 杂质分子量比

化合物	分子量比
甲基嘧啶磷	1.00
O,O,S-三甲基硫代磷酸酯	0.51
O,O-二甲基硫代磷酰氯	0.53
O,O,O-三甲基硫代磷酸酯	0.51
异甲基嘧啶磷	1.00
O,O,S-三甲基二硫代磷酸酯	0.56

原药中杂质含量计算公式：

$$杂质含量（g/kg）＝\frac{杂质百分比（相对）×原药中甲基嘧啶磷含量（g/kg）}{100}$$ （2－15）

9 典型图谱

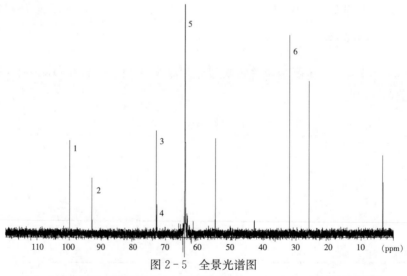

图 2－5 全景光谱图

1.O,O,S-三甲基二硫代磷酸酯 2.异甲基嘧啶磷 3.O,O,O-三甲基硫代磷酸酯
4.O,O-二甲基硫代磷酰氯 5.甲基嘧啶磷 6.O,O,S-三甲基硫代磷酸酯

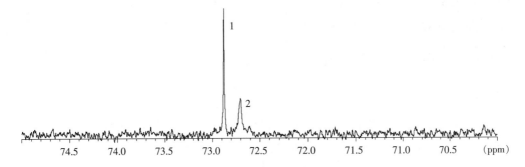

图 2-6　73ppm 附近的放大图，显示 O,O,O-三甲基硫代磷酸酯

与 O,O-二甲基硫代磷酰氯间的分辨率

1. O,O,O-三甲基硫代磷酸酯　2. O,O-二甲基硫代磷酰氯

久效磷中相关杂质的测定

磷　酸　三　甲　酯

$$H_3C-O-\overset{\displaystyle CH_3}{\overset{\displaystyle |}{\overset{\displaystyle O}{\overset{\displaystyle |}{\underset{\displaystyle |}{\underset{\displaystyle O}{\underset{\displaystyle |}{\underset{\displaystyle CH_3}{P}}}}}}}=O$$

$C_3H_9O_4P$　140.08

中文化学名称： 磷酸三甲酯

英文化学名称： trimethyl phosphate

CAS 登录号： 512-56-1

理化性状： 无色透明液体。熔点－46℃，沸点 197℃，蒸气压＜133.32Pa（1mmHg）（20℃），密度 1.037g/cm³（25℃）。溶解性：溶于水和汽油，微溶于醇。

危险性概述： 急性经口毒性（类别 4），急性经皮毒性（类别 5），致癌性（类别2）。GHS 危害标识：H302（吞咽有害），H313（皮肤接触可能有害），H351（怀疑会致癌）。

试验方法

1　方法提要

样品用甲醇溶解，以 HP-5 毛细管柱分离，质谱检测器检测，对试样中的磷酸三甲酯进行气相色谱-质谱分离和测定。

2 试剂和溶液

甲醇，分析纯；磷酸三甲酯标样：已知含量（％）。

3 仪器

气相色谱仪，美国 Agilent 7890 气相色谱仪，具 5975C 质谱检测器；色谱柱：30m×0.32mm（i.d.），内壁涂 HP-5 固定液，膜厚 0.25μm 毛细管柱。

4 色谱条件和质谱条件

温度：柱温 50℃，汽化室 250℃，质谱接口 280℃，离子源 230℃，四级杆 150℃；载气（He）：1.0mL/min；进样量：1μL，分流进样，分流比 10∶1；电离模式：EI；溶剂延迟：5min。

在上述色谱操作条件下，磷酸三甲酯保留时间为 5min。

质谱扫描选择离子模式，采集参数见表 2-3。

表 2-3 选择离子模式的采集参数

物质名称	定量离子（m/z）	参照离子 1（m/z）	参照离子 2（m/z）	参照离子 3（m/z）	丰度比
磷酸三甲酯	110	79	95	27	100∶34.7∶27∶12

5 测定步骤

5.1 标样溶液配制

准确称取磷酸三甲酯标样 0.1g 于 100mL 容量瓶中，用甲醇溶解、定容，该溶液作为标样储备液。根据样品中磷酸三甲酯的含量，稀释为适当浓度。

5.2 试验溶液的配制

称取适量样品于容量瓶中，准确加入一定量的甲醇萃取磷酸三甲酯，必要时过滤，作为样品溶液。

5.3 测定

待仪器稳定后，按照标样溶液、样品溶液、样品溶液、标样溶液的顺序进针。

备注：1. 该方法未用久效磷样品验证，仅供参考。

2. FAO、国家标准已被取消。

克百威中相关杂质的测定

呋 喃 酚

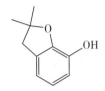

$C_{10}H_{12}O_2$ 164.2

中文化学名称：2,3-二氢-2,2-二甲基-7-羟基苯并呋喃

英文化学名称：2,3-dihydro-2,2-dimethyl-benzofuranol

CAS 登录号：1563－38－8

理化性状：纯品为无色液体。沸点 78℃（40.0Pa），92℃（267Pa），密度 1.101g/cm³（20℃）。溶解性：不溶于水，溶于二氯甲烷、甲苯、醇、醚等有机溶剂。

试验方法

1 方法提要

呋喃酚在酸性条件下与亚硝酸钠进行反应生成亚硝基呋喃酚，加入甲胺溶液后形成黄色的醌型结构化合物，于波长 436nm 处进行分光光度测定。

2 试剂和溶液

盐酸；亚硝酸钠；丙酮；甲胺水溶液：化学纯（也可用气态甲胺经蒸馏水吸收，测定含量后使用）；盐酸溶液：c（HCl）＝0.1mol/L；甲胺水溶液：25g/L，用盐酸标准溶液滴定测其精确浓度；亚硝酸钠水溶液：1.0mol/L，称取 1.7g 亚硝酸钠置于 25mL 容量瓶中，用蒸馏水稀释至刻度摇匀（当天使用）；呋喃酚标准溶液：称取含量≥98.0%的呋喃酚约 40mg（精确至 0.002g）于 50mL 容量瓶中，加丙酮定容，摇匀，取此液 2.5mL 于 25mL 容量瓶中，加丙酮定容，摇匀，此液呋喃酚浓度约为 0.08mg/mL。

3 仪器

分光光度计；恒温水浴：控温精度±0.5℃；刻度比色管：25mL；容量瓶：25mL、50mL、250mL；移液管：1mL、2mL。

4 测定步骤

称取克百威原药 0.01～0.02g（精确至 0.2mg）于 25mL 刻度比色管中，加入 2mL 丙酮使之溶解。准确加入 0.1mol/L 盐酸溶液 1.5mL，摇匀，沿比色管壁加入 1.0mol/L 亚硝酸钠 2mL，准确振摇 1min 后置于 40℃恒温水浴中加热 20min，取出比色管，冷却至室温，再用 1mL 移液管加入 25g/L 甲胺水溶液 0.5mL，加水稀释至 10mL，摇匀。溶液置于 1cm 比色皿中，在波长 436nm 处测其吸光度。同时准确吸收呋喃酚标准溶液 1mL，置于 25mL 比色管中，补加 1mL 丙酮。以下操作与试样相同。

5 计算

试样中游离酚（以呋喃酚计）质量分数 ω_1（%）按式（2-16）计算：

$$\omega_1 = \frac{A_1 \times m_2}{A_2 \times m_1} \times 100\%　\qquad (2-16)$$

式中：

ω_1——试样中呋喃酚的质量分数（%）；

A_1——试样溶液的吸光度；

m_2——标品溶液中呋喃酚的质量（g）；

A_2——标样溶液的吸光度；

m_1——样品溶液的质量（g）。

计算结果应保留至三位有效数字。

6 允许差

两次平行测定的相对差，应不大于 0.02%，取其算术平均值作为测定结果。

乐果中相关杂质的测定

氧　乐　果

$C_5H_{12}NO_4PS$　213.2

中文通用名称：氧乐果

英文通用名称：omethoate

中文化学名称：O,O-二甲基-S-（N-甲基氨基甲酰甲基）硫代磷酸酯

英文化学名称：O,O-dimethyl-S-methylcarbamoylmethyl phosphorothioate

CAS 登录号：1113-02-6

理化性状：纯品为无色透明油状液体，工业品为黄色液体。闪点 100℃，不溶于石油醚，微溶于乙醚，可混溶于水乙醇、烃类等，密度 1.320g/cm³。

危害性概述：

GHS 分类：急性毒性，经口（类别 2）；急性毒性，经皮（类别 3）；急性水生毒性

（类别 1）。GHS 危害标识：H300（吞咽致命）；H311（皮肤接触会中毒）；H400（对水生生物毒性极大）。

异　乐　果

$C_5H_{12}NO_3PS_2$　229.3

中文通用名称：异乐果

英文通用名称：isodimethoat

中文化学名称：O,S-二甲基-S-［2-（甲氨基）-2-氧代乙基］酯

英文化学名称：O,S-dimethyl-S-［2-（methylamino）-2-oxoethyl］ester

CAS 登录号：3344－11－4

理化性状：纯品为无色晶体（原药白色固体，略带酯味）。熔点 162℃，蒸气压 3.3×10^{-7} mPa（25℃），密度 1.447g/cm³（20℃）。溶解度（g/L，25℃）：水 0.548（pH 5），2.79（pH 7），213（pH 9），正己烷 5.84×10^{-1}，乙酸乙酯 1.11×10^4，甲醇 7.63×10^3，丙酮 3.7×10^4，二氯甲烷 1.32×10^5，甲苯 1.24×10^3（mg/L，25℃）。稳定性：对光稳定，水解 DT_{50} 22d（pH 5，25℃），pH 7 和 9 下稳定。

试验方法

1　方法提要

以乙腈和磷酸盐缓冲溶液为流动相，使用以 Phenomenex Sphereclone ODS2 为填料的不锈钢柱和可变波长紫外检测器对试样中的杂质进行反相高效液相色谱分离和测定。比较样品与已知纯度的相应标准品的峰面积，定量测定。

2　试剂和溶液

乙腈：色谱纯（溶剂 B）；磷酸：分析纯；磷酸二氢钾：分析纯；磷酸盐缓冲溶液，pH2.5：溶解 11.32g 磷酸和 32.86g 磷酸二氢钾于 1 000mL 色谱纯水中；溶剂 A：9 份水与 1 份磷酸二氢钾缓冲溶液混合；标样溶液用溶剂：9 份溶剂 A 与 1 份溶剂 B 混合；氧乐果标样：已知质量分数；异乐果标样：已知质量分数。

3　仪器

高效液相色谱仪：具有可变波长紫外检测器；色谱数据处理机或色谱工作站；色谱柱：120mm×4.6mm（i. d.）不锈钢柱，内装 Phenomenex Sphereclone ODS2、5μm 填充物；保护柱：Phenomenex Sphereclone ODS2、5μm 或等效的填充物。

4 色谱操作条件

梯度程序：时间（min） 溶剂 B（%）

              0   15

            12   75

            17   75

            18   15

            23   15

流速程序：时间（min） 流速（mL/min）

              0   0.75

            12   0.75

         12.5   2.0

柱温：50℃；检测波长：210nm；进样体积：15.0mL；试样溶液浓度：0.5mg/mL；保留时间：氧乐果约 3.7min，异乐果约 4.8min，乐果约 7.7min。

5 测定步骤

5.1 标样溶液配制

准确称取氧乐果和异乐果标样 0.1g 分别于 10mL 容量瓶中，用乙腈溶解，定容，摇匀，此为储备液。准确移取 50μL 氧乐果储备液和 250μL 异乐果储备液于同一 10mL 容量瓶中，用溶剂稀释，定容，摇匀。该标样溶液氧乐果的浓度为 0.05mg/mL，异乐果的浓度为 0.25mg/mL。

5.2 试样溶液配制

准确称取乐果原药 0.3g 于 10mL 容量瓶中，用溶剂溶解，定容，摇匀。

5.3 测定

在上述色谱操作条件下，待仪器稳定后，按照标样溶液、样品溶液、样品溶液、标样溶液的顺序进行分析测定。

6 计算

将测得的 2 针试样溶液以及试样前后 2 针标样溶液中氧乐果（或异乐果）峰面积分别进行平均。试样中氧乐果（或异乐果）的质量分数 X（%）按式（2-17）计算。

$$X = \frac{A_2 \times m_1 \times P}{A_1 \times m_2} \times K \qquad (2-17)$$

式中：

A_1——标样溶液中氧乐果（或异乐果）峰面积的平均值；

A_2——试样溶液中氧乐果（或异乐果）峰面积的平均值；

m_1——标样的质量（g）；

m_2——试样的质量（g）；

P——标样中氧乐果（或异乐果）的质量分数（%）；

K——标样溶液的稀释倍数。

林丹中相关杂质的测定

甲 体 六 六 六

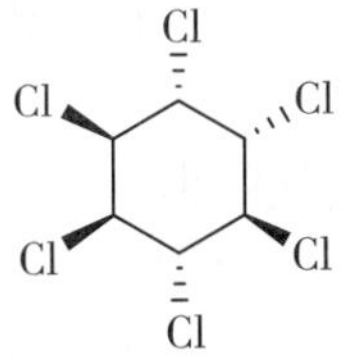

$C_6H_6Cl_6$ 290.8

中文通用名称：甲体六六六

英文通用名称：α-HCH

中文化学名称：α-1,2,3,4,5,6-六氯环己烷

英文化学名称：hexachlorocyclohexane

CAS 登录号：319-84-6

理化性状：熔点 156.0～161.0℃，密度 1.593g/cm³，闪点 157.495℃，沸点 288.0℃（760mmHg），油水分配系数 3.80。溶于苯，微溶于氯仿，不溶于水。

危害性概述：

GHS 分类：急性毒性，经口（类别 3）；急性毒性，经皮（类别 4）；急性水生毒性（类别 1）；慢性水生毒性（类别 1）；GHS 危害标识：H301（吞咽会中毒）；H312（皮肤接触有害）；H410（对水生生物毒性极大并具有长期持续影响）。

试验方法

1 方法提要

试样用二硫化碳溶解，用 2%OV-17/Chromosorb W-AW DMCS（250～180μm）的填充柱和带有氢火焰离子化检测器的气相色谱仪进行测定，以面积归一法计算 γ-六六六和 α-六六六的质量分数。

2 试剂和溶液

固定液：硅酮 OV-17；载体：Chromosorb W-AW DMCS（250～180μm）；二硫化碳；三氯甲烷。

3 仪器

气相色谱仪：具有氢火焰离子化检测器；数据处理机；色谱柱：2m×3mm（i.d.）的玻璃柱；柱填充物：OV-17 涂渍在 Chromosorb W-AW DMCS（250～180μm）上；固

定液：固定液：载体＝2：100（质量比）。

4 色谱柱的制备

4.1 固定液的涂渍

准确称取 0.31g OV-17 固定液于烧杯中，加入适量（略大于载体体积）三氯甲烷使其完全溶解，倒入 15g 载体，轻轻振动，使之混合均匀并使溶剂挥发近干，再将烧杯放入 110℃的烘箱中烘 2h，取出放在干燥器中冷却至室温。

4.2 色谱柱的填充

将一小漏斗接到经洗涤干燥的色谱柱的出口，分次把制备好的填充物填入柱内，同时不断轻敲柱壁，直至填到离柱出口 1.5cm 处为止。将漏斗移至色谱柱的入口，在出口端塞一小团经硅烷化处理的玻璃棉，通过橡皮管连接到真空泵上，开启真空泵，继续缓缓加入填充物，并不断轻敲柱壁，使其填充的均匀紧密。填充完毕后，在入口端也塞一小团玻璃棉，并适当压紧，以保持柱填充物不被移动。

4.3 色谱柱的老化

将色谱柱入口端与气化室相连，出口端暂不接检测器，以 10mL/min 的流量通入载气（N_2，分阶段升温至 250℃，并在此温度下至少老化 24 h）。

4.4 气相色谱操作条件

温度：柱室 180℃，气化室 240℃，检测器室 240℃；气体流量：载气（N_2）50mL/min，氢气 45mL/min，空气 450mL/min；进样体积：2μL；保留时间：α-六六六 7.9min，γ-六六六 11.0min，β-六六六 13.5min，δ-六六六 15.4min。

上述是典型操作参数，可根据不同仪器特点，对给定的操作参数做适当调整，以期获得最佳效果。典型的林丹气相色谱图见图 2-7。

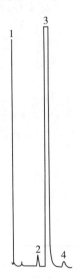

图 2-7 林丹气相色谱图

1. 溶剂　2. α-六六六　3. γ-六六六　4. δ-六六六

5　测定

5.1　试样溶液的配制

称取 0.01g 林丹试样于玻璃小瓶中，加入约 1mL 二硫化碳使其溶解，摇匀。

5.2　测定

在上述操作条件下，待仪器稳定后，进样。

6　计算

试样中 α-六六六的质量分数 ω_1（％）按式（2-18）计算：

$$\omega_1 = \frac{S_1}{\Sigma S_i} \times 100 \% \qquad (2-18)$$

式中：

S_1——α-六六六峰面积；

ΣS_i——除溶样溶剂外，各组分峰面积之和。

7　允许差

两次平行测定结果的差，应不大于 0.03％，取算术平均值作为测定结果。

硫丹中相关杂质的测定

硫　丹　醚

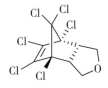

$C_9H_6Cl_6O$　342.9

中文通用名称：硫丹醚

英文通用名称：endosulfan-ether

中文化学名称：4,5,6,7,8,8-六氯-1,3,3a,4,7,7a-六氢-4,7-亚甲基异苯并呋喃

英文化学名称：4,5,6,7,8,8-hexachloro-1,3,3a,4,7,7a-hexahydro-4,7-methanoiso-benzofuran

CAS 登录号：3369-52-6

理化性状：无色固体。沸点 366.7℃（760mmHg），折射率 1.622，闪点 139.1℃，密度 1.78g/cm³。

危害性概述：

GHS 分类：急性的水体毒性（类别 1）；GHS 危害标识：H400（对水生生物毒性极大）。

硫 丹 醇

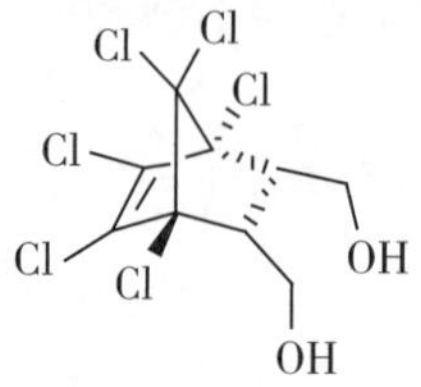

$$C_9H_6Cl_6O_2 \quad 360.9$$

中文通用名称： 硫丹醇

英文通用名称： endosulfan alcohol

中文化学名称： 1,4,5,6,7,7-六氯双环［2，2，1］-5-庚烯-2,3-二甲醇

英文化学名称： 1,4,5,6,7,7-hexachlorobicyclo［2，2，1］hept-5-ene-2,3-dimethanol

CAS 登录号： 2157-19-9

理化性状： 熔点 70～100℃，密度 1.745g/cm³（20℃），饱和蒸气压 0.133×10⁻⁵ kPa（25℃）。

危害性概述：

GHS 分类：急性的水体毒性（类别 1）；GHS 危害标识：H400（对水生生物毒性极大）。

试验方法

1 方法提要

样品用三氯甲烷溶解，以邻苯二甲酸二正辛酯为内标物，使用 14％氰基苯甲基硅酮涂壁的毛细管色谱柱和氢火焰离子化检测器，对试样中的硫丹醚和硫丹醇同时进行气相色谱分离和测定。

2 试剂和溶液

三氯甲烷；硫丹醚标样：已知含量≥98.0％；硫丹醇标样：已知含量≥98.0％；邻苯二甲酸二正辛酯：不应含有干扰分析的杂质；内标溶液：称取 0.4g 的邻苯二甲酸二正辛酯，置于 1 000mL 容量瓶中，用三氯甲烷溶解并稀释至刻度，摇匀。

3 仪器

气相色谱仪：具氢火焰离子化检测器；色谱柱：30m × 0.32mm（i.d.）石英毛细柱，内壁涂 14％氰基苯甲基硅酮，膜厚 0.25μm；色谱数据处理机或色谱工作站。

4 色谱条件

温度：柱温 200℃，气化室 280℃，检测器 280℃；流速：载气（氮气）2.0mL/min,

氢气 30mL/min，空气 300mL/min，补偿气（氮气）25mL/min，分流比 40∶1；进样量：1μL；保留时间：硫丹醚 2.9min，硫丹醇 12.3min，内标物 14.5min。

典型的气相色谱图见图 2-8。

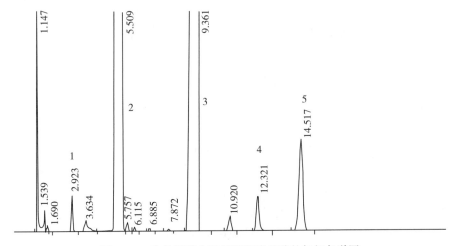

图 2-8　硫丹原药中硫丹醚和硫丹醇的气相色谱图

1. 硫丹醚　2. α-硫丹　3. β-硫丹　4. 硫丹醇　5. 内标物（邻苯二甲酸二正辛酯）

5　测定步骤

5.1　标样溶液的配制

称取硫丹醚标样 0.01g、硫丹醇标样 0.02g（均精确至 0.2mg）置于 15mL 具塞玻璃瓶中，用移液管准确加入 10mL 内标溶液，摇匀。

5.2　试样溶液的配制

称取试样 1.0g（精确至 0.2mg）置于 15mL 具塞玻璃瓶中，用与标样溶液配制的同一支移液管准确加入 10mL 内标溶液，摇匀。

5.3　测定

在上述操作条件下，待仪器基线稳定后，连续注入数针标样溶液，计算各针硫丹醚（或硫丹醇）与内标物峰面积之比的重复性，待相邻两针硫丹醚（或硫丹醇）与内标物峰面积比的相对变化小于 3.0% 时，按照标样溶液、试样溶液、试样溶液、标样溶液的顺序进行测定。

6　计算

试样中硫丹醚（或硫丹醇）的质量分数 ω_1（%）按式（2-19）计算：

$$\omega_1 = \frac{r_2 \times m_1 \times \omega}{r_1 \times m_2} \qquad (2-19)$$

式中：

r_1——标准溶液中，硫丹醚（或硫丹醇）峰面积与内标峰面积比的平均值；

r_2——试样溶液中，硫丹醚（或硫丹醇）峰面积与内标峰面积比的平均值；

m_1——硫丹醚（或硫丹醇）标样的质量（g）；

m_2——试样的质量（g）；

ω——硫丹醚（或硫丹醇）标样中硫丹醚（或硫丹醇）的质量分数（％）。

硫双威中相关杂质的测定

灭　多　威

$C_5H_{10}N_2O_2S$　162.2

中文化学名称：O-甲基氨基甲酰基-2-甲硫基乙醛肟

英文化学名称：S-methyl N-（methylcarbamoyloxy）thioacetimidate

CAS 登录号：16752-77-5

理化性状：无色晶体，略带硫黄味，熔点 78～79℃，蒸气压 0.72mPa（25℃），油水分配系数 0.093，亨利常数 2.1×10^{-6} Pa·m³/mol，相对密度 1.294 6（25℃），水中溶解度 57.9g/L（25℃），甲醇 1 000、丙酮 730、乙醇 420、异丙醇 220、甲苯 30（均为 g/kg，25℃），在碳氢化合物中有少量溶解。在水中 30 天内稳定（pH 5 和 7，25℃），DT_{50} 30d（pH 9，25℃）。140℃以下稳定。日光下稳定 120d。

危害信息：急性经口毒性雄鼠 LD_{50} 34mg/kg，雌鼠 30mg/kg，家兔经皮 LD_{50} ＞2 000mg/kg。中度眼刺激（家兔），无皮肤刺激（荷兰猪），大鼠吸入 LC_{50}（4h）0.258mg/L［空气（喷雾）］。每日允许摄入量（ADI）/参考剂量（RfD）0.02mg/kg（JMPR），0.002 5mg/kg（EFSA），cRfD 0.008mg/kg（EPA）。体内和体外实验中均无致突变性，无生殖和发育毒性，无致癌性。WHO 毒性分级（有效成分）I_b，EPA 经口和眼刺激（制剂）Ⅰ、经皮Ⅲ、吸入Ⅱ、皮肤刺激Ⅳ。

试验方法

1　方法提要

试样用二氯甲烷和流动相溶解，以正己烷＋异丙醇＋二氯甲烷＋乙腈溶液为流动相，使用 Zorbax CN 不锈钢色谱柱和具 240nm 的紫外检测器，对试样中的灭多威进行反相高效液相色谱分离和测定，外标法定量。

2　试剂和溶液

异丙醇；二氯甲烷；乙腈；正己烷；灭多威标样。

3 仪器

液相色谱仪，具 240nm 的可变波长紫外检测器；工作站；色谱柱：Zorbax CN，5μm，250mm×4.6mm 不锈钢柱。

4 色谱条件

流动相：正己烷＋异丙醇＋二氯甲烷＋乙腈＝800＋100＋60＋40（v/v）；流量：1.0mL/min；柱温：室温；检测波长：240nm；进样量：5μL；

上述是典型色谱操作条件，操作者可根据仪器不同特点对操作参数做适当调整，以期获得最佳分离效果。

5 测定步骤

5.1 标样溶液的制备

灭多威标样溶液的配制：准确称取灭多威标样 0.05g（精确至 0.02mg）于 100mL 容量瓶中，加入 25mL 二氯甲烷。在超声波下振荡 1min，加入 50mL 流动相，搅拌溶解至溶液呈透明状。冷却后，用流动相定容至刻度，摇匀，得溶液 A。准确移取溶液 A 10mL 于 100mL 容量瓶中，用流动相稀释至刻度，摇匀，得溶液 B。准确移取溶液 B 10mL 于 100mL 容量瓶中，用流动相稀释至刻度，摇匀，待用。

5.2 样品溶液的制备

准确称取硫双威样品 0.08g 于 100mL 容量瓶中，加入 15mL 二氯甲烷，在超声波下振荡 1min 左右，用流动相定容至刻度，摇匀，备用。

5.3 测定

在上述色谱操作条件下，待仪器稳定后，连续注入数针标样溶液，直至相邻两针峰面积相对变化小于 3.0% 后，按照标样溶液、试样溶液、试样溶液、标样溶液的顺序进样。

6 计算

将测得的两针试样溶液以及试样前后两针标样溶液中灭多威峰面积分别进行平均。试样中灭多威质量分数 ω_1（%）按式（2-20）计算：

$$\omega_1 = \frac{A_1 \times m_2 \times \omega_0}{A_2 \times m_1 \times 100} \qquad (2-20)$$

式中：

ω_1——试样中灭多威的质量分数（%）；

A_1——试样溶液中灭多威面积的平均值；

m_2——灭多威标样的质量（g）；

ω_0——标样中灭多威的质量分数（%）；

A_2——标样溶液中灭多威峰面积的平均值；

m_1——试样的质量（g）；

100——标样溶液的稀释倍数。

计算结果应保留三位有效数字。

马拉硫磷中相关杂质的测定

异 马 拉 硫 磷

$$CH_3S-\overset{\overset{\displaystyle O}{\|}}{\underset{\underset{\displaystyle OCH_3}{|}}{P}}-S-\overset{\overset{\displaystyle CO_2C_2H_5}{|}}{\underset{\underset{\displaystyle H}{|}}{\overset{\displaystyle CH_2}{C}}}-CO_2C_2H_5$$

$C_{10}H_{19}O_6PS_2$ 330.4

中文通用名称： 异马拉硫磷

英文通用名称： isomalathion

中文化学名称： 二乙基-2- {［甲氧基（甲基硫烷基）磷酰基］硫烷基} 丁二酸

英文化学名称： diethyl-2-［methoxy（methylsulfanyl）phosphoryl］sulfanylbutane-dioate

CAS 登录号： 3344－12－5

理化性状： 密度 1.273g/cm³，沸点 413.6℃（760mmHg），闪点 203.9℃；蒸气压 $6.32×10^{-5}$Pa（$4.74×10^{-7}$mmHg）（25℃）。

试验方法

1 方法提要

试样用乙腈-水溶解，使用 Phenomenex Sphereclone ODS 2 色谱柱和光电二极管阵列检测器（DAD），对试样中的异马拉硫磷进行反相高效液相色谱分离和测定。

2 试剂和溶液

乙腈：色谱纯（溶剂 B）；水：色谱纯（溶剂 A）；异马拉硫磷标品：纯度已知；1%标准样品溶液：准确称量 0.1g（标记 a g）标准品于 12mL 的样品瓶（已去皮）中，加入 10mL75%乙腈/水（v/v）并称重（标记 b g），混匀，作为标准储备溶液；取 $180\mu L$ 的上述标准液于样品瓶（已去皮）中并称重（标记 c g），加 10mL75%乙腈/水（v/v）并称重（标记 d g），混匀，记为标准溶液 1；取 2mL 标准溶液 1 于样品瓶（已去皮）中，称重（标记 e g），加 6mL75%乙腈/水（v/v）并称重（标记 f g），混匀，记为标准溶液 2；取 1mL 标准溶液 2 于样品瓶中，称重，加 2mL75%乙腈/水（v/v）并称重标，混匀，记为标准溶液 3；取 2mL 标准溶液 3 于样品瓶中，称重，加 2mL75%乙腈/水（v/v）并称重标，混匀，记为标准溶液 4；标准溶液 1、2、3、4 分别进样高效液相色谱进行检测。

3　仪器

高效液相色谱仪，配自动进样系统，光电二极管阵列检测器（DAD）；工作站；色谱柱：菲罗门 Sphereclone ODS2，5μm，120mm×4.6mm（i.d.）不锈钢柱（或具等同效果的色谱柱）；保护柱：ODS2，5μm，50mm×4.6mm（i.d.）（或具等同效果的保护柱）。

4　操作条件

流动相：

时间（min）	B（%）	流速（mL/min）
0.0	40	1.0
8.0	40	1.0
9.0	95	2.0
12.0	95	2.0
12.5	40	1.0

采集时间：14min；温度：50℃；检测波长：200nm；进样量：25μL；异马拉硫磷保留时间为 6.3min。

5　系统适用性检测

5.1　重现性
连续注入数针（至少3针）标准溶液2，直至相邻两针异马拉硫磷的峰面积相对变化小于5.0%。

5.2　线性
标准溶液1、2、3、4依次进样测定，进行异马拉硫磷峰面积和重量线性回归计算，相关系数应大于0.998。

5.3　残留效应
在标准溶液2进样后进溶剂空白，异马拉硫磷的峰面积应小于标准溶液2中异马拉硫磷的2.0%。

5.4　干扰性
目标分析物保留时间处无其他杂质干扰，确保基线分离。

6　测定步骤

6.1　样品溶液的制备
准确称取 0.3g 马拉硫磷样品（g g）到 12mL 样品瓶（已去皮）中，加入 10mL75%乙腈/水（v/v），再次称重（h g），混匀，进样检测。

如果检测的异马拉硫磷的峰面积超出线性范围，则需对其用 75%乙腈/水（v/v）进行稀释。

6.2 测定

在上述色谱操作条件下，待仪器稳定后，按照下列顺序进样：标准溶液2，T_1，T_2，T_3，T_4，T_5，T_6，T_7，T_8，标准溶液2，T_9，…，T_{16}，标准溶液2，…，最后进样标准溶液2，其中$T_1…T_n$指的是样品溶液1到n。每个溶液进样一次。

检查标准溶液2的峰面积变化差异，不超过5%，以确保没有明显的干扰因子。

7 计算

通过测定标样中和样品中的异马拉硫磷峰面积来计算样品中异马拉硫磷的含量ω_1（g/kg），按式（2-21）计算：

$$\omega_1 = \frac{A_1 \times h \times R_f}{g} \qquad (2-21)$$

式中：

ω_1——样品中异马拉硫磷的含量（g/kg）；

A_1——样品中异马拉硫磷的峰面积；

h——6.1部分标记的样品溶液的重量（g）；

g——6.1部分标记的样品的称重量（g）；

R_f——校正因子，基于标准溶液2，按照式（2-22）进行测定。

$$R_f = \frac{P \times a \times c \times e}{A \times b \times d \times f} \qquad (2-22)$$

式中：

A——标准溶液2中异马拉硫磷的峰面积；

P——异马拉硫磷标准品的纯度（g/kg）；

a，b，c，d，e，f——制备标准溶液2过程中标记称的重量。

马 拉 氧 磷

$$C_{10}H_{19}O_7PS \quad 314.3$$

中文通用名称：马拉氧磷

英文通用名称：malaoxon

中文化学名称：二乙基-2-［（二甲氧基磷酰基）硫烷基］丁二酸

英文化学名称：diethyl-2-（dimethoxyphosphorylsulfanyl）butanedioate

CAS登录号：1634-78-2

理化性质：淡黄色液体。闪点大于100℃，密度1.231g/cm³（20℃）。水溶性：

微溶。

危害性概述：

GHS 分类：急性毒性，经口（类别 3）；急性毒性，经皮（类别 2）；GHS 危害性标识：H301（吞咽会中毒）；H310（皮肤接触致命）。

试验方法

1 方法提要

试样用乙腈-水溶解，使用 Phenomenex Prodigy ODS 2 色谱柱和光电二极管阵列检测器（DAD），对试样中的马拉氧磷进行反相高效液相色谱分离和测定。

2 试剂和溶液

乙腈：色谱纯（溶剂 B）；水：色谱纯（溶剂 A）；异马拉硫磷标品：纯度已知；1%标准样品溶液：准确称量 0.1g（标记 a g）标准品于 12mL 的样品瓶（已去皮）中，加入 10mL75%乙腈/水（v/v）并称重（标记 b g），混匀，作为标准储备溶液；取 50μL 的上述标准液于样品瓶（已去皮）中并称重（标记 c g），加 10mL75%乙腈/水（v/v）并称重（标记 d g），混匀，记为标准溶液 1；取 5mL 标准溶液 1 于样品瓶（已去皮）中，称重（标记 e g），加 5mL75%乙腈/水（v/v）并称重（标记 f g），混匀，记为标准溶液 2；取 2mL 标准溶液 2 于样品瓶（已去皮）中，称重（标记 g g），加 2mL75%乙腈/水（v/v）并称重（标记 h g），混匀，记为标准溶液 3；取 2mL 标准溶液 3 于样品瓶（已去皮）中，称重（标记 i g），加 2mL75%乙腈/水（v/v）并称重（标记 j g），混匀，记为标准溶液 4；标准溶液 1、2、3、4 分别进样高效液相色谱进行检测。

3 仪器

高效液相色谱仪，配自动进样系统，光电二极管阵列检测器（DAD）；工作站；色谱柱：菲罗门 Sphereclone ODS2，5μm，120mm×4.6mm（i.d.）不锈钢柱（或具等同效果的色谱柱）；保护柱：菲罗门 Sphereclone ODS2，5μm，50mm×4.6mm（i.d.）（或具等同效果的保护柱）。

4 操作条件

流动相：	时间（min）	B（%）	流速（mL/min）
	0.0	40	1.0
	8.0	40	1.0
	9.0	95	2.0
	12.0	95	2.0
	12.5	40	1.0

采集时间：14min；温度：50℃；检测波长：215nm；进样量：50μL；马拉氧磷的保留时间为 10.9min，马拉硫磷保留时间为 14.1min。

5 系统适用性检测

5.1 重现性

连续注入数针（至少3针）标准溶液2，直至相邻两针马拉氧磷的峰面积相对变化小于10.0%。

5.2 线性

标准溶液1，2，3，4依次进样测定，进行马拉氧磷峰面积和重量线性回归计算，相关系数应大于0.998。

5.3 残留效应

在标准溶液2进样后进溶剂空白，马拉氧磷的峰面积应小于标准溶液2中马拉氧磷的2.0%。

5.4 干扰性

目标分析物保留时间处无其他杂质干扰，确保基线分离。

6 测定步骤

6.1 样品溶液的制备

准确称取0.3g马拉硫磷样品（k g）到12mL样品瓶（已去皮）中，加入10mL75%乙腈/水（v/v），再次称重（l g），混匀，进样检测。每个样品平行配制2次。

如果检测的马拉氧磷的峰面积超出线性范围，则需对其用75%乙腈/水（v/v）进行稀释。

6.2 测定

在上述色谱操作条件下，待仪器稳定后，按照下列顺序进样：标准溶液2，T_1，T_2，T_3，T_4，T_5，T_6，T_7，T_8，标准溶液2，T_9，…，T_{16}，标准溶液2，…，最后进样标准溶液2，其中T_1…T_n指的是样品溶液1到n。每个溶液进样一次。

检查标准液2的峰面积变化差异，不超过5%，以确保没有明显的干扰因子。

7 计算

通过测定标样中和样品中的马拉氧磷峰面积来计算样品中马拉氧磷的含量ω_2（g/kg），按式（2-23）计算：

$$\omega_2 = \frac{A_2 \times l \times R_f}{k} \qquad (2-23)$$

式中：

ω_2——样品中马拉氧磷的含量（g/kg）；

A_2——样品中马拉氧磷的峰面积；

l——6.1部分标记的样品溶液的重量（g）；

k——6.1部分标记的样品的称重量（g）；

R_f——校正因子，基于标准溶液2，按照式（2-24）进行测定。

$$R_f = \frac{P \times a \times c \times e}{A \times b \times t \times f} \qquad (2-24)$$

式中：

A——标准溶液 2 中马拉氧磷的峰面积；

P——马拉氧磷标准品的纯度（g/kg）；

a，*b*，*c*，*d*，*e*，*f*——文中标记称重量，*t* = *d*+*c*。

O,O,S-三甲基二硫代磷酸酯

$$CH_3O-\overset{\overset{\textstyle S}{\|}}{\underset{\underset{\textstyle OCH_3}{\|}}{P}}-SCH_3$$

$C_3H_9O_2PS_2$ 172.2

中文化学名称： O,O,S-三甲基二硫代磷酸酯

英文化学名称： phosphorodithioic acid-O,O,S-trimethyl ester

CAS 登录号： 2953 - 29 - 9

理化性质： 密度 1.259g/cm³，沸点 183.3℃（760mmHg），闪点 64.6℃，蒸气压 141.32Pa（1.06mmHg）（25℃）。

O,O,O-三甲基巯基磷酸酯

$$CH_3O-\overset{\overset{\textstyle S}{\|}}{\underset{\underset{\textstyle OCH_3}{\|}}{P}}-OCH_3$$

$C_3H_9O_3PS$ 156.1

中文化学名称： O，O，O-三甲基巯基磷酸酯

英文化学名称： phosphorothioic acid-O,O,O-trimethyl ester

CAS 登录号： 152 - 18 - 1

理化性质： 密度 1.211g/cm³，沸点 169℃（760mmHg），闪点 56℃，蒸气压 278.64Pa（2.09mmHg）（25℃）。

试验方法（O,O,S-三甲基二硫代磷酸酯和 O,O,O-三甲基巯基磷酸酯）

1 方法提要

试样用乙腈溶解，使用非极性气相毛细管柱和氢火焰离子化检测器，对试样中的和 O,O,S-三甲基二硫代磷酸酯进行气相色谱分离和测定，外标法定量。

2 试剂和溶液

乙腈：色谱纯；O,O,O-三甲基巯基磷酸酯标准品：纯度已知；O,O,S-三甲基二硫代磷酸酯标准品：纯度已知；1‰标准样品溶液：分别准确称量 O,O,O-三甲基巯基磷酸酯和 O,O,S-三甲基二硫代磷酸酯标准品各 0.1g（标记 a_1 g、a_2 g）于 12mL 的样品瓶（已去皮）中，加入 10mL 乙腈并称重（标记 b_1 g、b_2 g），混匀，作为标准储备溶液；取 100μL O,O,O-三甲基巯基磷酸酯标准储备溶液（标记 c_1 g）和 300μL O,O,S-三甲基二硫代磷酸酯标准储备溶液（标记 c_2 g）于样品瓶（已去皮）中，加 10mL 乙腈并称重（标记 d g），混匀，记为标准溶液 1；取 2mL 标准溶液 1 于样品瓶（已去皮）中，称重（标记 e g），加 2mL 乙腈并称重（标记 f g），混匀，记为标准溶液 2；取 120μL 标准溶液 2 于样品瓶（已去皮）中，加 2mL 乙腈并称重，混匀，记为标准溶液 3；标准溶液 1、2、3 分别进样高效液相色谱进行检测。

3 仪器

气相色谱仪，具氢火焰离子检测器，分流/不分流进样口，自动进样器，工作站；色谱柱：安捷伦色谱柱 HP-1：10 m × 0.53mm，膜厚 2.65μm（或具等同效果的色谱柱）；不分流进样。

4 操作条件

柱温：初始 60℃保持 2min，以 10℃/min 上升至 210℃，保留 0min；以 25℃/min 上升至 250℃，保留 2min；以 35℃/min 上升至 280℃，保留 5min；进样口温度：150℃；检测器温度：300℃；载气：氮气（总流速 80mL/min）；采集时间：26.5min；进样量：2μL；O,O,O-三甲基巯基磷酸酯的保留时间为 6.0min，O,O,S-三甲基二硫代磷酸酯的保留时间为 9.3min。

5 系统适用性检测

5.1 重现性

连续注入数针（至少 3 针）标准溶液 2，直至相邻两针 O,O,O-三甲基巯基磷酸酯和 O,O,S-三甲基二硫代磷酸酯的峰面积相对变化小于 5.0%。

5.2 线性

标准溶液 1，2，3 依次进样测定，进行 O,O,O-三甲基巯基磷酸酯和 O,O,S-三甲基二硫代磷酸酯面积和重量线性回归计算，相关系数应大于 0.98。

5.3 残留效应

在标准溶液 1 进样后进溶剂空白，O,O,O-三甲基巯基磷酸酯和 O,O,S-三甲基二硫代磷酸酯的峰面积应小于标准溶液 1 中 O,O,O-三甲基巯基磷酸酯和 O,O,S-三甲基二硫代磷酸酯的 1.0%。

5.4 干扰性

目标分析物保留时间处无其他杂质干扰，确保基线分离。

6 测定步骤

6.1 样品溶液的制备

准确称取 0.1g 马拉硫磷样品（g g）到 12mL 样品瓶（已去皮）中，加入 10mL 乙腈，再次称重（h g），混匀，进样气相色谱检测。

如果检测的 O,O,O-三甲基巯基磷酸酯和 O,O,S-三甲基二硫代磷酸酯的峰面积超出线性范围，则需对其用乙腈进行稀释。

6.2 测定

在上述色谱操作条件下，待仪器稳定后，按照下列顺序进样：标准溶液 2，T_1，T_2，T_3，T_4，T_5，T_6，T_7，T_8，标准溶液 2，T_9，…，T_{16}，标准溶液 2，…，最后进样标准溶液 2，其中 T_1…T_n 指的是样品溶液 1 到 n。每个溶液进样一次。

检查标准液 2 的峰面积变化差异，不超过 5%，以确保没有明显的干扰因子。

7 计算

通过测定标样中和样品中的 O,O,O-三甲基巯基磷酸酯和 O,O,S-三甲基二硫代磷酸酯峰面积，计算样品中 O,O,O-三甲基巯基磷酸酯和 O,O,S-三甲基二硫代磷酸酯的含量 ω_3 和 ω_4（g/kg），按式（2-25）计算：

$$\omega_3(\omega_4) = \frac{A_3(A_4) \times h \times R_f}{g} \tag{2-25}$$

式中：

ω_3——样品中 O,O,O-三甲基巯基磷酸酯的含量（g/kg）；

ω_4——样品中 O,O,S-三甲基二硫代磷酸酯的含量（g/kg）；

A_3——样品中 O,O,O-三甲基巯基磷酸酯的峰面积；

A_4——样品中 O,O,S-三甲基二硫代磷酸酯的峰面积；

g——6.1 部分标记的样品溶液的重量（g）；

h——6.1 部分标记的样品的称重量（g）；

R_f——校正因子，基于标准溶液 2，按照式（2-26）进行测定。

$$R_f = \frac{P \times a_1(a_2) \times c_1(c_2) \times e}{A \times b_1(b_2) \times d \times f} \tag{2-26}$$

式中：

A——标准溶液 2 中 O,O,O-三甲基巯基磷酸酯或 O,O,S-三甲基二硫代磷酸酯的峰面积；

P——标准品的纯度（g/kg）；

a_1（a_2），b_1（b_2），c_1（c_2），d，e，f——文中标记的称重量。

灭线磷中相关杂质的测定

正 丙 硫 醇

$$C_3H_8S \quad 76.2$$

中文化学名称：正丙硫醇

英文化学名称：1-propanethiol

CAS 登录号：107－03－9

理化性状：无色或淡黄色液体，有刺激气味。熔点－113℃，沸点 67.8℃（760mmHg），蒸气压 20.8kPa（156mmHg）（25℃）。溶解性：微溶于水，溶于乙醇、乙醚等。

危害性概述：蒸气或雾对眼及上呼吸道有刺激性。对皮肤有刺激性，接触后出现头痛、恶心、呕吐。对环境有危害，对水体可造成污染。GHS 分类：易燃液体（类别 2）；急性毒性，经口（类别 4）；急性毒性，吸入（类别 5）；皮肤刺激（类别 2）；严重的眼损伤（类别 1）；特异性靶器官系统毒性（一次接触）（类别 3）。

试验方法

1　方法提要

样品用三氯甲烷溶解，使用 HP－5（5％二苯基＋95％二甲基聚硅酮）涂壁的毛细管柱和氢火焰离子化检测器，对试样中的丙硫醇进行气相色谱分离和测定。

2　试剂和溶液

二氯甲烷；丙硫醇标样，已知质量分数≥98.0％。

3　仪器

气相色谱仪，具氢火焰离子化检测器；色谱柱：30m×0.32mm（i.d.）交联毛细管柱，内壁涂 HP－5（5％二苯基＋95％二甲基聚硅酮），膜厚 0.25μm；色谱数据处理机或色谱工作站；容量：25mL。

4　色谱条件

柱温：起始 30℃，保持 10min，再以 20℃/min 的速率升至 200℃，保持 4.5min；气化室温度：210℃；检测器温度：210℃；气体流量：载气（N_2）2.0mL/min、氢气 30mL/min、空气 300mL/min、补偿气（N_2）25mL/min；分流比 20：1；进样量：1.0μL。

在上述色谱操作条件下，丙硫醇保留时间约为 8.0min。

上述是典型色谱操作条件，操作者可根据仪器不同特点对操作参数做适当调整，以期获得最佳分离效果。典型的灭线磷原药中丙硫醇测定的气相色谱图见图2-9。

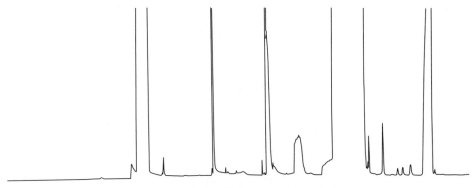

图2-9　灭线磷原药中丙硫醇的气相色谱图

5　测定步骤

5.1　标样溶液的配制

称取丙硫醇标样0.01g（精确至0.02mg）置于25mL容量瓶中，用三氯甲烷溶解，定容，摇匀，备用。

5.2　样品溶液的配制

称取样品10.00g（精确至0.2mg）置于25mL容量瓶中，用三氯甲烷溶解，定容，摇匀。

5.3　测定

在上述色谱操作条件下，待仪器基线稳定后，连续注入数针标样溶液，直至相邻两针丙硫醇的峰面积相对变化小于5%后，按照标样溶液、试样溶液、试样溶液、标样溶液的顺序进样测定。

6　计算

将测得的两针试样溶液以及试样前后两针标样溶液中丙硫醇的峰面积分别进行平均，试样中丙硫醇质量分数ω_1（%）按式（2-27）计算：

$$\omega_1 = \frac{A_2 \times m_1 \times \omega}{A_1 \times m_2 \times 100} \qquad (2-27)$$

式中：

A_1——标样溶液中丙硫醇的峰面积的平均值；

A_2——试样溶液中丙硫醇的峰面积的平均值；

m_1——丙硫醇标样的质量（g）；

m_2——试样的质量（g）；

ω——标样中丙硫醇的质量分数（%）。

7　允许差

两次平行测定结果的相对偏差，应不大于20%，取其算术平均值为测定结果。

三氯杀螨醇中相关杂质的测定

滴滴涕（DDT）

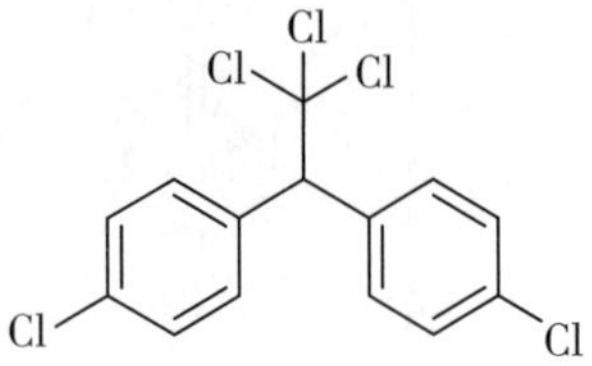

$C_{14}H_9Cl_5$ 354.5

中文通用名称：滴滴涕

英文通用名称：DDT

中文化学名称：双对氯苯基三氯乙烷

英文化学名称：2,2-bis（4-chlorophenyl）-1,1,1-trichloroethane

CAS登录号：50－29－3

理化性状：白色或淡黄色粉末。熔点107～109℃，相对密度1.55（25℃），沸点260℃，闪点72～77℃。溶解性：不溶于水，易溶于丙酮、苯、二氯乙烷。

危害性概述：急性中毒症状有头痛、眩晕、恶心、呕吐、四肢感觉异常，重者体温升高、心动过速、呼吸困难、昏迷，甚至死亡。对皮肤有刺激作用，对环境有危害。

试验方法

1 方法提要

试样用甲醇溶解，以甲醇＋水＋冰醋酸为流动相，使用 C_8 柱和紫外检测器，以 p，p'-DDE 标样，对试样中 DDTγ（表示与 DDT 相关的杂质的总和）杂质进行高效液相色谱分离和测定。

2 试剂和溶液

对，对-滴滴依（p,p'-DDE）标样：已知质量分数≥98.0%；邻，对-滴滴涕（o,p-DDT）标样：无干扰峰；对，对-滴滴涕（p,p'-DDT）标样：无干扰峰；对，对-氯化滴滴涕（p,p'-ClDDT）标样：无干扰峰；定性溶液：0.004mg/mL 的 DDTγ 甲醇溶液；甲醇：色谱级；水：新蒸二次蒸馏水；冰醋酸：分析纯。

3 仪器

高效液相色谱仪：具有紫外可变波长检测器；色谱数据处理机；色谱柱：250mm × 4.6mm（i.d.）不锈钢柱，内装 SUPELCOSIL LC-8（或其他同类），5μm 填充物；微量进样器：50μL。

4 色谱条件

流动相：甲醇＋水＋冰醋酸＝75＋25＋0.2；流动相流量：1.3mL/min；柱温：30℃；进样体积：10μL；检测波长：235nm；保留时间：o,p-DDT 20min；p，p'-DDT 22min；p，p'-DDE 23min；p，p'-ClDDT 36min。

5 测定步骤

5.1 标样溶液配制

称取 p，p'-DDE 标样约0.02g（精确到0.1mg）于50mL 容量瓶中，用甲醇溶解并定容，混匀，作为溶液 A。准确移取0.5mL 溶液 A 至50mL 容量瓶中，用甲醇定容，混匀，作为标样溶液。

5.2 试样溶液配制

称取0.5g 原药（精确到0.1mg）于50mL 容量瓶中，用甲醇溶解并定容，混匀（三氯杀螨醇原药呈黏稠状或蜡块状，称样前需将其放置在70℃烘箱内熔化，并充分搅匀。温度过高和加热时间过长，可引起三氯杀螨醇分解）。

5.3 测定

溶剂空白：在上述操作条件下，待仪器稳定后，注入10μL 溶解样品用的甲醇，应无干扰杂质测定的色谱峰存在。

杂质峰的定性：注入10μL 定性溶液，确定四个 DDTγ 峰的保留时间。

连续注入数针标样溶液，计算各针相对响应值，待相邻两针的相对响应值变化小于1.5%后，按标样溶液、试样溶液、试样溶液、标样溶液的顺序进针。分离效果见图 2-10。若三氯杀螨醇峰拖尾，应正确设定积分仪的峰处理参数，使位于它的尾上的滴滴涕相关杂质的峰按尾峰积分或峰谷对峰谷积分。

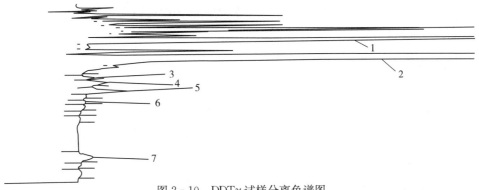

图 2-10　DDTγ 试样分离色谱图

1. 邻，对-三氯杀螨醇　2. 三氯杀螨醇　3. 邻，对-滴滴依　4. 对，对-滴滴涕　5. 邻，对-滴滴涕

6. 对，对-滴滴依　7. 对，对-氯化滴滴涕

6 计算

DDTγ 的质量分数 ω_1（%）按式（2-28）计算：

$$\omega_1 = \frac{A_2 \times m_1 \times P}{A_1 \times m_2 \times 100} \qquad (2-28)$$

式中：

A_1——标样溶液中 p,p'-DDE 峰面积平均值；

A_2——试样溶液中 o,p-DDT、p,p'-DDT、p,p'-DDE、p,p'-ClDDT 所有峰的面积之和的平均值；

m_1——p,p'-DDE 标样的质量（mg）；

m_2——样品的质量（mg）；

P——标样中 p,p'-DDE 的质量分数（%）。

7　允许差

两次平行测定 DDTγ 含量的相对偏差，应不大于 20%。

杀虫单中相关杂质的测定

氯　化　钠

NaCl　58.5

中文化学名称：氯化钠

英文化学名称：sodium chloride

CAS 登录号：7647-14-5

理化性状：无色透明的立方晶体，粉末为白色，味咸，易溶于水，熔点 801℃，沸点 1 413℃。硬度、密度较大。具有吸湿性，微有吸潮性。易溶于乙醇、丙醇、丁烷，在和丁烷互溶后变为等离子体，易溶于水。NaCl 分散在酒精中可以形成胶体，其水中溶解度因氯化氢存在而降低，几乎不溶于浓盐酸。

试验方法

1　方法提要

试样用水溶解，用硝酸和过氧化氢将硫代硫酸根和杀虫单等干扰物质破坏后，以硫酸铁铵作指示剂，用银量法测定氯化钠质量分数。

2　试剂和溶液

蔗糖溶液：密度 250g/L；硝酸银标准滴定溶液：c（AgNO$_3$）＝0.1mol/L，按 GB/T 601 制备和标定；硫氰酸铵标准滴定溶液：c（NH$_4$SCN）＝0.1mol/L，按 GB/T 601 制备和标定；硝酸溶液：φ（HNO$_3$）＝50%；过氧化氢溶液：ω（H$_2$O$_2$）＝30%；硫酸铁铵饱和溶液（加 3～5 滴硫酸）。

3　测定方法

称取 0.5g 试样（精确至 0.2mg），置于 250mL 锥形瓶中，加入 40mL 硝酸溶液，10mL 过氧化氢溶液和 80mL 水，加热微沸 10min，冷却至室温。用滴定管加入 15mL 硝酸银标准溶液，摇匀。加入 8mL 蔗糖溶液，剧烈振摇 2min，加 1mL 硫酸铁铵指示剂，在摇动下用硫氰酸铵标准滴定溶液滴定至溶液至浅棕红色，并保持 30s 不变色为终点。

4　计算

试样中氯化钠的质量分数 ω（%）按式（2-29）计算：

$$\omega = \frac{M\,(V_1 c_1 - V_2 c_2)}{1\,000m} \times 100\%\qquad\qquad(2-29)$$

式中：

c_1——硝酸银标准滴定溶液的实际浓度（mol/L）；

V_1——滴定时，消耗硝酸银标准溶液的体积（mL）；

c_2——硫氰酸铵标准滴定溶液的实际浓度（mol/L）；

V_2——消耗硫氰酸铵标准滴定溶液的体积（mL）；

m——试样的质量（g）；

M——氯化钠摩尔质量的数值（g/mol），（$M = 58.5\text{g/mol}$）。

杀铃脲中相关杂质的测定

N，N'-二-［4-（三氟甲氧基）苯基］脲

$C_{15}H_{10}F_6N_2O_3$　380.3

中文化学名称：N，N'-二-［4-（三氟甲氧基）苯基］脲

英文化学名称：N，N'-bis-［4-（trifluoromethoxy）phenyl］urea

理化性状：沸点 292.2℃，闪点 130.518℃，蒸气压 0.267Pa（0.002mmHg）（25℃），密度 1.517g/cm³（20℃）。

试验方法

1　方法提要

试样用乙腈溶解，以乙腈＋水溶液为流动相，使用以 C_{18} 为填料的不锈钢色谱柱和具 258nm 的紫外检测器，对试样中的 N，N'-二-［4-（三氟甲氧基）苯基］脲进行反相高效

液相色谱分离和测定，外标法定量。

2 试剂和溶液

乙腈：优级纯；水：Milli-Q 去离子水；N，N'-二-［4-（三氟甲氧基）苯基］脲标样：已知质量分数≥99.0%。

3 仪器

液相色谱仪，具258nm 的可变波长紫外检测器；工作站；色谱柱：长125mm，内径4mm 不锈钢柱，内装 Nucleosil 120-3 C_{18}，粒径 3μm 的填充物（或具等同效果的色谱柱）；过滤器：滤膜孔径约 0.45μm；进样器：100μL。

4 色谱条件

流动相：乙腈＋水＝60＋40（v/v）；流量：1.0mL/min；柱温：40℃（温差变化应不大于2℃）；检测波长：258nm；进样量：5μL；保留时间：N，N'-二-［4-（三氟甲氧基）苯基］脲约 5.8min。

上述是典型色谱操作条件，操作者可根据仪器不同特点对操作参数做适当调整，以期获得最佳分离效果。典型色谱图见图 2-11。

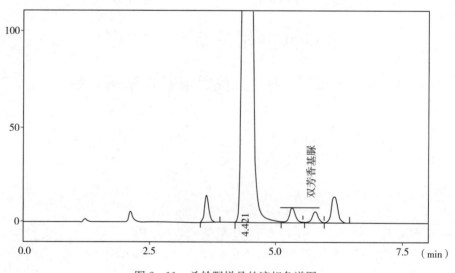

图 2-11 杀铃脲样品的液相色谱图

5 测定步骤

5.1 标样溶液的制备

准确称取 N，N'-二-［4-（三氟甲氧基）苯基］脲标样 0.03g（精确至 0.02mg）于 50mL 容量瓶中，用乙腈在超声波下振荡 5min 使其溶解，冷却后，用乙腈定容至刻度，摇匀。准确移取 1mL 于 100mL 容量瓶中，用乙腈稀释至刻度，摇匀，备用。

5.2 试样溶液的制备

准确称取杀铃脲样品 2.0g（原药，制剂称取 4.0g，精确至 0.2mg）于 50mL 容量瓶中，用乙腈在超声波下振荡 5min 使其溶解，冷却后，用乙腈定容至刻度，摇匀，过滤，备用。

5.3 测定

在上述色谱操作条件下，待仪器稳定后，连续注入数针标样溶液，直至相邻两针 N，N'-二-［4-（三氟甲氧基）苯基］脲峰面积相对变化小于 3.0％后，按照标样溶液、试样溶液、试样溶液、标样溶液的顺序进样。

6 计算

将测得的两针试样溶液以及试样前后两针标样溶液中 N，N'-二-［4-（三氟甲氧基）苯基］脲峰面积分别进行平均。试样中 N，N'-二-［4-（三氟甲氧基）苯基］脲质量分数 ω_1（％）按式（2-30）计算：

$$\omega_1 = \frac{A_1 \times m_2 \times \omega_0}{A_2 \times m_1 \times 100} \qquad (2-30)$$

式中：

ω_1——试样中 N，N'-二-［4-（三氟甲氧基）苯基］脲的质量分数（％）；

A_1——试样溶液中 N，N'-二-［4-（三氟甲氧基）苯基］脲峰面积的平均值；

m_2——N，N'-二-［4-（三氟甲氧基）苯基］脲标样的质量（g）；

ω_0——标样中 N，N'-二-［4-（三氟甲氧基）苯基］脲的质量分数（％）；

A_2——标样溶液中 N，N'-二-［4-（三氟甲氧基）苯基］脲峰面积的平均值；

m_1——试样的质量（g）。

7 允许差

两次平行测定的相对差，应不大于 30％，取其算术平均值作为测定结果。

杀螟硫磷中相关杂质的测定

S-甲基杀螟硫磷

C$_9$H$_{12}$NO$_5$PS   277.2

中文通用名：S-甲基杀螟硫磷

英文通用名：S-methyl fenitrothion

中文化学名称：O,S-二甲基-O-（3-甲基-4-硝基苯基）硫代磷酸酯

英文化学名称：phosphorothioic acid,O,S-dimethyl-O-（3-methyl-4-nitrophenyl）ester

CAS 登录号：3344-14-7

理化性状：密度 1.368g/cm³，沸点 383.8℃（760mmHg），闪点 185.9℃，蒸气压 1.26×10⁻³Pa（9.46×10⁻⁶mmHg）（25℃）。

试验方法

1 方法提要

试样用丙酮溶解，以邻苯二甲酸二丙烯酯为内标物，使用 HP-5 毛细管柱和氢火焰离子检测器，对试样中的 S-甲基杀螟硫磷进行气相色谱分离和测定，内标法定量。

2 试剂和溶液

丙酮，分析纯；内标物：邻苯二甲酸二丙烯酯，不应含有干扰分析的杂质；内标溶液：称取邻苯二甲酸二丙烯酯 2.5g，置于 500mL 容量瓶中，用丙酮溶解并稀释至刻度，摇匀；杀螟硫磷标样：已知质量分数≥98.0%。

3 仪器

气相色谱仪，具氢火焰离子化检测器，分流/不分流进样口；色谱柱：30m × 0.32mm（i.d.）HP-5 毛细管柱，膜厚 0.25μm；色谱数据处理机或色谱工作站；微进样量：10μL。

4 色谱条件

温度：柱室 210℃，气化室 230℃，检测器 270℃；流速：载气（N₂）1.5mL/min、尾吹气（N₂）30mL/min，氢气 30mL/min、空气 300mL/min；分流比：50∶1；进样体积：1.0μL。

在上述色谱操作条件下，S-甲基杀螟硫磷保留时间约为 6.4min，邻苯二甲酸二丙烯酯 3.2min。

上述是典型色谱操作条件，操作者可根据仪器不同特点做适当调整，以期获得最佳分离效果。典型的杀螟硫磷原药中 S-甲基杀螟硫磷测定的气相色谱图见图 2-12。

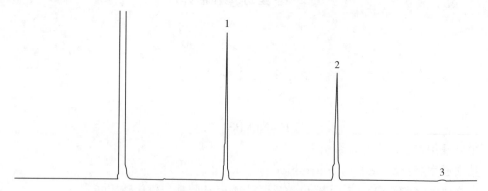

图 2-12 杀螟硫磷原药中 S-甲基杀螟硫磷测定的气相色谱图

1. 内标物（邻苯二甲酸二丙烯酯） 2. 杀螟硫磷 3.S-甲基杀螟硫磷

5 测定步骤

5.1 标样溶液的配制

称取杀螟硫磷标样 0.1g（精确至 0.2mg）置于 15mL 具塞玻璃瓶中，用移液管准确加入 10mL 内标溶液，摇匀。

5.2 试样溶液的配制

称取样品 0.1g（精确至 0.2mg）置于 15mL 具塞玻璃瓶中，用 5.1 中同一移液管准确加入 10mL 内标溶液，摇匀。

5.3 测定

在上述色谱操作条件下，待仪器基线稳定后，连续注入数针标样溶液，直至相邻两针杀螟硫磷的峰面积相对变化小于 1.2% 后，按照标样溶液、试样溶液、试样溶液、标样溶液的顺序进样测定。

6 计算

将测得的两针试样溶液以及试样前后两针标样溶液中杀螟硫磷的峰面积分别进行平均，试样中 S-甲基杀螟硫磷的质量分数 ω_1（%）按式（2-31）计算：

$$\omega_1 = \frac{A_2 \times r_2 \times m_1 \times \omega}{A_1 \times r_1 \times m_2} \qquad (2-31)$$

式中：

r_1——标样溶液中，杀螟硫磷与内标物峰面积比的平均值；

r_2——试样溶液中，杀螟硫磷与内标物峰面积比的平均值；

A_1——试样溶液中，杀螟硫磷峰面积平均值；

A_2——试样溶液中 S-甲基杀螟硫磷的峰面积的平均值；

m_1——标样的质量（g）；

m_2——试样的质量（g）；

ω——标样中杀螟硫磷的质量分数（%）。

7 允许差

两次平行测定结果的相对偏差，应不大于 1.2%，取其算术平均值为测定结果。

O，O，O'，O'-四甲基二硫代磷酸酯（TMPP）

$C_4H_{12}O_5P_2S_2$　　266.2

中文化学名称： O，O，O'，O'-四甲基二硫代磷酸酯

英文化学名称：O，O，O'，O'-tetramethyl pyrophosphorothioate

CAS 登录号：51120－35－5

试验方法

1 方法提要

试样用丙酮溶解，以苯甲基正丁酯为内标物，使用气相毛细管柱和氢火焰离子化检测器，对试样中的 TMPP 进行气相色谱分离和测定，内标法定量。

2 试剂和溶液

丙酮：分析纯；正庚烷：色谱纯；TMPP 标准物：已知纯度；内标物：苯甲酸正丁酯，不应含有干扰分析的杂质；内标溶液：称取苯甲酸正丁酯 100mg，置于 100mL 容量瓶中，用正庚烷溶解并稀释至刻度，摇匀；取该溶液 10mL 于 100mL 容量瓶中，用正庚烷稀释、定容，摇匀，备用。

校准溶液制备：称取 TMPP 标样 30mg（标记为 s mg）于 100mL 容量瓶中，用丙酮溶解、稀释、定容，摇匀。移取标样储备液 2.0mL 置于小瓶（30mL）中，然后加入 2.0mL 内标液，再添加 16mL 丙酮，摇匀，备用。

3 仪器

气相色谱仪，具氢火焰离子检测器，分流/不分流进样口；色谱柱：30m × 0.25mm（i.d.）、膜厚 1μm、内壁涂二甲基聚硅氧烷（DB-1 或具同等效果）的毛细管柱；色谱数据处理机或色谱工作站。

4 色谱条件

分流进样，分流流速：大约 20mL/min；进样体积：1.0μL；柱温：初始 100℃ 保持 0min，以 10℃/min 上升至 300℃，保持 20min；进样口温度：200℃；检测器温度：310℃；载气：氦气（流速 35cm/s）。

在上述色谱操作条件下，TMPP 保留时间约为 12.5min，苯甲酸正丁酯 11min。

典型的 TMPP 和苯甲基正丁酯的气相色谱图见图 2－13。

5 测定步骤

5.1 试样溶液的制备

准确称取杀螟硫磷试样 200mg（精确至 0.1mg）（标记为 w mg）于 10mL 小瓶中，然后加 2.0mL 内标液，再加 3mL 丙酮，混匀。再取此溶液 1mL 于 10mL 小瓶内，加丙酮 3mL，混匀，作为样品溶液。

5.2 测定

在上述色谱操作条件下，待仪器基线稳定后，连续注入数针标样溶液，直至相邻两针 TMPP 的峰面积相对变化小于 2.0% 后，按照标样溶液、试样溶液、试样溶液、标样溶液

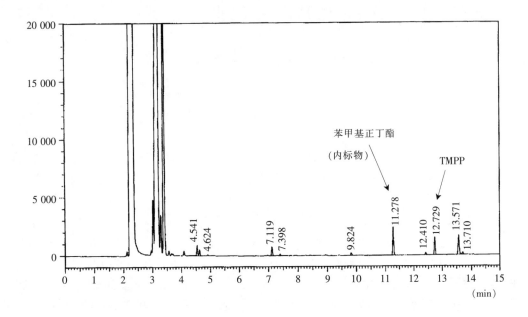

图 2-13　苯甲基正丁酯和 TMPP 的气相色谱图

的顺序进样测定。

5.3　计算

将测得的两针试样溶液以及试样前后两针标样溶液中 TMPP 的峰面积分别进行平均，试样中 TMPP 的含量 ω_2（g/kg）按式（2-33）进行计算：

$$f = \frac{I_r \times s \times P}{H_s} \qquad (2-32)$$

$$\omega_2 = \frac{f \times H_w}{I_q \times w} \qquad (2-33)$$

式中：

f——响应系数；

H_s——校准溶液中 TMPP 的峰面积；

H_w——试样溶液中 TMPP 的峰面积；

I_r——校准溶液中内标苯甲酸正丁酯的峰面积；

I_q——试样溶液中内标苯甲酸正丁酯的峰面积；

s——校准溶液中标准物 TMPP 的称取质量（mg）；

w——样品的称取质量（mg）；

P——标准物 TMPP 的纯度（g/kg）。

杀线威中相关杂质的测定

亚硝胺（NDMA）（以 N-亚硝基二甲胺为例）

$$\begin{array}{c} CH_3 \\ \diagdown \\ N — NO \\ \diagup \\ CH_3 \end{array}$$

$(CH_3)_2N_2O$ 74.08

中文化学名称： 亚硝胺（相关杂质为亚硝胺，以 N-亚硝基二甲胺为标识物）

英文化学名称： N-nitroso-dimethylamine

CAS 登录号： 62－75－9

理化性状： 浅黄色油状液体。沸点 153℃（774mmHg），蒸气压 666.61Pa（5mmHg）（20℃），密度 1.01g/mL。溶解性：易溶于水、二氯甲烷、醇、醚等有机溶剂。

危险性概述： 毒性分级为剧毒。急性毒性：大鼠口服 LD_{50} 为 37mg/kg，小鼠腹腔 LD_{50} 为 19mg/kg。可燃性危险特性：遇明火可燃，高热分解为有毒氮氧化物烟雾。

试验方法

1　方法提要

样品用二氯甲烷溶解，以 HP-INNWax 石英毛细管柱分离，质谱检测器检测，对试样中的 NDMA 进行气相色谱-质谱分离和测定。

2　试剂和溶液

二氯甲烷，色谱纯；NDMA 标样：已知含量（%）。

3　仪器

气相色谱仪，Thermo DSQII 气相色谱质谱联用仪；色谱柱：30m×0.32mm（i.d.），内壁涂 HP-INNWax 固定液，膜厚 0.25μm 毛细管柱。

4　色谱条件和质谱条件

温度：柱温 70℃，汽化室 230℃，传输线 250℃，离子源 220℃；载气（高纯氮，99.999%）：1.0mL/min；进样量：1μL，进样方式，不分流；电离模式：EI；溶剂延迟：4min。

在上述色谱操作条件下，NDMA 保留时间约为 5min；质谱扫描方式：选择离子模式，采集参数见表 2-4。

表 2 - 4　选择离子模式的采集参数

物质名称	定量离子（m/z）	参照离子 1（m/z）	参照离子 2（m/z）	参照离子 3（m/z）
杀线威	74	74	75	59

5　测定步骤

5.1　标样溶液的配制

准确称取 NDMA 标样 0.2g 于 100mL 容量瓶中，用二氯甲烷溶解、定容，该溶液作为标样储备液。根据样品中 NDMA 的含量，稀释为适当浓度。

5.2　试样溶液的配制

称取适量样品于容量瓶中，准确加入一定量的二氯甲烷萃取样品中的 NDMA，必要时过滤，作为样品溶液。

5.3　测定

待仪器稳定后，按照标样溶液、试样溶液、试样溶液、标样溶液的顺序进样。

备注：1. 该方法未用杀线威样品验证，仅供参考。

2. 在 FAO 标准中对亚硝胺（N-nitrosamines）有限量规定，但没有提供测定方法，仅在评价报告中指出采用反相高效液谱法、检测波长 205nm、外标法定量。

3. 该方法参考《气质联用检测传统中式香肠中的 9 种挥发性亚硝胺》，食品科学，2013，34（14）：241 - 244.

双硫磷中相关杂质的测定

氧 双 硫 磷

$$C_{16}H_{20}O_7P_2S_2 \quad 450.4$$

中文化学名称：氧双硫磷

英文化学名称：4-（4-（dimethoxyphosphorothioyloxy）phenylthio）phenyl dimethyl phosphate

CAS 登录号：60022 - 30 - 2

理化性状：熔点 503.9℃，蒸气压 9.88Pa（0.074 1mmHg）（25℃），密度 1.38g/cm³（20℃）。水中溶解度为 0.011g/L（pH7，25℃）。注：以上数值为计算值。

异 双 硫 磷

$$C_{16}H_{20}O_6P_2S_3 \quad 466.5$$

中文通用名称： 异双硫磷

英文化学名称： O- {4- [(4- { [methoxy (methylthio) phosphoryl] oxy} phenyl) thio] phenyl} O,O-dimethyl thiophosphate

试验方法

1 方法提要

试样用乙腈＋水（4∶1，v/v）溶解，以乙腈＋水为流动相，梯度洗脱。使用以 C_{18} 为填料的不锈钢色谱柱和具 254nm 的紫外检测器，对试样中的两种杂质进行反相高效液相色谱分离和测定，外标法定量。

2 试剂和溶液

乙腈：优级纯；水：HPLC 级；稀释剂：乙腈∶水＝4∶1（v/v）；流动相 A：乙腈∶水＝1∶1（v/v）；流动相 B：乙腈∶水＝9∶1（v/v）；氧双硫磷标样：已知质量分数；异双硫磷标样：已知质量分数。

3 仪器

液相色谱仪，具 254nm 的 UV 或 DAD 检测器，自动进样器，梯度洗脱程序，柱温箱，数据处理系统；工作站；色谱柱：长 250mm，内径 4.6mm 的 Vydac Apex C_8 不锈钢柱，内装粒径 5μm 的填充物（或具等同效果的色谱柱），用流动相 B 以 2mL/min 的流速冲洗色谱柱约 30min，用流动相 A 平衡色谱柱直至获得稳定的基线；过滤器：滤膜孔径约 0.45μm；容量瓶：50mL，A 级；玻璃瓶：20mL，带防漏盖，适用于乙腈；一次性过滤注射器：适用于乙腈，可过滤用于 HPLC 的约 2mL 滤液；摇床：旋转或者往复运动；超声波清洗器。

4 色谱条件

流动相：梯度洗脱。

时间（min）	流动相 A（%）	流动相 B（%）
0	100	0
3	100	0
20	0	100
25	0	100
25.1	100	0
40	100	0

流速：2mL/min；柱温：40℃（温差变化应不大于1℃）；检测波长：254nm；进样量：10μL；保留时间：氧双硫磷约7.9min，异双硫磷约9.2min，双硫磷约13.2min。

5 测定步骤

5.1 标样溶液的制备

准确称取氧双硫磷和异双硫磷标样各0.025g（精确至0.01mg）分别于50mL容量瓶中，用乙腈溶解并定容至刻度，摇匀，此为标样母液。

标准溶液：取适量的氧双硫磷和异双硫磷标样母液，混合，得到含0.07mg/mL氧双硫磷和0.015mg/mL异双硫磷的混合标样溶液（WSoxon＋iso），对应双硫磷原药和制剂的标准限值。

线性标准溶液的浓度为0.5、1.0、2.0倍的标准限值浓度。应在检测过程中间歇性的检查线性响应值，最好每批次样品检查一次。

5.2 试样溶液的制备

每批次样品重复两次。

原药：准确称取双硫磷样品0.25g（精确至0.1mg）于50mL容量瓶中，用30mL稀释剂溶解并摇匀，用稀释剂定容至刻度，混匀备用。标记为A1、A2、B1、B2等。

乳油：准确称取含双硫磷0.25g的样品（精确至0.1mg）于50mL容量瓶中，用30mL稀释剂溶解并摇匀，用稀释剂定容至刻度，混匀备用。标记为A1、A2、B1、B2等。

颗粒剂：准确称取约5g该剂型的样品于20mL的玻璃小瓶中，加入10mL乙腈，加盖，在超声波下振荡2min使其溶解，放入摇床中振荡约30min，用注射器、过滤器取上层清液，过滤备用。标记为A1、A2、B1、B2等。

5.3 测定

在上述色谱操作条件下，按照标样溶液（WSoxon＋iso）、试样溶液A1、试样溶液A2、标样溶液（WSoxon＋iso）、试样溶液B1、试样溶液B2、标样溶液（WSoxon＋iso）的顺序进样。

6 计算

将测得的两针试样溶液以及试样前后两针标样溶液中两种杂质的峰面积分别进行平均。试样中氧双硫磷和异双硫磷质量分数 ω（%）按式（2-34）计算：

$$\omega = \frac{SR_1}{SR_2} \times P \qquad (2-34)$$

式中：

ω——试样中氧双硫磷（异双硫磷）的质量分数（%）；

SR_1——试样溶液中氧双硫磷（异双硫磷）的响应值，按照式（2-35）计算；

SR_2——标准溶液中氧双硫磷（异双硫磷）的响应值，按照式（2-36）计算；

P——标样中氧双硫磷（异双硫磷）的质量分数（%）。

$$SR_1\,(\text{sample}) = \frac{A_1}{C_1} \qquad (2-35)$$

式中：

A_1——试样溶液中氧双硫磷（异双硫磷）的峰面积（%）；

C_1——试样溶液浓度（mg/mL）。

$$SR_2\,(\text{standard}) = \frac{A_2}{C_2} \qquad (2-36)$$

式中：

A_2——标样溶液中氧双硫磷（异双硫磷）的峰面积（%）；

C_2——标准溶液浓度（mg/mL）。

速灭威中相关杂质的测定

3-甲基苯酚

C_7H_8O 108.13

中文化学名称：3-甲基苯酚（相关杂质为游离酚，以此化合物为标识物）

英文化学名称：3-methylphenol

CAS 登录号：108-39-4

理化性状：无色或灰黄色液体，久贮或露置日光下颜色变暗，有酚臭。熔点 8～10℃，沸点 203℃，蒸气压＜133.32Pa（1mmHg）（20℃），密度 1.037g/cm³（25℃）。水中溶解度 20g/L（25℃）。稳定性：稳定。

危险性概述：

GHS 分类：易燃液体（4 类）、急性经口毒性（类别 3）、急性经皮毒性（类别 3）、皮肤腐蚀（类别 1A）、严重的眼灼伤（类别 1）、急性的水体毒性（类别 2）；GHS 危害标识：H227（可燃液体）、H301（吞咽会中毒）、H311（皮肤接触会中毒）、H314（造成严重皮肤灼伤和眼损伤）、H401（对水生生物有毒）。

试验方法

1 方法提要

间苯酚在酸性条件下与亚硝酸钠进行反应,生成亚硝基间甲基苯酚,加入甲胺乙醇溶液后形成黄色的醌型结构化合物,在波长 410nm 处进行比色测定。

2 试剂和溶液

95％乙醇;30％甲胺水溶液或甲胺醇溶液;亚硝酸钠,$c(NaNO_2)=1mol/L$ 溶液,称取 6.9g 置于 100mL 容量瓶中,用水溶解并稀释至刻度(限当天配置使用);盐酸,$c(HCl)=0.1mol/L$ 溶液;间甲酚(已知含量)≥99.0％标样溶液,用乙醇配制成 0.1mg/mL 溶液。

3 仪器

分光光度计,比色皿,厚度 1cm;水浴锅;25cm 具塞比色管。

4 测定步骤

称取相当含游离酚 0.5mg 的速灭威原药 0.05~0.5g(精确至 0.2mg),置于 25mL 容量瓶中,用 95％乙醇溶解并稀释至刻度,吸取 1.0mL 试液于 25mL 比色管中(如浑浊,则加 0.5mL 95％乙醇),加 0.1mol/L 盐酸 1.5mL,沿壁加入亚硝酸钠溶液 2mL,摇动 1min,在 22~30℃ 水浴锅中放置 45min,然后加 30％甲胺溶液 0.25mL,用水稀释至 10mL。在波长 410nm 处以水为参照溶液,进行吸光度测定。另取标准酚(间甲酚)0.2mL,置于比色管中,补加 0.8mL 95％乙醇,以下操作与试样测定相同。

做一个空白试验。

5 计算

用质量百分数表示的试样中游离酚的含量 X 按式(2-37)计算:

$$X=\frac{25C_s \times V_s \times (A_i-A_0)}{m \times (A_s-A_0)} \times 100\%$$ (2-37)

式中:

C_s——配制的酚标准溶液的浓度(mg/L);

V_s——所取酚标样溶液的体积(mL);

m——试样的质量(mg);

A_i——试样溶液的吸光度;

A_s——标样溶液的吸光度;

A_0——空白溶液的吸光度。

备注:HG2851—1997 20％速灭威乳油和 HG2852—1997 25％速灭威可湿性粉剂中未规定杂质。

涕灭威中相关杂质的测定

涕 灭 威 腈

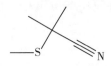

C$_5$H$_9$NS   115.2

中文化学名称：2-甲基-2-（甲硫基）-丙腈（涕灭威腈）

英文化学名称：aldicarb nitrile

CAS 登录号：10074 - 86 - 9

理化性状：沸点 172.8℃，蒸气压 174.65Pa（1.31mmHg）（25℃），油水分配系数 1.096（25℃），密度 0.972g/cm^3（20℃）。水中溶解度 11g/L（25℃）(pH7)。注：以上数值为计算值。

涕 灭 威 肟

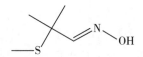

C$_5$H$_{11}$NOS   133.2

中文化学名称：2-甲基-2-（甲硫基）-丙醛肟（涕灭威肟）

英文化学名称：aldicarb oxime

CAS 登录号：1646 - 75 - 9

理化性状：沸点 210.5℃，蒸气压 10.16Pa（0.076 2）mmHg（25℃），油水分配系数 0.765（pH7，25℃），密度 1.00g/cm^3（20℃）。水中溶解度 23g/L（25℃）（pH5）。注：以上数值均为计算值。

1,3-二甲基脲

$$\text{(结构式)}$$

C$_3$H$_8$N$_2$ 88.1

中文化学名称：1,3-二甲基脲

英文化学名称：1,3-dinethylurea

CAS 登录号： 96-31-1

理化性状： 纯品为灰白色薄片结晶体。沸点 269℃，蒸气压 0.99Pa（7.44×10^{-3} mmHg）（25℃），油水分配系数－0.657（pH7，25℃），密度 0.949g/cm³（20℃）。水中溶解度 0.24g/L（25℃）（pH7），溶于乙醇、丙酮、苯和乙酸乙酯等，不溶于乙醚和汽油。注：以上数值均为计算值。

1,3,5-三甲基双缩脲

$C_5 H_{11} N_3 O_2$ 145.2

中文化学名称： 1,3,5-三甲基双缩脲

英文化学名称： 1,3,5-trimethyl biuret

CAS 登录号： 816-00-2

理化性状： 熔点 125～126℃，油水分配系数－0.8（pH7，25℃），密度 1.114g/cm³（20℃）。水中溶解度 110g/L（25℃）（pH6.54）。注：以上数值均为计算值。

试验方法

1 方法提要

以甲醇＋水溶液为流动相，使用以 SB-C₈ 的色谱柱和具 205nm 的可变波长紫外检测器，对试样中的杂质进行反相高效液相色谱分离和测定。采用乙酰苯胺作为内标，比较样品与已知纯度的相应标准品的峰面积，定量测定。

2 试剂和溶液

甲醇：优级纯；水：Milli-Q 去离子水；乙酰苯胺；涕灭威腈标样：已知质量分数；涕灭威肟标样：已知质量分数；1,3-二甲基脲标样：已知质量分数；1,3,5-三甲基双缩脲甲磺隆标样：已知质量分数；内标溶液：0.003％（v/v）乙酰苯胺的甲醇溶液，将 0.03g 乙酰苯胺溶于 1L 甲醇。

3 仪器

液相色谱仪，具 205nm 的可变波长紫外检测器；工作站；色谱柱：长 250mm，内径 4.6mm，内装 Zorbax，RX-C8，粒径 5μm 的填充物（或具等同效果的色谱柱）；过滤器：滤膜孔径约 0.45μm；进样器：1mL。

4 色谱条件

流动相：

时间（min）	流动相 A [甲醇＋水＝15＋85（v/v）]	流动相 B [甲醇＋水＝30＋70（v/v）]
0	100	0
7.5	100	0
8.5	0	100
26.0	0	100
27.0	100	0

流量：1.7mL/min；检测波长：205nm；进样量：10μL；检测时间：30min。

上述是典型色谱操作条件，操作者可根据仪器不同特点对操作参数做适当调整，以期获得最佳分离效果。典型色谱图见图2-14和图2-15。

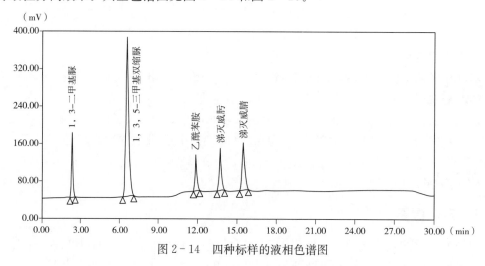

图2-14　四种标样的液相色谱图

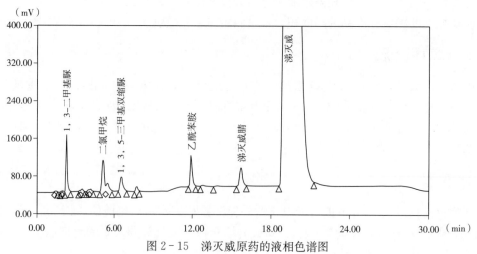

图2-15　涕灭威原药的液相色谱图

5 测定步骤

5.1 标样溶液的制备

称取涕灭威腈标样 0.014～0.016g（精确至 0.1mg），涕灭威肟标样 0.008～0.001 5g（精确至 0.1mg），1,3-二甲基脲标样 0.004～0.008g（精确至 0.1mg），1,3,5-三甲基双缩脲标样 0.004～0.008g（精确至 0.1mg）于样品瓶中，移入 10mL 内标溶液。盖上盖子后剧烈振荡混匀。

5.2 试样溶液的制备

用一个带针的玻璃注射器准确量取 0.5～0.7mL 样品。在天平上归零，将注射器内所有样品转移至样品瓶中。将空的注射器放回天平上，准确记录样品的质量（精确至 0.1mg）。向样品瓶中移入 10mL 内标溶液。盖上盖子后剧烈振荡混匀。

5.3 测定

在上述色谱操作条件下，待仪器稳定后，连续注入数针标样溶液，直至相邻两针杂质标准品峰面积相对变化小于 5.0% 后，按照标样溶液、5～6 针试样溶液、标样溶液的顺序进样。

6 计算

将测得的两针试样溶液以及试样前后两针标样溶液中的涕灭威腈、涕灭威肟、1,3-二甲基脲和 1,3,5-三甲基双缩脲峰面积分别进行平均。试样中各个杂质的质量分数按式（2-38）至（2-41）计算：

$$R = I/S \qquad (2-38)$$

$$M = A/B \qquad (2-39)$$

$$K = W_s \times P \times \overline{R} \qquad (2-40)$$

$$含量 = \frac{K \times M}{W} \times 100\% \qquad (2-41)$$

式中：

A——试样中杂质的峰面积值；

R——标样溶液中内标物峰面积值与杂质峰面积的比值；

S——标样溶液中杂质的峰面积值；

M——试样溶液中杂质的峰面积值与内标物峰面积值的比值；

K——响应因子；

$\overline{R}$——R 的平均值；

B——试样中内标物的峰面积值；

I——标样溶液中内标物的峰面积值；

P——标样中杂质的质量分数（%）；

W——样品质量（g）；

W_s——标准品质量（g）。

异 氰 酸 甲 酯

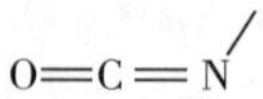

$$O = C = N$$

C₂H₃NO 57.1

中文化学名称：异氰酸甲酯

英文化学名称：methyl isocyanate

CAS 登录号：624－83－9

理化性状：纯品为无色刺鼻臭味液体。沸点 37～39℃，蒸气压 46.4kPa（348mmHg）（20℃），186.5kPa（1 399mmHg）（55℃），油水分配系数为 1.058（pH 7，25℃），密度 0.88g/cm³（20℃）。水中溶解度 61g/L（25℃）（pH 7）。注：以上数值均为计算值。

试验方法

1 方法提要

采用二丁胺作为衍生化试剂对异氰酸甲酯进行衍生化。通过比较衍生化的样品和已知含量的相应的衍生化标准品的面积，确定异氰酸甲酯的含量。试样用乙腈溶液溶解，以甲醇＋水溶液为流动相，使用以 SB-C₈ 为填料的色谱柱和紫外检测器，对试样中的异氰酸甲酯进行反相高效液相色谱分离和测定，外标法定量。

2 试剂和溶液

乙腈：色谱纯；甲醇：色谱纯；水：Milli-Q 去离子水；二丁胺；异氰酸甲酯标样：已知质量分数≥99.0%。

3 仪器

液相色谱仪，具可变波长紫外检测器；工作站；色谱柱：长 250mm，内径 4.6mm 不锈钢柱，内装 Zorbax SB-C₈，粒径 5μm 的填充物（或具等同效果的色谱柱）；过滤器：滤膜孔径约 0.45μm；进样器：1mL。

4 色谱条件

流动相：甲醇＋水＝60＋40（v/v）；流量：1.2mL/min；检测波长：216nm；进样量：20μL；检测时间：15min。

上述是典型色谱操作条件，操作者可根据仪器不同特点对操作参数做适当调整，以期获得最佳分离效果。典型色谱图见图 2-16 和图 2-17。

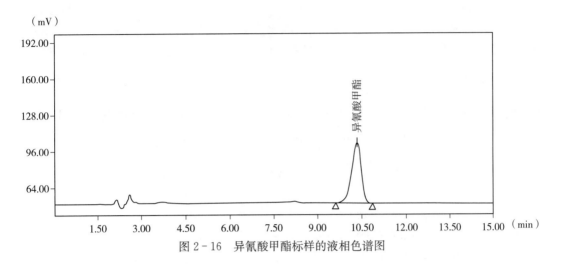

图 2-16　异氰酸甲酯标样的液相色谱图

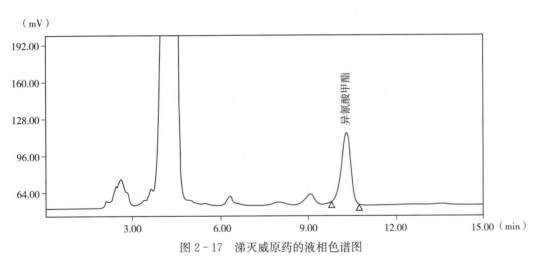

图 2-17　涕灭威原药的液相色谱图

5　测定步骤

5.1　标样溶液的制备

采用 $100\mu L$ 的玻璃注射器量取异氰酸甲酯标样 $90\sim100\mu L$，将量取标品后的注射器放于天平上，将天平归零。将注射器中的所有样品转移入已装有 5mL 乙腈的 10mL 容量瓶中并将注射器放回天平上，准确记录样品的质量（精确至 0.1mg）。用乙腈将容量瓶定容至刻度，摇匀，配制标准溶液。移取 1.0mL 的标准溶液至含有 30mL 乙腈的 50mL 容量瓶中，加入 $50\mu L$ 的二丁胺衍生化试剂，用去离子水定容，混匀。

5.2　试样溶液的制备

采用一个带针的玻璃注射器准确量取 $0.9\sim1.0mL$ 样品，将量取样品后的注射器放于天平上，将天平归零。将注射器中的所有样品转移入已装有 30mL 乙腈的 50mL 容量瓶中。将注射器放回天平上，准确记录样品的质量（精确至 0.1mg）。加入 $50\mu L$ 的二丁胺衍生化试剂，用去离子水定容，混匀。制备平行样。

5.3 测定

在上述色谱操作条件下，重复进样标准溶液至连续两针峰面积相差在 5.0%（平均值±2.5%）之内。然后按照每 2～3 针试样进样后进样一针标样溶液的顺序进行测定。

6 计算

将测得的两针试样溶液以及试样前后两针标样溶液中异氰酸甲酯峰面积分别进行平均。试样中异氰酸甲酯质量分数 ω（%）按式（2-42）计算：

$$\omega = \frac{W_S \times P \times A}{W \times \overline{S}} \qquad (2-42)$$

式中：

ω——试样中异氰酸甲酯的质量分数（%）；

W_S——异氰酸甲酯标样的质量（g）；

W——试样的质量（g）；

P——标样中异氰酸甲酯的质量分数（%）；

$\overline{S}$——标样溶液中异氰酸甲酯峰面积的平均值；

A——试样溶液中异氰酸甲酯的峰面积。

异丙威中相关杂质的测定

邻 异 丙 基 酚

$C_9H_{12}O$ 136.2

中文化学名称：邻异丙基酚（相关杂质为游离酚，以邻异丙基酚为标识物）

英文化学名称：2-isopropylphenol

CAS 登录号：88-69-7

理化性状：密度 0.987g/cm³，熔点 15～16℃，沸点 213.5℃（760mmHg），闪点 88.9℃，蒸气压 14.93Pa（0.112mmHg）（25℃）。微溶于水。

危害性概述：

GHS分类：急性毒性，经口（类别 4）；皮肤腐蚀（类别 1B）；严重眼睛损伤（类别 1）。

试验方法

1 方法提要

邻异丙基酚在酸性条件下与亚硝酸钠进行反应生成亚硝基邻异丙基酚，加入甲胺乙醇溶液后形成黄色的醌型结构化合物，在波长 410nm 处进行比色测定。

异丙威在本实验条件下不干扰测定。

2 试剂和溶液

95％乙醇；30％甲胺水溶液或甲胺醇溶液；亚硝酸钠溶液：1 mol/L，称取 6.9g 置于 100mL 容量瓶中，用水溶解并稀释至刻度（限当天配制使用）；盐酸溶液：c（HCl）＝0.1 mol/L；邻异丙基酚（已知含量≥99.0％）标样溶液：用乙醇配制成 0.1mg/mL 溶液。

3 仪器

分光光度计：比色皿，厚度 1 cm；水浴锅；25mL 具塞比色管。

4 测定步骤

称取相当含游离酚 0.5mg 的异丙威原药试样（精确至 0.2mg），置于 25mL 容量瓶中，用 95％乙醇溶解并稀释至刻度，吸取 1.0mL 试液于 25mL 比色管中（如浑浊，则加 95％乙醇 0.5mL），加 0.1mol/L 盐酸 1.5mL，沿壁加入亚硝酸钠溶液 2mL，摇动 1min，在水浴锅中放置 45min，然后加 30％甲胺溶液 0.25mL，用水稀释至 10mL。在波长 410nm 处以水为参照溶液进行吸光度测定。另取标准酚（邻异丙基酚）0.2mL，置于 25mL 比色管中，补加 95％乙醇 0.8mL，以下操作与试样测定同时做一个空白试验。

5 计算

用质量分数表示的试样中游离酚的含量 ω_1（％）按式（2－43）计算：

$$\omega_1 = \frac{25 \times C_s \times V_s \times (A_i - A_0)}{m \times (A_s - A_0)} \times 100\,\% \qquad (2-43)$$

式中：

C_s——配制的酚标准溶液的浓度（mg/mL）；

V_s——所取酚标准溶液的体积（mL）；

A_i——试样溶液的吸光度；

A_s——标样酚溶液的吸光度；

m——试样的质量（mg）；

A_0——空白溶液的吸光度。

乙酰甲胺磷中相关杂质的测定

O,O,S-三甲基硫代磷酸酯 (RE‑15283)

C₃H₉O₃PS   156.1

中文化学名称： O,O,S-三甲基硫代磷酸酯

英文化学名称： O,O,S-trimethylphosphorothioate

CAS 登录号： 152‑20‑5

理化性状： 沸点 169℃，蒸气压 278.64Pa（2.09mmHg）（25℃），油水分配系数 1.532（25℃），密度 1.211g/cm³（20℃）。水中溶解度 120g/L（25℃）。

乙　酰　胺

C₂H₅NO   59.07

中文化学名称： 乙酰胺

英文化学名称： acetamide

CAS 登录号： 60‑35‑5

理化性状： 纯品为无色透明针状晶体。熔点 81℃，蒸气压 0.13 kPa（65℃），密度 1.16g/cm³（20℃）。溶于水，微溶于乙醚，溶于乙醇。

甲　胺　磷

C₂H₈NO₂PS   141.13

中文化学名称： O,S-二甲基硫代磷酸酰胺

英文化学名称： methamidophos

CAS 登录号： 10265－92－6

理化性状： 纯品为无色晶体。熔点 45℃，蒸气压 2.3mPa（20℃），4.7mPa（25℃），油水分配系数－0.8（20℃），密度 1.27g/cm³（20℃）。溶解度：水中＞200g/L（20℃）；异丙醇和二氯甲烷中＞200，正己烷 0.1～1，甲苯 2～5（g/L，20℃）。稳定性：室温下稳定，加热易分解。强酸和强碱中水解，DT$_{50}$ 1.8 年（pH 4，22℃），110h（pH 7），72h（pH 9）。

试验方法（气相色谱法）

1 方法提要

试样用二氯甲烷溶解，以邻苯二甲酸二丙酯为内标物，使用 15m×0.53mm×1μm 的 DB－17 和氢火焰离子化检测器，对试样中的 RE－15283、乙酰胺和甲胺磷进行气相色谱分离和测定，内标法定量。

2 试剂和溶液

二氯甲烷（DCM）；邻苯二甲酸二丙酯标样：99％；RE－15283 标样：已知质量分数；乙酰胺标样：已知质量分数；甲胺磷标样：已知质量分数。

3 仪器

气相色谱仪：具有氢火焰离子化检测器（FID）；天平：准确度应达到 0.1mg；自动进样器和分流/不分流进样口；色谱工作站；色谱柱：DB－17，长 15m，内径 0.53mm，膜厚 1μm 熔融石英毛细管柱（或具等同效果的色谱柱）。

4 色谱条件

柱温箱升温程序：60℃，保持 4min，以 10℃/min 升至 100℃，保持 4min，以 10℃/min 升至 200℃，保持 4min，平衡时间：2min；进样口：150℃；检测器：250℃；气体流速：载气（氦气）5mL/min；检测器流速：氢气 30mL/min、空气 400mL/min、补充气（氦气）22mL/min；分流阀流速：40mL/min；吹扫打开：0.5min（不分流进样）；进样体积：1μL；保留时间：RE－15283 约 7.1min，乙酰胺约 0.9min，甲胺磷约 10.9min，内标物（邻苯二甲酸二丙酯）约 19.5min。

上述气相色谱操作条件，是典型操作参数。可根据不同仪器特点，对给定的操作参数做适当调整以期获得最佳效果。典型的乙草胺原药的气相色谱图见图 2－18。

5 测定步骤

5.1 内标溶液的制备

称取 0.6mL 的邻苯二甲酸二丙酯，置于 1 000mL 容量瓶中，用二氯甲烷溶解并稀释至刻度，摇匀。

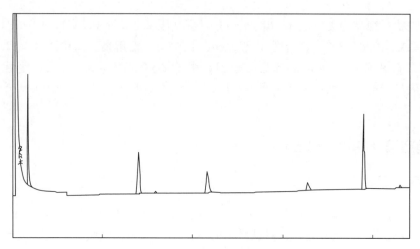

图 2-18　乙酰甲胺磷原药中杂质的液相色谱图

5.2　标样溶液的制备

准确称取三种标样各 0.05g（精确至 0.1mg）于 3 个 50mL 容量瓶中，用二氯甲烷稀释定容。用移液管移取 5.0mL3 个标样母液于 100mL 容量瓶中，用移液管加入 3mL 内标溶液，用二氯甲烷稀释定容，摇匀，备用。

5.3　试样溶液的制备

准确称取乙酰甲胺磷样品 1.0g（精确至 0.1mg）于 100mL 容量瓶中，用移液管加入 3mL 内标溶液，然后用二氯甲烷稀释并定容，摇匀，备用。

5.4　测定

在上述色谱操作条件下，待仪器稳定后，连续注入数针标样溶液，直至相邻两针峰面积相对变化小于 10.0％后，按照标样溶液、试样溶液、试样溶液、标样溶液的顺序进样。

6　计算

将测得的两针试样溶液以及试样前后两针标样溶液中 RE-15283、乙酰胺、甲胺磷和内标物的峰面积比分别进行平均。试样中 RE-15283/乙酰胺/甲胺磷质量分数 ω_1（％）按式（2-44）计算：

$$\omega_1 = \frac{r_2 \times m_1 \times \omega}{r_1 \times m_2} \qquad (2-44)$$

式中：

r_1——标样溶液中，杂质与内标物峰面积比的平均值；

r_2——试样溶液中，杂质与内标物峰面积比的平均值；

m_1——标样的质量（g）；

m_2——试样的质量（g）；

ω——杂质标样中杂质的质量分数（％）。

试验方法（液相色谱法）

1　方法提要

试样用流动相溶解，以乙腈＋水（用磷酸将水的 pH 调至 3）溶液为流动相，使用以 CAPCELL PAK C$_{18}$、58P 为填料的色谱柱和可变波长的紫外检测器，对试样中的乙酰甲胺磷、乙酰胺和甲胺磷进行反相高效液相色谱分离和测定。

2　试剂和溶液

乙腈：色谱纯；水：Milli-Q 去离子水；磷酸：分析纯；乙腈水溶液：体积比乙腈：水＝10：90（v/v），用磷酸将水的 pH 调至 3，混合均匀，用 0.45μm 滤膜过滤，超声脱气 10min；乙酰甲胺磷标样：已知质量分数≥99.0%（无干扰分析的杂质）；乙酰胺标样：已知质量分数≥98.0%；甲胺磷标样：已知质量分数≥98.0%；乙酰胺标样溶液的制备：称取乙酰胺标样 0.03g（精确至 0.2mg），置于 50mL 容量瓶中，加流动相溶解，并稀释至刻度，摇匀；甲胺磷标样溶液的制备：称取甲胺磷标样 0.08g（精确至 0.2mg），置于 50mL 容量瓶中，加流动相溶解，并稀释至刻度，摇匀。

3　仪器

液相色谱仪，具 210nm 的可变波长紫外检测器和定量进样阀；工作站；色谱柱：长 250mm，内径 4.6mm 不锈钢柱，内装 CAPCCELL PAK C$_{18}$，粒径 5μm 的填充物（或具等同效果的色谱柱）；过滤器：滤膜孔径约 0.45μm；进样器：250μL。

4　色谱条件

流动相：乙腈：水＝10：90（v/v），其中水为 pH＝3.0 的磷酸水溶液；流量：1.0mL/min；柱温：室温（温差变化应不大于 2℃）；检测波长：210nm；进样量：20μL；保留时间：乙酰胺 2.7min、甲胺磷 3.9min、乙酰甲胺磷 4.3min。

上述是典型色谱操作条件，操作者可根据仪器不同特点对操作参数做适当调整，以期获得最佳分离效果。典型色谱图见图 2-19。

5　测定步骤

5.1　标样溶液的制备

准确称取乙酰甲胺磷标样 0.06g（精确至 0.2mg）于 50mL 容量瓶中，用移液管分别移取 1.0mL 乙酰胺标样溶液和甲胺磷标样溶液于同一容量瓶中，加流动相溶解并定容，摇匀，备用。

5.2　试样溶液的制备

准确称取乙酰甲胺磷样品 0.06g（精确至 0.2mg）于 50mL 容量瓶中，加流动相溶解并定容，摇匀，备用。

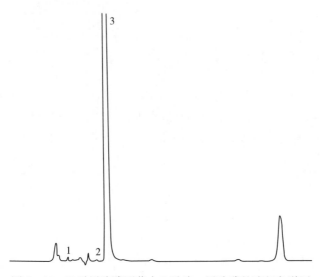

图 2-19　乙酰甲胺磷原药中乙酰胺、甲胺磷的液相色谱图
1. 乙酰胺　2. 甲胺磷　3. 乙酰甲胺磷

5.3　测定

在上述色谱操作条件下，待仪器稳定后，连续注入数针标样溶液，直至相邻两针乙酰甲胺磷的峰面积相对变化小于 1.5% 后，按照标样溶液、试样溶液、试样溶液、标样溶液的顺序进样。

6　计算

将测得的两针试样溶液以及试样前后两针标样溶液中乙酰甲胺磷的峰面积（乙酰胺、甲胺磷的峰面积或峰高）分别进行平均。试样中乙酰甲胺磷（乙酰胺、甲胺磷）质量分数 ω_1（%）按式（2-45）计算：

$$\omega_1 = \frac{A_1 \times m_2 \times \omega_0}{A_2 \times m_1} \times f \qquad (2-45)$$

式中：

ω_1——乙酰甲胺磷（乙酰胺、甲胺磷）的质量分数（%）；

A_1——试样溶液中乙酰甲胺磷峰面积（乙酰胺、甲胺磷的峰面积或峰高）的平均值；

m_2——标样的质量（g）；

ω_0——乙酰甲胺磷（乙酰胺、甲胺磷）标样的质量分数（%）；

A_2——标样溶液中乙酰甲胺磷峰面积（乙酰胺、甲胺磷的峰面积或峰高）的平均值；

m_1——试样的质量（g）；

f——稀释因子，乙酰甲胺磷 $f=1$，乙酰胺和甲胺磷 $f=0.02$。

7　允许差

两次平行测定之相对差，应不大于 1.2%，取其算术平均值作为测定结果。

印楝素中相关杂质的测定

黄 曲 霉 素 B1

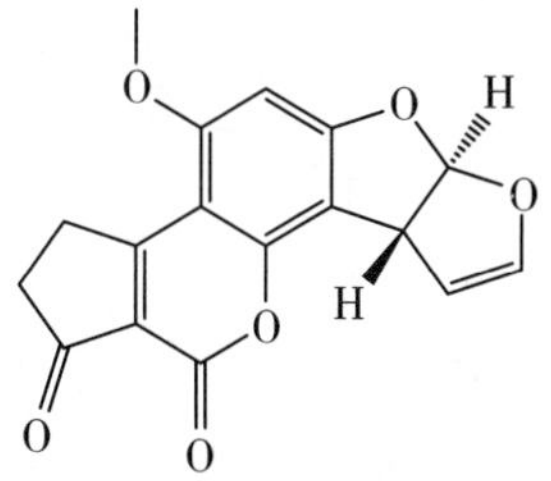

C₁₇H₁₂O₆　312.3

中文化学名称：2，3，6a，9a-四氢-4-甲氧基-环戊醇［c］氟［3'，2'：4，5］氟［2，3-h］［1］苯并吡喃-1，11-二酮

英文化学名称：aflatoxin B1

CAS 登录号：1162－65－8

理化性状：熔点 268～269℃，沸点 528.2℃，蒸气压 4.06×10^{-9} Pa（3.05×10^{-11} mmHg）（25℃），油水分配系数 2.039（pH7，25℃），密度 1.56g/cm³（20℃）。水中溶解度 0.087g/L（25℃）（pH7）。注：以上数值均为计算值。

黄 曲 霉 素 B2

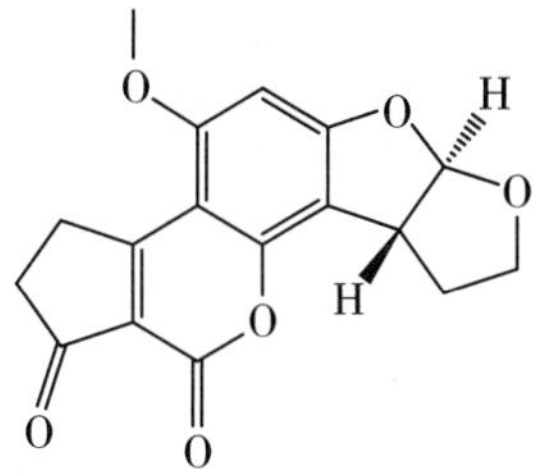

C₁₇H₁₄O₆　314.3

中文化学名称：2，3，6a，9a-六氢化-4-甲氧基-环戊醇［c］氟［3'，2'：4，5］氟［2，3-h］［1］苯并吡喃-1，11-二酮

英文化学名称：aflatoxin B2

CAS 登录号：7220－81－7

理化性状：熔点 305℃，沸点 521.0℃，蒸气压 7.89×10^{-9} Pa（5.92×10^{-11} mmHg）（25℃），油水分配系数 1.802（pH7，25℃），密度 1.52g/cm³（20℃）。水中溶解度 0.012g/L（25℃）（pH7）。注：以上数值均为计算值。

黄 曲 霉 素 G1

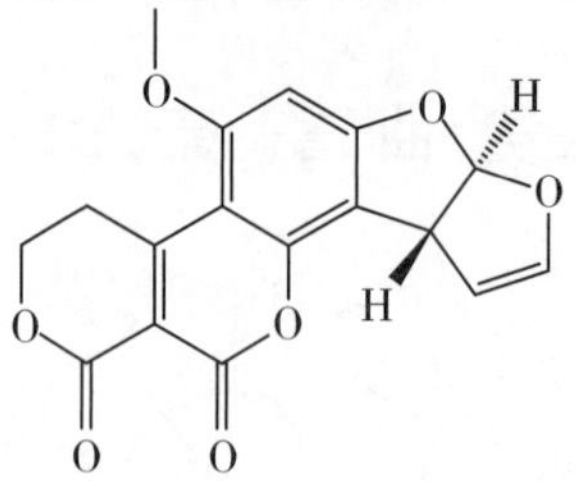

$C_{17}H_{12}O_7$ 328.3

中文化学名称：3，4，7a，10a-四氢化-5-甲氧基-（7aR，10aS)-氟［3'，2'：4，5］氟［2,3-h］［1］苯并吡喃-1，12-二酮

英文化学名称：aflatoxin G1

CAS 登录号：1165－39－5

理化性状：熔点 245℃，沸点 612.1℃，蒸气压 $8.53×10^{-13}$ Pa（$6.40×10^{-15}$ mmHg）（25℃），油水分配系数 0.679（pH7，25℃），密度 1.59g/cm³（20℃）。水中溶解度 2.1g/L（25℃）（pH7）。注：以上数值均为计算值。

黄 曲 霉 素 G2

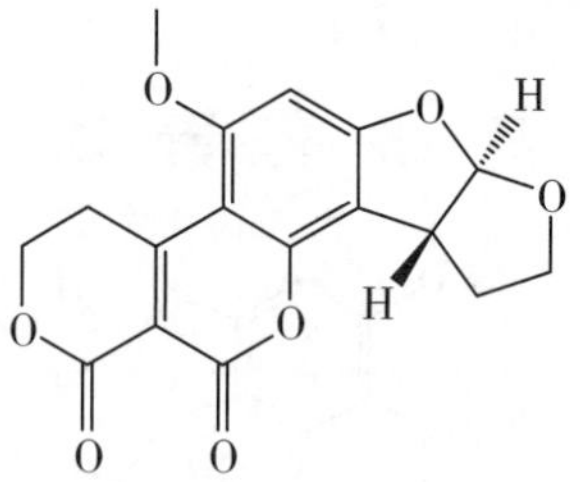

$C_{17}H_{14}O_7$ 330.3

中文化学名称：3，4，7a，9，10a-六氢化-5-甲氧基-（7aR，10aS)-氟［3'，2'：4，5］氟［2,3-h］［1］苯并吡喃-1，12-二酮

英文化学名称：aflatoxin G2

CAS 登录号：7241－98－7

理化性状：熔点 37～240℃，沸点 602.5℃，蒸气压 $2.40×10^{-12}$ Pa（$1.80×10^{-14}$ mmHg）（25℃），油水分配系数 0.443（pH7，25℃），密度 1.55g/cm³（20℃）。水中溶解度 0.28g/L（25℃）（pH7）。注，以上数值均为计算值。

试验方法

1 方法提要

黄曲霉素的测定使用反相高效液相色谱，结合柱后衍生和荧光检测器测定。试样用提取溶剂［甲醇＋水＝8＋2（v/v)］溶解，以水＋乙腈＋甲醇（6＋2＋3）溶液（每升流动相中加入 120mg KBr 和 350μL HNO$_3$）为流动相，使用任一 RP-C$_{18}$ 为填料的色谱柱和荧光检测器，对试样中的黄曲霉毒素进行反相高效液相色谱分离和测定。

2　试剂和溶液

乙腈：色谱纯；水：色谱纯；甲醇：色谱纯；甲苯；溴化钾；硝酸（4 mol/L）；黄曲霉毒素标准溶液的稀释溶剂：甲苯＋乙腈＝98＋2（v/v）；磷酸盐缓冲溶液（PBS）：将 0.2g KCl、0.2g KH$_2$PO$_4$、2.92g Na$_2$HPO$_4$ • 12H$_2$O 和 8.0g NaCl 溶解在 0.9 L 水中，用 HCl（0.1 mol/L）或 NaOH（0.1mol/L）调节 pH 至 7.4，加水定容至 1 L；提取溶剂：甲醇＋水＝8＋2（v/v）；Tween 20：10％水溶液；黄曲霉毒素标样：已知含量的黄曲霉素母液。

3　仪器

液相色谱仪，具荧光检测器（激发波长为 360nm，发射波长为 420nm）；工作站；色谱柱：RP-C$_{18}$ 色谱柱；保护柱：其填料与色谱柱相同；进样器：含 200μL 定量环的阀；过滤器：滤膜孔径约 0.45μm；进样器：10～500μL；玻璃量具：容量瓶和移液管，A 级（所有与黄曲霉素有接触的玻璃仪器在使用之前都要用酸溶液洗涤数小时，然后用水充分冲洗以洗去痕量的酸，并用 pH 试纸检测是否还有酸存在）；容器：10mL 具与免疫亲和性柱（IAC）连接的鲁尔接口连接器；柱后衍生系统：用于与电化学生成的溴衍生化的 Kobra Cell 系统。

4　色谱条件

流动相：水＋乙腈＋甲醇＝6＋2＋3（v/v/v）。每升流动相中加入 120mg KBr 和 350μL HNO$_3$；流量：视色谱柱而定；柱温：室温（温差变化应不大于 2℃）；检测波长：360nm 激发波长和 420nm 的发射波长，或与之相当的；进样量：200μL；保留时间和洗脱顺序：G2、G1、B2、B1，保留时间视色谱柱而定。

上述是典型色谱操作条件，操作者可根据仪器不同特点对操作参数做适当调整，以期获得最佳分离效果。典型色谱图见图 2-20 和图 2-21。

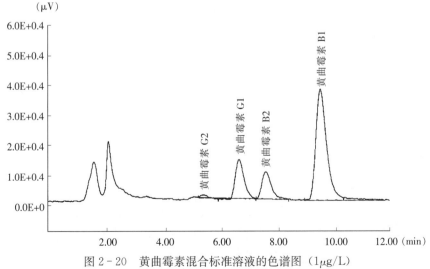

图 2-20　黄曲霉素混合标准溶液的色谱图（1μg/L）

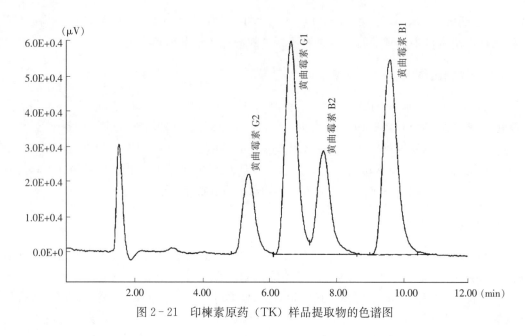

图 2-21 印楝素原药（TK）样品提取物的色谱图

5 测定步骤

5.1 标样溶液的制备

分别用稀释溶剂配制浓度为 $10\mu g/mL$ 的黄曲霉素（B1、B2、G1 和 G2）母液。锡箔纸包裹避光，在 4℃以下保存。分别移取适量各单一母液，采用稀释溶剂稀释，配制含有 1 000 ng/mL 黄曲霉素 B1、G1 和 200 ng/mL 黄曲霉素 B2、G2 的混合标准溶液。准确移取 2mL 该混合溶液至 20mL 容量瓶中，用稀释溶剂定容。混合均匀，锡箔纸包裹避光，在 4℃以下保存。

5.2 校准标准品溶液

如下所示，移取不同体积的混合黄曲霉素母液至 10mL 容量瓶中，室温下将甲苯＋乙腈溶液用氮气吹干。向每一容量瓶中加入 5mL 甲醇。待黄曲霉素溶解后，加水定容至刻度线并混匀。

标准溶液	稀释后的混合母液的移取体积（μL）	标准溶液的质量浓度（ng/mL）			
		B1	B2	G1	G2
1	10	0.1	0.02	0.1	0.02
2	50	0.5	0.1	0.5	0.1
3	100	1.0	0.2	1.0	0.2
4	150	1.5	0.3	1.5	0.3
5	200	2.0	0.4	2.0	0.4
6	250	2.5	0.5	2.5	0.5
7	300	3.0	0.6	3.0	0.6

5.3 线性检查

采用混合标准品溶液检查检测器相应的线性关系。标准品溶液中 B1 和 G1 浓度范围为 0.1~3.0 ng/mL，B2 和 G2 浓度范围为 0.02~0.6ng/mL。如果样品中黄曲霉素的含量超出了线性范围，应稀释或浓缩样品溶液，以保证黄曲霉素的含量适合于已建立的标准曲线。

5.4 添加溶液

移取 2mL 混合黄曲霉素混合母液（含有 1 000 ng/mL 黄曲霉素 B1、G1 和 200 ng/mL黄曲霉素 B2、G2）至 10mL 校准过的容量瓶中。在室温条件下，将甲苯/乙腈溶液用氮气吹干，用甲醇定容至刻度线并摇匀。该添加溶液中黄曲霉素的浓度为：200 ng/mL的 B1 和 G1，40 ng/mL 的 B2 和 G2。将容量瓶用锡箔纸包裹避光并在 4℃以下保存。使用前，当溶液恢复至室温时再打开容量瓶以避免由于冷凝而导致的水的掺入。

5.5 样品溶液的制备

称取 5g 印楝素（精确到 0.1g）于 100mL 容量瓶中，加提取溶剂定容至刻度线，摇匀。取 5mL 提取物用 Tween 20 溶液稀释至 20mL。将该稀释后的样品提取物加入连接在已活化的免疫亲和性柱上的 10mL 容器中，按下述操作进行。

免疫亲和性净化：根据厂家说明采用不同的操作程序。

柱子与歧化管连接，上面连接一个 10mL 的容器。取 9mL 样品溶液，转移至该容器中，以 3mL/min（不超过 5mL/min）左右的流速流过柱子。用 5mL 水冲洗柱子 3 遍，用较小的真空度抽 5~10s 或用注射器向柱子中吹入空气使柱子干燥。

用两个步骤将黄曲霉素洗脱下来：在柱子中加入 0.75mL 甲醇并让其随重力流出。用 3mL 的容量瓶收集洗脱液。1min 后用另外 0.75mL 甲醇重复这个洗脱过程，将洗脱液收集在同一个容量瓶中。用水将收集的洗脱液定容至刻度线并摇匀。若获得的是清澈的溶液，则可直接用于 HPLC 检测，否则，在进样之前用一次性过滤器过滤。

5.6 测定

在上述色谱操作条件下，待仪器稳定后，连续注入数针标样溶液，每一样品溶液进两针，进样量为 200μL。黄曲霉素在室温条件下就能在反相上分开。色谱柱内径为 4.6mm 时的推荐流速为 1.0mL/min，且根据使用的色谱柱的型号可调整流速的大小。黄曲霉素的洗脱顺序为 G2、G1、B2 和 B1，且应达到基线分离。

5.7 柱后衍生化

当使用 KOBRA cell（电化学生成的溴）时，根据厂商提供的说明安装 cell，在流动相流速为 1.0mL/min 和电流为 100 μA 的条件下运行。

5.8 添加步骤

回收实验中，用甲醇配制的黄曲霉素标准溶液进行添加。添加水平必须在线性范围之内（最好是平均值）。注意添加溶液的体积不要超过 2mL，并且保证接下来的溶剂挥发过程在黑暗中进行且持续 30min~2h。

6 计算

通过线性回归用已建立的线性方程式（2-46）计算黄曲霉素的含量 ω（ng/g）。

$$\omega = \frac{c_{Afla} \times V_e \times V_{final}}{m_s \times V_{iac}} \quad\quad (2-46)$$

式中：

c_{Afla}——由线性回归方程计算而得的进样溶液中黄曲霉素的浓度（ng/mL）；

V_e——提取溶剂的体积（mL）（$V_e = 100mL$）；

V_{final}——从免疫性亲和柱上（IAC）洗脱下来的最终体积（3mL）；

m_s——用于检测的样品质量（g）（印楝素的质量 $m_s = 5g$）；

V_{iac}——用于 IAC 净化的样品提取物的体积（mL）（9mL）。

7 允许差

两次平行测定之相对差，应不大于 30%，取其算术平均值作为测定结果。

右旋烯丙菊酯中相关杂质的测定

菊 酸 酐

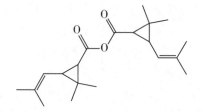

$C_{20}H_{30}O_3$ 318.5

中文化学名称：2,2-二甲基-3-（2-甲基-1-烯丙基）-环丙烷羧酸酐

英文化学名称：2,2-dimethyl-3-（2-methyl-1-propenyl）cyclopropanecarboxylic anhydride

CAS 登录号：14297-82-6

理化性状：沸点 386.1℃，蒸气压 4.83×10^{-4}Pa（3.62×10^{-6}mmHg）（25℃），油水分配系数 5.594（25℃），密度 1.079g/cm³（20℃）。水中溶解度 2.9×10^{-3}g/L（pH7，25℃）。注：以上数值为计算值。

试验方法

1 方法提要

右旋烯丙菊酯原药中菊酸酐与过量的吗啉反应。用 0.1 mol/L 盐酸甲醇测定反应中消耗的吗啉的量（确定为盐酸当量）来计算原药中菊酸酐的浓度。该方法不适用于右旋烯丙菊酯制剂中菊酸酐的测定。

2 试剂和溶液

浓盐酸；甲醇；乙醇；吗啉；甲基红；甲基黄；亚甲蓝；碳酸钠：容量级；盐酸-甲醇溶液：约 0.1 mol/L，将 9.5mL 的浓盐酸甲醇稀释到 1 000mL；吗啉-甲醇溶液：约 0.1 mol/L，准确称量 8.7g 或者 8.7mL 吗啉用甲醇稀释到 1 000mL；甲基红指示剂：准确称量 0.1g 甲基红，用 100mL 乙醇溶解稀释后过滤；甲基黄-亚甲蓝指示剂：准确称量 1g 甲基黄和 0.1g 亚甲蓝，用 125mL 甲醇溶解稀释。

3 测定步骤

3.1 0.1 mol/L 盐酸-甲醇溶液标准溶液的制备

准确称取碳酸钠 0.15g，预先在 500～650℃下加热 40～50min，在干燥器中冷却。加入 30mL 水稀释，再滴入 3 滴甲基红指示剂。用 0.1 mol/L 的盐酸-甲醇溶液滴定，直至溶液的颜色变为橙色到橙红色，且放置不变色。

3.2 测定

准确称取右旋烯丙菊酯 2.0g 的试样，置于 100mL 容量瓶中，加入 25mL 吗啉-甲醇溶液，振荡直至样品完全溶解。加入 3～4 滴甲基黄-亚甲蓝指示剂。用 0.1 mol/L 盐酸-甲醇溶液滴定，直至溶液颜色从绿色变成红色。制备空白样按上述描述操作，加入相同质量的吗啉溶液。

4 计算

0.1 mol/L 盐酸-甲醇溶液的常数因子 f 按照式（2-47）计算：

$$f = \frac{a}{V \times 5.299} \tag{2-47}$$

式中：

a——碳酸钠的质量（g）（经纯度校正）；

V——0.1 mol/L 盐酸-甲醇溶液的体积（mL）；

5.299——相对于 0.1 mol/L 盐酸的碳酸钠质量（105.989÷2×0.1）。

试样中菊酸酐质量分数 ω（g/kg）按式（2-48）计算：

$$\omega = \frac{31.846 \times (B-A) \times f \times 1000}{W} \tag{2-48}$$

式中：

A——用于滴定样品溶液的 0.1 mol/L 盐酸-甲醇溶液的体积（mL）；

B——用于滴定空白溶液的 0.1 mol/L 盐酸-甲醇溶液的体积（mL）；

W——试样的质量（g）；

f——0.1 mol/L 盐酸-甲醇溶液的常数因子；

31.846——对应消耗 0.1 mol 盐酸的菊酸酐质量（318.46×0.1）。

第三章　除草剂中的相关杂质

2,4-滴中相关杂质的测定

游离酚（以 2,4-二氯苯酚为标样测定）

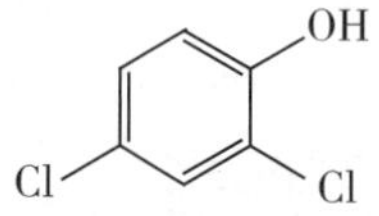

C$_6$H$_4$Cl$_2$O 164.2

中文化学名称： 2,4-二氯苯酚

英文化学名称： 2,4-dichlorophenol

CAS 登录号： 120 – 83 – 2

理化性状： 纯品为无色晶体，有酚臭。熔点 45℃，蒸气压 0.13 kPa（53℃），密度 1.383g/cm^3（60℃）。溶解性：微溶于水，溶于乙醇、乙醚、苯、四氯化碳。稳定性：稳定。

试验方法

1　方法提要

将试样溶于醇氨溶液中，加入 4-氨基安替比林和铁氰化钾溶液显色，测定其吸光度。由校正曲线查出相同吸光度下标样的体积，计算游离酚含量。

2　试剂和溶液

2,4-二氯苯酚标样：已知质量分数 98.0%；乙醇；丙酮；氨溶液 A：c（NH$_3$）= 0.05 mol/L；氨溶液 B：吸取 90mL 氨溶液 A，加入 50mL 乙醇，用水稀释至 1 L，摇匀；2,4-二氯苯酚溶液：称取 2,4-二氯苯酚标样 0.1g（精确至 0.2mg）置于 10mL 丙酮中，用水稀释至 1 L，摇匀；4-氨基安替比林水溶液：2g/L，使用时用 20g/L 储备液配制（储备液在暗处可存放 3 个月）；铁氰化钾水溶液：4g/L（用时现配）。

3　仪器

分光光度计；微量滴定管：2mL；具塞量筒：25mL，7 个。

4 测定步骤

4.1 校正

用微量滴定管依次吸取 0.2mL、0.4mL、0.5mL、0.6mL、0.8mL、1.0mL 和 1.2mL 酚溶液，放入 7 个具塞量筒中，用氨溶液 B 将其补加到 10mL，再依次加入 5mL 氨溶液 A、5mL 4-氨基安替比林溶液和 5mL 铁氰化钾溶液。每加一次溶液都需摇匀，最后一次要激烈摇动 1min，静置 5min。使用 1cm 比色皿，以水作参比，测定该溶液在 525nm 下的吸光度。

吸取 10mL 氨溶液 B，按上述操作步骤加入各溶液，测定试剂空白的吸光度。

从酚溶液测得的吸光度减去空白值的吸光度 A，对相应的酚溶液的体积作图，得校正曲线。

4.2 测定

准确称取试样 0.5g（精确至 0.2mg）于 1 000mL 容量瓶中，加入 50mL 乙醇使之溶解，加 90mL 氨溶液 A，用水稀释到 1L。移取 10mL 该溶液放入具塞量筒中，依次加入氨溶液 A 5mL、4-氨基安替比林溶液 5mL 和铁氰化钾溶液 5mL。每加一次溶液都需摇匀，最后一次要激烈摇动 1min，静置 5min。使用 1cm 比色皿，以水作参比，测定该溶液在 525nm 下的吸光度。减去空白吸光度后，由校正曲线查出该吸光度对应于溶液 A 的体积（mL）。

5 计算

试样中游离酚（以 2,4-二氯苯酚计）质量分数 ω_1（%）按式（3-1）计算：

$$\omega_1 = \frac{V \times m \times \omega}{10 \times m_1} \qquad (3-1)$$

式中：

ω_1——试样中游离酚的质量分数（%）；

V——测得试样吸光度对应酚溶液的体积，以 mL 计；

m——标样的质量（g）；

m_1——试样的质量（g）。

ω——标样中 2,4-二氯苯酚的质量分数（%）。

计算结果应保留三位有效数字。

6 允许差

两次平行测定之相对差，应不大于 50%，取其算术平均值作为测定结果。

2,4-滴丁酯中相关杂质的测定

游离酚（以 2,4-二氯苯酚为标样测定）

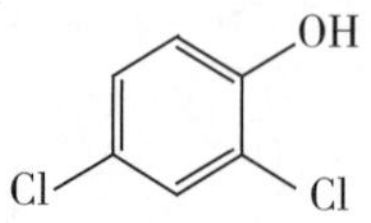

$C_6H_4Cl_2O$ 164.2

中文化学名称：2,4-二氯苯酚

英文化学名称：2,4-dichlorophenol

CAS 登录号：120 - 83 - 2

理化性状：纯品为无色晶体，有酚臭。熔点 45℃，蒸气压 0.13 kPa（53℃），密度 1.383g/cm³（60℃）。溶解性：微溶于水，溶于乙醇、乙醚、苯、四氯化碳。稳定性：稳定。

试验方法

1　方法提要

将试样溶于乙醇中，加入氨水、4-氨基安替比林和铁氰化钾溶液显色，于 520nm 处测定其吸光度。由校正曲线查出相同吸光度下标样的体积，计算游离酚含量。

2　试剂和溶液

2,4-二氯苯酚标样：已知质量分数≥98.0%；乙醇；异丙醇；乙醇异丙醇水溶液：φ（乙醇：异丙醇：水）＝2：1：3；氨溶液：$c（NH_3 \cdot H_2O）＝0.1 mol/L$；2,4-二氯苯酚标样溶液：称取 2,4-二氯苯酚标样 0.01g（精确至 0.2mg）置于 100mL 容量瓶中，加入少量乙醇使之溶解，用乙醇稀释至刻度，摇匀；4-氨基安替比林水溶液：$\rho＝2g/L$，使用时用 20g/L 储备液配制（储备液在暗处可存放 3 个月）；铁氰化钾水溶液：$\rho＝4g/L$（用时现配）。

3　仪器

分光光度计；微量滴定管：2mL；具塞量筒：30mL；石英比色皿：1 cm。

4　测定步骤

4.1　校正

用微量滴定管依次吸取 0.2mL、0.5mL、0.8mL、1.0mL、1.2mL、1.5mL 和 2.0mL 2,4-二氯苯酚标样溶液，放入 7 个具塞量筒中，用乙醇补加到 10mL，再依次加入

5mL 异丙醇、5mL 氨溶液，5mL 4-氨基安替比林溶液和 5mL 铁氰化钾溶液。每加一次溶液都需摇匀，最后一次激烈摇动 1min，静置 5min。使用 1 cm 比色皿，以乙醇异丙醇水溶液为参比，测定该溶液在 520nm 下的吸光度。

吸取 10mL 乙醇，按上述操作步骤加入各溶液，测定试剂空白的吸光度。

从酚溶液测得的吸光度减去空白值的吸光度，对相应的酚溶液的体积作图，得校正曲线。

4.2 测定

准确称取 2,4-滴丁酯 0.2g（精确至 0.2mg）的试样于 100mL 容量瓶中，加入少量乙醇使之溶解，用乙醇稀释至刻度。移取 10mL 该溶液于具塞量筒中，依次加入异丙醇 5mL、氨溶液 5mL，4-氨基安替比林溶液 5mL 和铁氰化钾水溶液 5mL。每加一次溶液都需摇匀，最后一次要激烈摇动 1min，静置 5min。使用 1 cm 比色皿，以乙醇异丙醇水溶液作参比，测定该溶液在 520nm 下的吸光度。减去空白值的吸光度后，由校正曲线查出该吸光度对应于 2,4-二氯酚标样溶液的体积（mL）。

5 计算

试样中游离酚的质量分数 ω_1（％）按式（3-2）计算：

$$\omega_1 = \frac{V \times m \times w}{10 \times m_1} \qquad (3-2)$$

式中：

ω_1——试样中游离酚的质量分数（％）；

V——测得试样吸光度对应酚溶液的体积，以 mL 计；

m——标样的质量（g）；

m_1——试样的质量（g）；

ω——标样中 2,4-二氯苯酚的质量分数（％）。

计算结果应保留三位有效数字。

2甲4氯中相关杂质的测定

4-氯-2-甲基苯酚

$C_7H_7ClO \qquad 142.6$

中文化学名称： 4-氯-2-甲基苯酚

英文化学名称： 4-chloro-2-methylphenol

CAS 登录号： 1570-64-5

理化性状： 白色固体，熔点 47℃，沸点 225.3℃（760mmHg），闪点 90.1℃，水溶

性：每 100mL<0.1g（15℃），蒸气压 7.75Pa（0.058 1mmHg）（25℃）。

危害性概述：

GHS 分类：急性毒性，经口（类别 4），急性毒性，吸入（类别 3），皮肤腐蚀（类别 1A），严重眼睛损伤（类别 1），急性水生毒性（类别 1），慢性水生毒性（类别 1）；GHS 危害标识：H302（吞咽有害），H314（造成严重皮肤灼伤和眼损伤），H331（吸入会中毒），H410（对水生生物毒性极大并具有长期持续影响）。

试验方法

1　方法提要

将试样溶于醇氨溶液中，加入 4-氨基非那宗和六氰络铁酸钾溶液显色，于波长 520nm 处测定其吸光度，由标准曲线查出相同吸光度下标样的体积，计算游离酚的质量分数。

2　试剂和溶液

4-氯邻甲酚标样：已知质量分数≥99.0%；2 甲 4 氯标样：已知质量分数≥99.0%；氨溶液：c（$NH_3 \cdot H_2O$）=0.05mol/L；乙醇；丙酮；溶液 A：将 4-氯邻甲酚标样 0.1g（精确至 0.2mg）溶于 10mL 丙酮中，用水稀释至 1 000mL［ρ（游离酚）=0.1mg/mL］；溶液 B：将 2 甲 4 氯标样 0.5g（精确至 0.2mg）溶于 50mL 乙醇中，加入 90mL 0.05mol/L 氨溶液，用水稀释至 1 000mL；4-氨基非那宗溶液：2g/L 水溶液，由 20g/L 储备液配制，该储备液在暗处可以储存 3 个月；六氰络铁酸钾溶液：4g/L 水溶液，用时现配。

3　仪器和设备

紫外分光光度计；微量滴定管：2mL；具塞比色皿管：25mL，7 个。

4　测定步骤

4.1　校正

用微量滴定管依次吸取 0.2mL、0.4mL、0.5mL、0.6mL、0.8mL、1.0mL、1.2mL 溶液，放入 7 个具塞比色皿管中，用溶液 B 稀释至 10mL，加入 5mL 4-氨基非那宗溶液，混合后，再加入 5mL 六氰络铁酸钾溶液，剧烈振摇 1min，放置 5～10min 后，用 1 cm 比色皿，以水作参比，测定该溶液在 520nm 处的吸光度。

酚溶液测得的吸光度减去空白值的吸光度，对相应的酚溶液的体积作图，得校正曲线。

4.2　测定

称取 2 甲 4 氯钠试样 1.5g（精确至 0.2mg），置于 1 000mL 容量瓶中，加 50mL 乙醇溶解，再加 90mL 氨溶液，用水稀释至 1 000mL。用移液管移取 10mL 该溶液至具塞比色管中，依次加入 5mL 氨溶液、5mL 4-氨基非那宗溶液和 5mL 六氰络铁酸钾溶液。每加一次都需摇匀，最后一次激烈摇动 1min，静置 5min。使用 1cm 比色皿，以水作参比，于 520nm 下测定其吸光度。减去空白值的吸光度后，由校正曲线查出该吸光度对应于溶液

A 的体积（mL）。

5 计算

试样中游离酚的质量分数 ω（%）按式（3-3）计算：

$$\omega_1 = \frac{V \times m \times \omega}{10 \times m_1}$$
(3-3)

式中：

ω_1——试样中游离酚的质量分数（%）；

V——测得试样吸光度对应溶液 A 的体积，以 mL 计；

m——标样的质量（g）。

m_1——试样的质量（g）

ω——标样中 2,4-二氯苯酚的质量分数（%）。

6 允许差

两次平行测定结果之相对差，应不大于 20%，取其算术平均值作为测定结果。

2 甲 4 氯丙酸中相关杂质的测定

4-氯-2-甲基苯酚

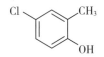

C_7H_7ClO 142.6

中文化学名称：4-氯-2-甲基苯酚

英文化学名称：4-chloro-2-methylphenol

CAS 登录号：1570-64-5

理化性状：白色固体，熔点 47℃，沸点 225.3℃（760mmHg），闪点 90.1℃，水溶性：每 100mL＜0.1g（15℃），蒸气压 7.75Pa（0.058 1mmHg）（25℃）。

危害性概述：

GHS 分类：急性毒性，经口（类别 4），急性毒性，吸入（类别 3），皮肤腐蚀（类别 1A），严重眼睛损伤（类别 1），急性水生毒性（类别 1），慢性水生毒性（类别 1）；GHS 危害标识：H302（吞咽有害），H314（造成严重皮肤灼伤和眼损伤），H331（吸入会中毒），H410（对水生生物毒性极大并具有长期持续影响）。

试验方法

试验方法参照 2 甲 4 氯中相关杂质的测定方法，但试剂溶液中 2 甲 4 氯标样改为 2 甲

4 氯丙酸标样。

2 甲 4 氯丙酸金属盐中相关杂质的测定

4-氯-2-甲基苯酚

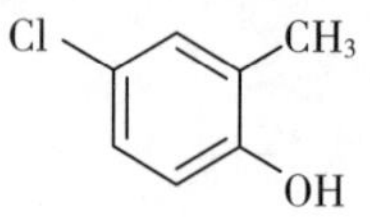

C_7H_7ClO　142.6

中文化学名称： 4-氯-2-甲基苯酚

英文化学名称： 4-chloro-2-methylphenol

CAS 登录号： 1570－64－5

理化性状： 白色固体，熔点 47℃，沸点 225.3℃（760mmHg），闪点 90.1℃，水溶性：每 100mL＜0.1g（15℃），蒸气压 7.75Pa（0.058 1mmHg）（25℃）。

危害性概述：

GHS 分类：急性毒性，经口（类别 4），急性毒性，吸入（类别 3），皮肤腐蚀（类别 1A），严重眼睛损伤（类别 1），急性水生毒性（类别 1），慢性水生毒性（类别 1）；GHS 危害标识：H302（吞咽有害），H314（造成严重皮肤灼伤和眼损伤），H331（吸入会中毒），H410（对水生生物毒性极大并具有长期持续影响）。

试验方法

试验方法参照 2 甲 4 氯中相关杂质的测定方法，但试剂溶液中 2 甲 4 氯标样改为 2 甲 4 氯丙酸标样。

2 甲 4 氯丁酸中相关杂质的测定

4-氯-2-甲基苯酚

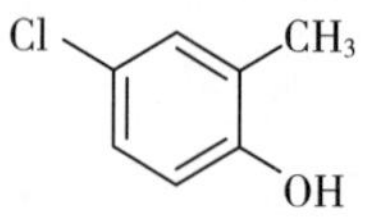

C_7H_7ClO　142.6

中文化学名称： 4-氯-2-甲基苯酚

英文化学名称： 4-chloro-2-methylphenol

CAS 登录号： 1570－64－5

理化性状： 白色固体，熔点 47℃，沸点 225.3℃（760mmHg），闪点 90.1℃，水溶性：每 100mL＜0.1g（15℃），蒸气压 7.75Pa（0.058 1mmHg）（25℃）。

危害性概述：

GHS 分类：急性毒性，经口（类别 4），急性毒性，吸入（类别 3），皮肤腐蚀（类别 1A），严重眼睛损伤（类别 1），急性水生毒性（类别 1），慢性水生毒性（类别 1）；GHS 危害标识：H302（吞咽有害），H314（造成严重皮肤灼伤和眼损伤），H331（吸入会中毒），H410（对水生生物毒性极大并具有长期持续影响）。

试验方法

试验方法参照 2 甲 4 氯中相关杂质的测定方法，但试剂溶液中 2 甲 4 氯标样改为 2 甲 4 氯丁酸标样。

2 甲 4 氯丁酸钾盐中相关杂质的测定

4-氯-2-甲基苯酚

C_7H_7ClO 142.6

中文化学名称： 4-氯-2-甲基苯酚

英文化学名称： 4-chloro-2-methylphenol

CAS 登录号： 1570 - 64 - 5

理化性状： 白色固体，熔点 47℃，沸点 225.3℃（760mmHg），闪点 90.1℃，水溶性：每 100mL＜0.1g（15℃），蒸气压 7.75Pa（0.058 1mmHg）（25℃）。

危害性概述：

GHS 分类：急性毒性，经口（类别 4），急性毒性，吸入（类别 3），皮肤腐蚀（类别 1A），严重眼睛损伤（类别 1），急性水生毒性（类别 1），慢性水生毒性（类别 1）；GHS 危害标识：H302（吞咽有害），H314（造成严重皮肤灼伤和眼损伤），H331（吸入会中毒），H410（对水生生物毒性极大并具有长期持续影响）。

试验方法

试验方法参照 2 甲 4 氯中相关杂质的测定方法，但试剂溶液中 2 甲 4 氯标样改为 2 甲 4 氯丁酸标样。

2 甲 4 氯钠盐中相关杂质的测定

4-氯-2-甲基苯酚

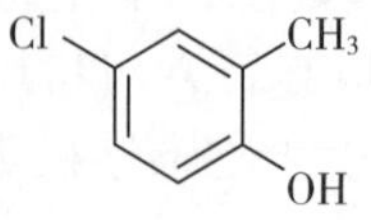

$$C_7H_7ClO \quad 142.6$$

中文化学名称：4-氯-2-甲基苯酚

英文化学名称：4-chloro-2-methylphenol

CAS 登录号：1570 - 64 - 5

理化性状：白色固体，熔点 47℃，沸点 225.3℃（760mmHg），闪点 90.1℃，水溶性：每 100mL＜0.1g（15℃），蒸气压 7.75Pa（0.058 1mmHg）（25℃）。

危害性概述：

GHS 分类：急性毒性，经口（类别 4），急性毒性，吸入（类别 3），皮肤腐蚀（类别 1A），严重眼睛损伤（类别 1），急性水生毒性（类别 1），慢性水生毒性（类别 1）；GHS 危害标识：H302（吞咽有害），H314（造成严重皮肤灼伤和眼损伤），H331（吸入会中毒），H410（对水生生物毒性极大并具有长期持续影响）。

试验方法

试验方法参照 2 甲 4 氯中相关杂质的测定方法。

氨氯吡啶酸中相关杂质的测定

六氯苯（HCB）

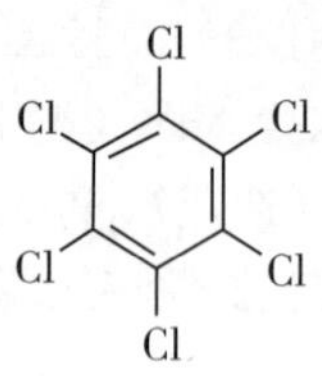

$$C_6Cl_6 \quad 284.8$$

中文化学名称：六氯环己烷

英文化学名称：hexachlorobenzene

CAS 登录号：118 - 74 - 1

理化性状：无色晶体，熔点 226℃（原药≥220℃），沸点 323～326℃；蒸气压 1.45mPa（20℃），相对密度 2.044（23℃）。溶解度：几乎不溶于水，溶于热的苯、氯仿、二硫化碳、乙醚，在四氯化碳中少量溶解，在冷的乙醇中几乎不溶解。对酸碱稳定，即使在 85℃ pH 3、7 和 11 时都很稳定。

试验方法

1　方法提要

样品用三氯甲烷溶解，以 HP-1（100% 聚二甲硅氧烷）毛细管柱分离，采用单离子监测模式的质量选择检测器（MSD）检测，外标法定量，对试样中的六氯苯进行气相色谱—质谱分离和测定。

2　试剂和溶液

三氯甲烷：色谱纯；六氯苯标样：已知含量≥99.0%；氯化钠：分析纯。

3　仪器

气相色谱：Agilent 6890 气相色谱仪；检测器：Agilent 5973N MSD 检测器；色谱柱：HP-1，25m×0.25mm（i.d.），膜厚 0.25μm。

4　色谱-质谱条件

源温度：300℃；进样温度：300℃；传输线温度：280℃；升温程序：60℃保留1min，以 25℃/min 的升温速率升至 130℃，再以 5℃/min 的升温速率升至 200℃保留2min；进样量：1.0μL；进样方式：不分流，吹扫时间 0.60min，吹扫流速 60mL/min；载气：He，12.5 psi；MS EM 电压：1953V；平衡时间：1min；运行时间：20min；选择离子 m/z 284（定量），m/z 282 和 286（定性）；驻留时间：100ms。

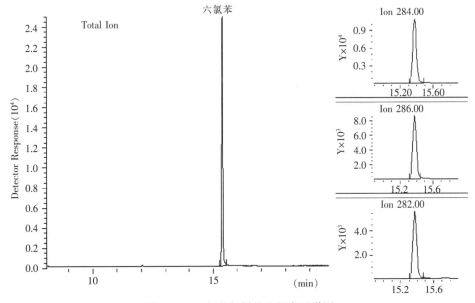

图 3-1　六氯苯标样的选择离子谱图

上述是典型色谱操作条件，操作者可根据仪器不同特点对操作参数做适当调整，以期获得最佳分离效果。

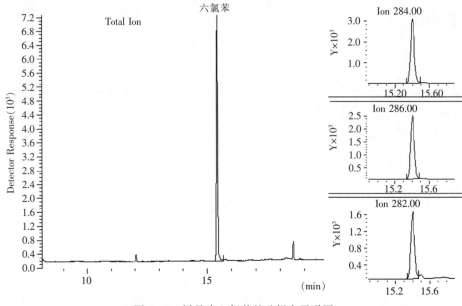

图 3-2　样品中六氯苯的选择离子谱图

5　测定步骤

5.1　标样溶液的配制

1.24mg/mL 储备溶液的制备：称取 124.9mg 六氯苯标样，放入 100mL 容量瓶中，用三氯甲烷定容。最终浓度以六氯苯标样的含量修正。

通过用三氯甲烷稀释 1.24mg/mL 储备溶液得到 2.23μg/mL，1.24μg/mL，0.620μg/mL 和 0.124μg/mL 标准溶液，并以其计算响应因子的平均值。

5.2　样品溶液的配制

0.89mol/L 的 NaCl 溶液的配制：称取 26.003g NaCl 溶于 500mL 超纯水中。称取 2.0g 24.4％氨氯吡啶酸可溶液剂样品，精确至 0.1mg，放入 40mL 瓶中，加入 10.0mL 三氯甲烷。超声处理 5min。然后加入 20mL 0.89mol/L 的 NaCl 溶液。在震荡机上震荡 2h，然后将三氯甲烷相转移入进样小瓶，进行 GC/MS 分析。如果样品浑浊，浑浊样品可静置两天后离心，并用 0.45μm 滤膜过滤。

5.3　测定

在上述气相色谱-质谱操作条件下进样。

选择 m/z 284 的峰面积定量，以 m/z 282 和 286 的峰定性。

百草枯二氯盐中相关杂质的测定

三联吡啶异构体

试验方法

1 方法提要

三联吡啶异构体用乙酸乙酯从样品中提取。杂质采用固相萃取法（SPE）从乙酸乙酯萃取液中去除，然后用高效液相色谱-串联四级杆质谱检测器检测。进行四个离子转移的多反应监测（MRM）。通过一个离子转移通道，使用单点校正计算三联吡啶的含量。通过四个监测离子转移通道与峰面积比的匹配可以定性三联吡啶异构体。

注：三联吡啶有很高的毒性，特别是眼睛刺激和皮肤毒性，检测过程中要始终采取相应的保护措施。

2 试剂和溶液

乙酸乙酯：色谱级；乙腈：色谱级；水：色谱级；二乙胺；2，2'：6'，2"-三联吡啶标准品：已知含量；氢氧化钠：$c(NaOH) = 1mol/L$；氯化钠：$c(NaCl) =$ 室温下饱和（约 6 mol/L）；乙酸乙酯-三氟乙酸溶液：在 100mL 乙酸乙酯中加入 5mL 三氟乙酸并混匀；乙腈-水-三氟乙酸溶液：在 30mL 水中加入 70mL 乙腈及 1mL 三氟乙酸，混匀；乙腈-水-二乙胺溶液：在 30mL 水中加入 70mL 乙腈及 5mL 二乙胺，混匀；流动相 A：在 1 000mL 水中加入 2mL 二乙胺，使用前混匀并脱气；流动相 B：在 1 000mL 乙腈中加入 2mL 二乙胺，使用前混匀并脱气。

3 仪器

液相色谱：在至少 30MPa 时能产生二元梯度，配有 20μL 自动进样器，可控温在 (40±3)℃的柱温箱，及具有电喷射离子源的串联四级杆质谱检测器，检测器使用正离子模式；色谱柱：50mm×3mm（i. d.），不锈钢柱，内装直径 3μm 的以 C8 连接的二氧化硅（ACE 3 C8 或等效柱）；电子数据系统；离心机：转速能够达到 2 500r/min；固相萃取小柱：内装 60mg 粒径 30μm 的聚合体，具有强阳离子交换性能（Oasis MCX 或等效柱）；固相萃取歧管。

4 色谱条件

流动相梯度：时间（min）	A（%）	B（%）
0	35	65
3	35	65
3.5	0	100

7.5	0	100
7.6	35	65
12	35	65

流速：0.5mL/min；柱温：40℃；MS 分流比：2：3；ESI 条件：优选 234.1 m/z；CID 条件：优选 MRM 通道 3；MRM 通道 1：234/78 m/z；MRM 通道 2：234/130 m/z；MRM 通道 3：234/155 m/z；MRM 通道 4：234/207 m/z。

保留时间：2，2'：6'，2"-三联吡啶约 3.6min，其他异构体取决于样品。

5 测定步骤

5.1 标样溶液的制备

2，2'：6'，2"-三联吡啶标样溶液：称取（12.5±0.5）mg（精确至 0.1mg）2，2'：6'，2"-三联吡啶标样，放入 25mL 容量瓶中，用乙腈稀释至刻度。再重复配制一瓶。

标样储存溶液：用移液管准确吸取 1mL 2，2'：6'，2"-三联吡啶标样溶液放入 10mL 容量瓶中，用乙腈稀释至刻度。对重复配制的 2，2'：6'，2"-三联吡啶标样溶液也同样配制标样储存溶液。

校准溶液：用移液管准确吸取 0.5mL 标样储存溶液放入 50mL 容量瓶中，用乙腈-水-二乙胺溶液稀释至刻度。对重复配制的标样储存溶液也同样配制校准溶液。

5.2 样品溶液的制备

称取两个约 2.3g（精确至 0.01g）的样品，放入玻璃瓶（最小体积 14mL）中。加入氢氧化钠溶液 2mL，盖紧小瓶，上下颠倒小瓶数次，确保完全混匀，放置 5min（±30s）。精确加入乙酸乙酯 10.0mL。将小瓶放入第二个可密封容器中，如塑料瓶，密封并摇晃 15s。以 2 500r/min 速度离心 2min。

对每一个样品萃取均采取以下固相萃取柱清洁过程：规定固相萃取柱清洗用乙腈（3mL），接着用水（2mL），饱和 NaCl 溶液（3mL），水（3mL），乙腈（3mL）。首先准确加入一半的乙酸乙酯提取物（2×2.5mL）（已离心的上层溶液），真空条件下通过 SPE 小柱（10s 内），在清洁干燥的玻璃瓶（样品瓶 1）中收集洗脱液。在真空条件下，加入约 2mL 乙酸乙酯溶液通过固相萃取柱（10s 内），将洗出液收集到同一个瓶子中。让空气在最大真空条件下通过小柱并维持 10s，以干燥小柱。用 0.75mL 三氟乙酸酸化固相萃取柱的洗脱液并混匀。按照之前的条件清洁第二个固相萃取柱，然后转移酸化的提取物到第二个固相萃取柱中。允许酸化的乙酸乙酯混合物在重力的作用下通过固相萃取柱，不收集洗脱液。用乙酸乙酯-三氟乙酸水溶液酸化乙酸乙酯洗脱液（约 2mL）冲洗样品瓶 1 并转移至第二个固相萃取柱。在真空条件下使洗涤液缓慢的通过萃取柱（10s 内）。然后在真空下让乙腈-水-三氟乙酸溶液（约 2mL）通过萃取柱，不收集洗脱液。让萃取柱在最大真空条件下干燥约 20s。将三联吡啶从固相萃取柱中用 2.0mL 乙腈-水-二乙胺溶液在重力条件下洗脱，并用清洁干燥的玻璃瓶收集，然后在最大真空条件下干燥萃取柱 20s。

5.3 测定

系统适应性检查：在液相色谱中注入 20μL 校准溶液，直至连续 3 针的 2，2'：6'，2"-三联吡啶的反应因子（f）差异不超过平均值的 ±2%，且保留时间不超过平均值的±0.1min。

系统适用性检查成功完成后，进一针第一种校准溶液，再进一针第二种校准溶液，接着连进三针第二固相萃取柱的洗脱液。重复这种模式。在任何情况下，注射量应固定在 $20\mu L$。测定校准溶液中 2，2'：6'，2"-三联吡啶的平均响应因子，在 234/155 m/z MRM 通道的样品检测。每个样品都在相同的 MRM 通道检测，并将每一个独立的峰面积进行平均。

6 计算

6.1 定性三联吡啶异构体

检测校准溶液中 2，2'：6'，2"-三联吡啶，用式（3-4）计算 MRM 的响应比：

$$R^{MRM} = \frac{(H_{s234>78} + H_{s234>155})}{(H_{s234>207} + H_{s234>130})} \tag{3-4}$$

式中：

$H_{s234>78}$——校准溶液中 2，2'：6'，2"-三联吡啶在 234/78 m/z MRM 通道的峰面积；

$H_{s234>155}$——校准溶液中 2，2'：6'，2"-三联吡啶在 234/155 m/z MRM 通道的峰面积；

$H_{s234>207}$——校准溶液中 2，2'：6'，2"-三联吡啶在 234/207 m/z MRM 通道的峰面积；

$H_{s234>130}$——校准溶液中 2，2'：6'，2"-三联吡啶在 234/130m/z MRM 通道的峰面积；

R^{MRM}——MRM 响应比。

对样品中每一个在 234/155 m/z MRM 通道独立检测的峰，确认 MRM 响应比（按上述同样方式计算）与校准溶液中的 MRM 响应比的平均值差异不超过±50％。MRM 响应比在此范围之外的样品的峰不应被认可。

6.2 含量计算

经过 6.1 的鉴别试验确认为三联吡啶异构体，通过其在 234/155 m/z MRM 通道的峰，计算三联吡啶的含量应采用以下公式：

$$f = \frac{s \times P}{25000 \times H_s} \tag{3-5}$$

$$三联吡啶异构体的含量 = \frac{H_\omega \times f \times 4}{\omega} mg/kg \tag{3-6}$$

式中：

f——平均响应因子；

H_s——校准溶液中 2，2'：6'，2"-三联吡啶在 234/155 m/z MRM 通道的峰面积；

H_ω——样品溶液在 234/155 m/z MRM 通道的各个峰面积；

s——校准溶液中 2，2'：6'，2"-三联吡啶的量（mg）；

w——样品的量（g）；

P——2，2'：6'，2"-三联吡啶标样的纯度（g/kg）。

注：本方法假定 2，2'：6'，2"-三联吡啶异构体的平均响应因子，与其他三联吡啶异构体的响应因子很接近。

将所有峰结果加和并计算所有三联吡啶异构体的总含量。

4,4-联吡啶

$$C_{10}H_8N_2 \quad 156.18$$

中文化学名称：4,4-联吡啶

英文化学名称：4,4-bipyridine

CAS 登录号：553－26－4

理化性状：该品为无色或浅黄色结晶。熔点 111.0～112.0℃，沸点 305℃。易溶于乙醇和乙醚，微溶于水。闪点 104℃。

危险性概述：急性经口毒性（类别 3）、皮肤刺激（类别 2）、眼睛刺激（类别 2A）、特异性靶器官毒性（一次接触）（类别 3）；GHS 危害标识：H301（吞咽会中毒）、H315（造成皮肤刺激）、H319（造成严重眼刺激）、H335（可能引起呼吸道刺激）。

试验方法

1 方法提要

试样用水溶解，以乙腈＋水溶液为流动相，使用以 C_{18} 为填料的不锈钢色谱柱和具 240nm 的紫外检测器，对试样中的 4，4 -联吡啶进行反相高效液相色谱分离和测定，外标法定量。

2 试剂和溶液

乙腈：优级纯；水：Milli-Q 去离子水；4,4-联吡啶标样：已知质量分数≥98.0％。

3 仪器

液相色谱仪，具 240nm 的可变波长紫外检测器；工作站；色谱柱：长 250mm，内径 4.6mm 不锈钢柱，内装 Inertsil ODS-SP，粒径 5μm 的填充物（或具等同效果的色谱柱）；保护柱：长 10mm，内径 4.0mm，内装 ODS－3 填充物，粒径为 5μm 的不锈钢柱；过滤器：滤膜孔径约 0.45μm；定量进样环：100μL。

4 色谱条件

流动相：乙腈＋水＝25＋75（v/v）；流量：0.8mL/min；柱温：室温；检测波长：240nm；进样量：20μL；保留时间：4,4-联吡啶约 12.7min。

上述是典型色谱操作条件，操作者可根据仪器不同特点对操作参数做适当调整，以期获得最佳分离效果。典型色谱图见图 3-3、图 3-4。

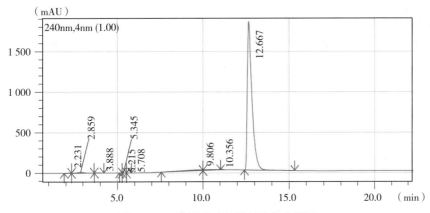

图 3-3　4,4-联吡啶标样的液相色谱图

注：4,4-联吡啶保留时间 12.667min。

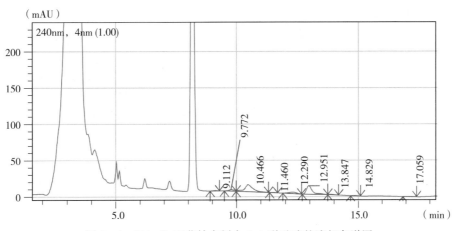

图 3-4　200g/L 百草枯水剂中 4,4-联吡啶的液相色谱图

注：4,4-联吡啶保留时间 12.951min。

5　测定步骤

5.1　标样溶液的制备

准确称取 4,4-联吡啶标样 0.05g（精确至 0.2mg）于 50mL 容量瓶中，用甲醇溶解，并定容至刻度，摇匀。准确移取 1mL 于 100mL 容量瓶中，用甲醇定容至刻度，摇匀，备用。

5.2　样品溶液的制备

准确称取百草枯试样母药 4g（水剂称取 10g）（精确至 0.2mg）的试样于 50mL 容量瓶中，用水溶解，并稀释至刻度，摇匀，备用。

5.3　测定

在上述色谱操作条件下，待仪器稳定后，连续注入数针标样溶液，直至相邻两针 4,4-联吡啶峰面积相对变化小于 3.0% 后，按照标样溶液、试样溶液、试样溶液、标样溶液的顺序进样。

6 计算

将测得的两针试样溶液以及试样前后两针标样溶液中 4,4-联吡啶峰面积分别进行平均。试样中 4,4-联吡啶质量分数 X_1（%）按式（3-7）计算：

$$X_1 = \frac{A_1 \times M_2 \times P}{100 \times A_2 \times M_1} \quad (3-7)$$

式中：

X_1——试样中 4,4-联吡啶的质量分数（%）；

A_1——试样溶液中 4,4-联吡啶峰面积的平均值；

M_2——4,4-联吡啶标样的质量（g）；

P——标样中 4,4-联吡啶的质量百分含量（%）；

A_2——标样溶液中 4,4-联吡啶峰面积的平均值；

M_1——试样的质量（g）。

计算结果应保留三位有效数字。

7 允许差

两次平行测定之相对差，应不大于 30%，取其算术平均值作为测定结果。

苯磺隆中相关杂质的测定

甲 磺 隆

$C_{14}H_{15}N_5O_6S$ 381.4

中文通用名称：甲磺隆

英文通用名称：metsulfuron-methyl

中文化学名称：2-［（4-甲氧基-6-甲基-1,3,5-三嗪基-2-基）脲基磺酰基］苯甲酸甲酯

英文化学名称：methyl 2-（4-methoxy-6-methyl-1,3,5-triazin-2-ylcarbamoylsulfa-moyl）benzoate

CAS 登录号：74223-64-6

理化性状：纯品为无色晶体（原药白色固体，略带酯味）。熔点 162℃，蒸气压 3.3×10^{-7} mPa（25℃），油水分配系数 0.018（pH7，25℃），密度 1.447g/cm³（20℃）。水中溶解度（g/L，25℃）：0.548（pH5）、2.79（pH7）、213（pH9）；有机溶剂中溶解度（mg/L，25℃）：正己烷 5.84×10^{-1}，乙酸乙酯 1.11×10^4，甲醇 7.63×10^3，丙酮 3.7×10^4，二氯甲烷 1.32×10^5，甲苯 1.24×10^3。稳定性：对光稳定，水解 DT$_{50}$ 22d（pH5，

25℃），pH7 和 9 下稳定。

危害性概述：低毒，对眼睛和皮肤无刺激，无三致作用。

试验方法

1 方法提要

试样用氨水-乙腈溶液溶解，以乙腈＋水（0.15％冰乙酸）溶液为流动相，使用以 C$_{18}$ 为填料的不锈钢色谱柱和具 230nm 的紫外检测器，对试样中的甲磺隆进行反相高效液相色谱分离和测定，外标法定量。

2 试剂和溶液

乙腈：优级纯；水：Milli-Q 去离子水；冰乙酸：分析纯；氨水：质量分数 ω（NH$_3$）＝ 26％～30％；氨水溶液：氨水：水＝1：500（v/v）；氨水乙腈溶液：氨水溶液：乙腈＝50：50（v/v）；甲磺隆标样：已知质量分数≥99.0％。

3 仪器

液相色谱仪，具 230nm 的可变波长紫外检测器；工作站；色谱柱：长 250mm，内径 4.6mm 不锈钢柱，内装 Inertsil ODS-SP，粒径 5μm 的填充物（或具等同效果的色谱柱）；保护柱：长 10mm，内径 4.0mm，内装 ODS-3 填充物，粒径为 5μm 的不锈钢柱；过滤器：滤膜孔径约 0.45μm；进样器：100μL。

4 色谱条件

流动相：乙腈＋水＝45＋55（v/v），其中水为 0.15％的冰乙酸溶液；流量：0.8mL/min；柱温：室温（温差变化应不大于 2℃）；检测波长：230nm；进样量：20μL；保留时间：甲磺隆约 8.248min。

上述是典型色谱操作条件，操作者可根据仪器不同特点对操作参数做适当调整，以期获得最佳分离效果。典型色谱图见图 3-5、图 3-6。

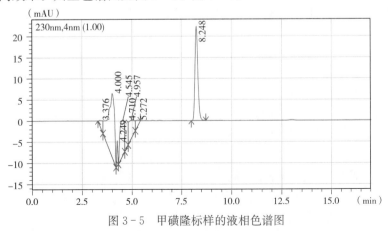

图 3-5　甲磺隆标样的液相色谱图

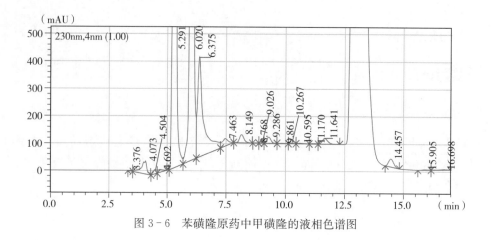

图3-6 苯磺隆原药中甲磺隆的液相色谱图

5 测定步骤

5.1 标样溶液的制备

准确称取甲磺隆标样 0.03g（精确至 0.02mg）于 50mL 容量瓶中，用乙腈在超声波下振荡 5min 使其溶解，冷却后，用氨水-乙腈定容至刻度，摇匀。准确移取 1mL 于 100mL 容量瓶中，用氨水-乙腈稀释至刻度，摇匀，备用。

5.2 样品溶液的制备

准确称取苯磺隆样品 2.0g（原药、制剂称取 4.0g，精确至 0.2mg）于 50mL 容量瓶中，用乙腈在超声波下振荡 5min 使其溶解，冷却后，用氨水-乙腈定容至刻度，摇匀，过滤，备用。

5.3 测定

在上述色谱操作条件下，待仪器稳定后，连续注入数针标样溶液，直至相邻两针甲磺隆峰面积相对变化小于 3.0% 后，按照标样溶液、试样溶液、试样溶液、标样溶液的顺序进样。

6 计算

将测得的两针试样溶液以及试样前后两针标样溶液中甲磺隆峰面积分别进行平均。试样中甲磺隆质量分数 ω_1（%）按式（3-8）计算：

$$\omega_1 = \frac{A_1 \times m_2 \times \omega_0}{A_2 \times m_1 \times 100} \tag{3-8}$$

式中：

ω_1——试样中甲磺隆的质量分数（%）；

A_1——试样溶液中甲磺隆峰面积的平均值；

m_2——甲磺隆标样的质量（g）；

ω_0——标样中甲磺隆的质量分数（%）；

A_2——标样溶液中甲磺隆峰面积的平均值；

m_1——试样的质量（g）。

计算结果应保留三位有效数字。

7　允许差

两次平行测定之相对差，应不大于 30％，取其算术平均值作为测定结果。

草甘膦中相关杂质的测定

甲　醛

$$H—\overset{\overset{\displaystyle O}{\|}}{C}—H$$

$CH_2O\ 30.0$

中文化学名称： 甲醛

英文化学名称： formaldehyde

CAS 登录号： 50-00-0

理化性状： 无色可燃气体，具有强烈的刺激性、窒息性气味，对人的眼、鼻等有刺激作用。熔点−117℃，沸点−19℃，密度 1.09g/mL（25℃），溶解度：易溶于水，溶于乙醇等多数有机溶剂。

危害性概述： 本品对黏膜、上呼吸道、眼睛和皮肤有强烈刺激性。接触其蒸气，引起结膜炎、角膜炎、鼻炎、支气管炎；重者发生喉痉挛、声门水肿和肺炎等。肺水肿较少见。对皮肤有原发性刺激和致敏作用，可致皮炎；浓溶液可引起皮肤凝固性坏死。口服灼伤口腔和消化道，可发生胃肠道穿孔，休克，肾和肝脏损害。慢性影响：长期接触低浓度甲醛可有轻度眼、鼻、咽喉刺激症状，皮肤干燥、皲裂、甲软化等。GHS 分类：易燃液体（类别 4）；急性毒性，经口（类别 3）；急性毒性，吸入（类别 3）；急性毒性，经皮（类别 3）；皮肤腐蚀（类别 1B）；严重眼睛损伤（类别 1）；皮肤过敏（类别 1）；特异性靶器官系统毒性（一次接触）（类别 1）；急性水生毒性（类别 3）。

试验方法

1　方法提要

试样用热水溶解，用乙酰丙酮显色，于波长 412nm 处进行分光光度测定。

2　试剂和溶液

乙酰丙酮；重蒸馏水；乙酸铵；冰乙酸；甲醛溶液：ω（甲醛）＝40％（按 GB 602—1988 测定准确质量分数）；乙酰丙酮溶液：称取乙酸铵 25g 于 100mL 棕色容量瓶中，加50mL 水溶解，加 3mL 冰乙酸和 0.5mL 乙酰丙酮试剂，用水稀释至刻度，摇匀；甲醛标准溶液：约 10μg/mL。称取约 2.7g 甲醛溶液（精确至 0.2mg），用水稀释至 1 000mL，摇匀，用移液管移取 10mL 上述溶液，用水稀释至 1 000mL，摇匀。

3　仪器和设备

分光光度计；具塞玻璃瓶：25mL；比色皿：1 cm；水浴。

4　测定步骤

4.1　标准曲线的绘制

空白溶液的制备：用移液管依次吸取 10mL 水、2mL 乙酰丙酮溶液于具塞玻璃瓶中，在 100℃的沸水中加热 3min，取出冷却至室温，摇匀。

标准曲线的绘制：用移液管吸取 1mL、2mL、5mL、10mL、20mL 甲醛标准溶液分别置于 5 个 100mL 容量瓶中，用水稀释至刻度，摇匀。分别用移液管依次吸取 10mL 上述溶液、2mL 乙酰丙酮溶液，置于具塞玻璃瓶中，在 100℃的沸水中加热 3min，取出冷却至室温。以空白溶液为参比，于波长 412nm 处测定各吸光度。以甲醛标准溶液的体积为横坐标，吸光度为纵坐标绘制标准曲线。

4.2　测定

称取 0.1g 草甘膦试样（精确至 0.2mg），置于 100mL 容量瓶中，用水稀释至刻度，盖盖后超声波振荡 10min 使试样溶解，取出冷却至室温，摇匀。依次用移液管吸取 10mL 上述溶液、2mL 乙酰丙酮溶液，置于具塞玻璃瓶中，在 100℃的沸水中加热 3min，取出冷却至室温。以空白溶液为参比，于波长 412nm 处测定样品溶液的吸光度，在标准曲线上查得相应的甲醛标准溶液的体积。

5　计算

试样中甲醛的质量分数 ω_1（g/kg）按式（3-9）计算：

$$\omega_1 = \frac{m_1 \times \omega \times V}{100 \times m_2} \qquad (3-9)$$

式中：

m_1——配制甲醛标样溶液所称取甲醛溶液的质量（g）；

ω_1——甲醛溶液的质量分数（%）；

V——测得试样吸光度所对应的甲醛标准溶液的体积数值（mL）；

m_2——试样的质量（g）。

亚 硝 基 草 甘 膦

$C_3H_7N_2O_6P$　198.1

中文通用名称：亚硝基草甘膦

英文通用名称：nitrosoglyphosate

中文化学名称：N-亚硝基-N-磷酸基甲基甘氨酸

英文化学名称：N-nitroso-N-（phosphonomethyl）glycine

CAS 登录号：56516－72－4

理化性状：密度 1.97g/cm³，沸点 634.1℃（760mmHg），闪点 337.3℃。

危害性概述：强致癌性。

试验方法

1 方法提要

试样用流动相溶解，以 pH 2.0 磷酸二氢钾水溶液和甲醇为流动相，使用以 Agilent ZORBAX SAX 为填料的不锈钢柱（强阴离子交换柱）和紫外检测器（242nm），对试样中的亚硝基草甘膦进行阴离子交换液相色谱分离和测定。

2 试剂和溶液

甲醇：色谱级；磷酸二氢钾；水：新蒸二次蒸馏水；磷酸溶液：ω（H_3PO_4）= 50%；亚硝基草甘膦标样：已知亚硝基草甘膦质量分数；冰乙酸：分析纯。

3 仪器

高效液相色谱仪：具有可变波长紫外检测器；色谱数据处理机；色谱柱：250mm× 4.6mm（内径）Agilent ZORBAX SAX 不锈钢柱（或与其相当的其他强阴离子交换柱）；过滤器：滤膜孔径约 0.45μm；进样器：1mL；定量进样管：200μL；超声波清洗器。

4 色谱条件

流动相：称取 27.2g 磷酸二氢钾，用 850mL 水溶解，加入 150mL 甲醇，用磷酸溶液调 pH 至 2.0；超声波振荡 10min；流速：1.5mL/min；柱温：室温（温差变化应不大于 20℃）；检测波长：242nm；进样体积：200μL；保留时间：亚硝基草甘膦约 9min。

上述是典型色谱操作条件，操作者可根据仪器不同特点对操作参数做适当调整，以期获得最佳分离效果。典型的亚硝基草甘膦色谱图见图 3-7。

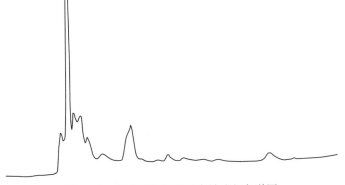

图 3-7 亚硝基草甘膦的高效液相色谱图

5 测定步骤

5.1 标样溶液的制备

称取 0.04g 亚硝基草甘膦标样（精确至 0.2mg），置于 50mL 容量瓶中，用水稀释至刻度，超声波振荡 10min 使试样溶解，冷却至室温，摇匀。用移液管吸取上述溶液 1mL 于 1 000mL 容量瓶中，用水稀释至刻度，摇匀。

5.2 样品溶液的制备

称取 25g 试样（精确至 0.02g），置于具塞玻璃瓶中，用移液管加入 50mL 水，超声波振荡 10min 冷却至室温，摇匀，过滤。

5.3 测定

在上述操作条件下，待仪器稳定后，连续注入数针标样溶液，直至相邻两针亚硝基草甘膦峰面积相对变化小于 10% 后，按照标样溶液、试样溶液、试样溶液、标样溶液的顺序进行测定。

6 计算

试样中亚硝基草甘膦的质量分数 ω_2（mg/kg）按式（3-10）计算：

$$\omega_2 = \frac{m_1 \times A_2 \times \omega}{A_1 \times m_2} \times 1000 \qquad (3-10)$$

式中：

ω_2——试样中亚硝基草甘膦的质量分数（mg/kg）；

A_1——标样溶液中亚硝基草甘膦峰面积的平均值；

A_2——试样溶液中亚硝基草甘膦峰面积的平均值；

m_1——标样的质量（g）；

m_2——试样的质量（g）；

ω——标样中亚硝基草甘膦的质量分数（%）。

计算结果应保留三位有效数字。

敌草快中相关杂质的测定

1,2-二溴乙烷

$C_2H_4Br_2$　187.9

中文化学名称： 1,2-二溴乙烷

英文化学名称： 1,2-ethylene dibromide

CAS 登录号： 106-93-4

理化性状： 无色有甜味的液体。熔点 9.3℃，密度 2.17g/cm³，沸点 131.4℃，相对

蒸气密度（空气＝1）6.48，饱和蒸气压 2.32kPa（30℃），油水分配系数 1.93。溶解性：微溶于水，能与乙醇、乙醚、四氯化碳、苯、汽油等多种有机溶剂互溶，并形成共沸混合物。常温下比较稳定，但在光照下能缓缓分解为有毒物质。

危害性概述：

对健康的危害：具有中度麻醉作用；对皮肤黏膜有刺激作用；重者可致肺炎和肺水肿；对中枢神经有抑制作用；可致肝、肾损害；急性中毒可有头痛、头晕、耳鸣、全身无力、面色苍白、恶心、呕吐，重者死于心力衰竭；引起皮炎和结膜炎。对环境的危害：对环境有危害，对大气臭氧层有极强的破坏力。

试验方法

1 方法提要

试样用水溶解，二氯甲烷萃取，使用石英毛细管柱和氢火焰离子化检测器，对试样中的 1,2-二溴乙烷进行毛细管气相色谱分离，外标法定量。

2 试剂和溶液

二氯甲烷；1,2-二溴乙烷标样：已知质量分数≥99.0％

3 仪器

气相色谱仪，具氢火焰离子化检测器；色谱柱：30m × 0.32mm（i.d.）石英毛细管柱，内壁键合 HP‐5，膜厚 0.25μm；进样系统：具有分流和石英内衬装置。

4 色谱条件

载气：氮气（纯度 99.999％）；流量：1.0mL/min；进样口温度：250℃；色谱柱温度：45℃保持 3min；以 10℃/min 升至 150℃，保持 5min，以 20℃/min 升至 280℃，保持 5min；空气流量：300mL/min；氢气流量：30mL/min；检测器温度：280℃；进样量：1μL。

上述是典型色谱操作条件，操作者可根据仪器不同特点做适当调整，以期获得最佳分离效果。

5 测定步骤

5.1 标样溶液的配制

称取 1,2-二溴乙烷标样 0.05g（精确至 0.2mg）置于 50mL 容量瓶中，用二氯甲烷溶解并稀释至刻度，摇匀，备用。

5.2 样品溶液的配制

称取敌草快样品 20g（精确至 0.2mg）置于装有水（20mL）的 150mL 分液漏斗中，振摇使试样溶解，用 40mL 二氯甲烷分三次萃取，收集二氯甲烷层于 50mL 容量瓶中，用二氯甲烷稀释至刻度，摇匀，备用。

5.3 测定

在上述色谱操作条件下，待仪器稳定后，连续注入数针标样溶液，直至相邻两针1,2-二溴乙烷的峰面积相对变化小于20％后，按照标样溶液、试样溶液、试样溶液、标样溶液的顺序进样。

6 计算

将测得的两针试样溶液以及试样前后两针标样溶液中1,2-二溴乙烷的峰面积分别进行平均，试样中1,2-二溴乙烷质量分数 ω_2（％）按式（3-11）计算：

$$\omega_2 = \frac{A_2 \times M_1 \times \omega}{A_1 \times M_2} \tag{3-11}$$

式中：

A_1——标样溶液中1,2-二溴乙烷的峰面积的平均值；

A_2——试样样溶液中1,2-二溴乙烷的峰面积的平均值；

M_1——1,2-二溴乙烷标样的质量；

M_2——试样的质量，单位为克（g）；

ω——标样中1,2-二溴乙烷的质量分数，以％表示。

计算结果应保留三位小数。

7 允许差

两次平行测定结果之相对偏差，应不大于20％，取其算术平均值为测定结果。

2，2'-联吡啶

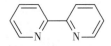

$C_{10}H_8N_2$ 156.2

中文化学名称： 2，2'-联吡啶

英文化学名称： 2，2'-bipyridyl

CAS 登录号： 366-18-7

理化性状： 白色或浅红色结晶性粉末。熔点70～72℃。易溶于醇、醚、苯、三氯甲烷和石油醚，溶于水，其溶液遇亚铁盐则显红色。

危害性概述：

GHS分类：急性毒性，经口（类别3），急性毒性，经皮（类别3），眼刺激（类别2B）；GHS危害标识：H301（吞咽会中毒），H311（皮肤接触会中毒），H320（造成眼刺激）。

试验方法

1 方法提要

用热氯仿提取样品中的游离 2，2'-联吡啶，然后用气相色谱检测，内标法定量。

2 试剂和溶液

甲醇；5,6-苯并喹啉；2，2'-联吡啶；氯仿；碳酸钠，10％（w/w）水溶液；盐酸，1mol/L；氢氧化钠，1mol/L；内标溶液：600mg 5,6-苯并喹啉用甲醇溶解，并稀释至50mL，该溶液需避光保存，有效期为 3 天；校准溶液：准确称取 600mg（精确至 0.1mg）2，2'-联吡啶至 50mL 容量瓶中，甲醇溶解并稀释至刻度。

3 仪器

气相色谱仪：带有氢火焰离子检测器；气液色谱柱：长 30m×0.32mm（i.d.）石英毛细管柱，膜厚 0.25μm；液液向下置换萃取器 EX 10/23 或者等同效果萃取器；pH 计；容量瓶；烧杯。

4 色谱条件

色谱条件可根据所选色谱柱自行优化。

5 测定步骤

5.1 标准校正工作曲线绘制

分别准确量取 0.5mL、1.0mL 和 2.0mL（相当于 6mg、12mg 和 24mg 2，2'-联吡啶）联吡啶标准溶液到 25mL 容量瓶中。分别加入 5.0mL 5,6-苯并喹啉内标溶液，用甲醇定容至 25mL，混合均匀，避光保存，有效期为 3 天。将各溶液依次进行气相色谱检测，测定 2，2'-联吡啶和内标的峰高比值（R）。以 R 为纵坐标，2，2'-联吡啶的重量（C，mg）为横坐标绘制标准校正工作曲线。

5.2 样品制备

量取 20mL 氯仿于萃取器中。准确称取 50g（精确至 1mg）（w，mg）试样于烧杯（150mL）中，用盐酸或者氢氧化钠溶液调整 pH 到 7.5，定量转移至萃取器中。再加入 50mL 氯仿于接收器中，加热回流，提取 1h。将接收器中的氯仿溶液用旋转蒸发浓缩至近干，用少许甲醇将浓缩液转移到 25mL 容量瓶中，加入 5.0mL 5,6-苯并喹啉内标溶液，用甲醇稀释至刻度，混合均匀。

5.3 测定

按照上述色谱条件进行气相色谱分析，测定 2，2'-联吡啶和内标的峰高比值（R），根据标准校正工作曲线读取样品溶液中 2，2'-联吡啶的量（C_w，mg）。试样中 2，2'-联吡啶的质量分数（g/kg），按式（3-12）计算：

$$2,2'\text{-联吡啶的含量} = \frac{C_w \times 1000}{w} \text{ g/kg} \tag{3-12}$$

式中：

C_w——从标准校正曲线读取的 2，2'-联吡啶的量（mg）；

w——称取的试样重量（mg）。

三 联 吡 啶

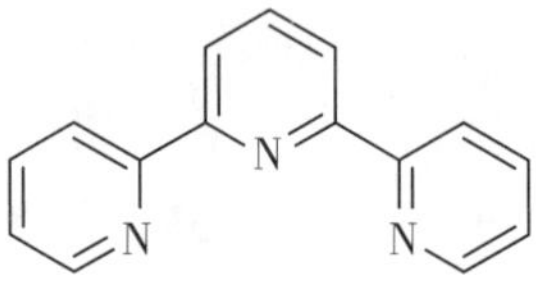

$C_{15}H_{11}N_3$ 233.3

中文化学名称：三联吡啶

英文化学名称：terpyridine

CAS 登录号：1148-79-4

理化性状：黄色结晶体。熔点 89～91℃，油水分配系数 3.38。

危害性概述：

GHS 分类：急性毒性，经口（类别 1），急性毒性，经皮（类别 2），皮肤刺激（类别 2），严重的眼损伤（类别 1），特异性靶器官系统毒性（一次接触）（类别 3）；GHS 类危害标识：H300（吞咽致命），H310（皮肤接触致命），H315（造成皮肤刺激），H318（造成严重眼损伤），H335（可能引起呼吸道刺激）。

试验方法

1 方法提要

利用乙酸乙酯萃取样品中总三联吡啶，固相萃取（SPE）技术选择性提取纯化，通过液相色谱—串联四级杆质谱［多反应监测（MRM）模式］进行测定。选择一个离子对的质谱信号，采用单点校正的方法进行三联吡啶的定量测定。通过四组离子对峰面积匹配计算，进行三联吡啶异构体的定性确认。

危害和安全防范措施：三联吡啶通过摄取、吸入尤其是皮肤/眼睛接触后，会产生高毒反应。从始至终要采取措施避免暴露或潜在暴露到这些杂质中。

2 试剂和溶液

乙酸乙酯，色谱纯；乙腈，色谱纯；水，色谱纯；二乙胺；三氟乙酸；2，2'：6'，2"-三联吡啶，已知纯度的标准物质；氢氧化钠，1mol/L；氯化钠，6mol/L（室温饱和）。乙腈-水-二乙胺溶液：取干净的瓶子，加入乙腈 70mL，水 30mL，二乙胺 5mL，充分摇匀。

乙腈-水-三氟乙酸溶液：取干净的瓶子，加入乙腈 70mL，水 30mL，三氟乙酸 1mL，充分摇匀。

乙酸乙酯—三氟乙酸溶液：取干净的瓶子，加入乙酸乙酯 100mL，三氟乙酸 5mL，充分摇匀。

流动相 A：取干净的瓶子，加入水 1 000mL，二乙胺 2mL，混合均匀，使用前脱气。

流动相 B：取干净的瓶子，加入乙腈 1 000mL，二乙胺 2mL，混合均匀，使用前脱气。

2，2'：6'，2"-三联吡啶标准校正溶液：准确称取 2，2'：6'，2"-三联吡啶（12.5±0.5）mg（精确至 0.1mg），置于 25mL 容量瓶中，用乙腈溶解并定容，作为标样储备液。用移液管准确取 1mL 标准储备液于 10mL 容量瓶中，用乙腈溶解并定容，作为二次标样储备液。用移液管准确取 0.5mL 二次标准储备液于 50mL 容量瓶中，乙腈-水-二乙胺溶液定容，作为标样校正溶液。平行配制 2 份。

3 仪器

高效液相色谱-串联四级杆质谱仪；色谱柱：150mm × 3mm（i.d.）不锈钢柱，内装 C_8、$3\mu m$ 填充物（ACE 3 C_8 或等同效果色谱柱）；电子数据系统；离心机：双样品室旋转，2 500r/min；固相萃取小柱：具有强阳离子交换功能（Oasis MCX 或其等价物）；固相萃取管。

4 操作步骤

4.1 操作条件（典型）

流速（mL/min）：0.5mL/min。

梯度：时间（min）	A（%）	B（%）
0	35	65
3	35	65
3.5	0	100
7.5	0	100
7.6	35	65
12	35	65

柱温：40℃；进样量：20μL；离子源：ESI（＋）；MS 分流比：2∶3（MS∶废液）；ESI 条件：以 234.1m/z 进行优化；CID 条件：以离子对 234→155m/z 进行优化；MRM 离子对 1：234→78m/z；MRM 离子对 2：234→130m/z；MRM 离子对 3：234→155m/z；MRM 离子对 4：234→207m/z；保留时间：2，2'：6'，2"-三联吡啶 3.6min，其他同分异构体依样品变化。

4.2 系统适用性检测

连续进入数针 2，2'：6'，2"-三联吡啶校正溶液，计算各针相对响应值，待相邻两针的相对响应值变化小于 2.0%，保留时间变化小于±0.1min。

4.3　样品制备

准确称取 2.3g（精确至 0.01g）样品于玻璃小瓶（最小体积 14mL）中，加入 0.1mL 二乙胺、2mL 1 mol/L 氢氧化钠溶液和 10mL 乙酸乙酯，盖紧盖子，上下颠倒数次，确保混合均匀，静置 5min。将玻璃瓶放入密闭容器内，剧烈震动 15s，将其放入离心机（2 500r/min）离心 2min。平行配制样品 2 次。

利用固相萃取法将离心的上清液进行纯化。

固相萃取纯化法操作如下：

①分别用乙腈（3mL）-水（2mL）-饱和氯化钠（3mL）-水（3mL）-乙腈（3mL）活化和平衡固相提取柱；

②将处理过的样品 2×2.5mL 上至小柱，用 2mL 乙酸乙酯洗脱样品，洗脱液转移至样品瓶，加入 750μL 的三氟乙酸进行酸化；

③将所有酸化样品上至活化平衡过的小柱，自然通过小柱，弃去洗脱液，用 2mL 乙酸乙酯—三氟乙酸溶液润洗上一步骤样品接受瓶，转移到小柱上，再用 2mL 乙腈-水-三氟乙酸洗涤，弃去洗脱液，最后用 2mL 乙腈-水-二乙胺溶液洗脱样品，收取洗脱液，作为进样溶液。

4.4　测定

在成功完成系统适用性检查后，依次按照校正溶液、样品溶液（连续进样 3 次）和校正溶液顺序进样测定。平行样品采取同样的方式进行测定。所有进样量均为 20μL。测定校正溶液和样品溶液离子对 234→155 m/z 的平均响应值。计算样品溶液相同离子对测定峰面积的平均值。

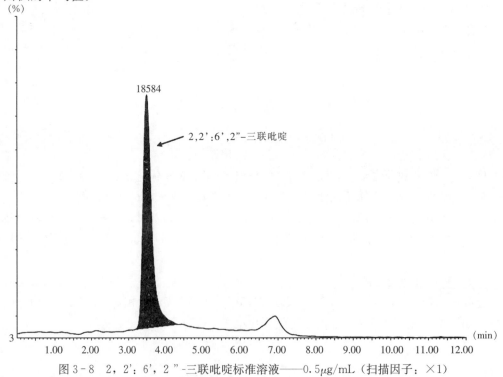

图 3-8　2，2'：6'，2"-三联吡啶标准溶液——0.5μg/mL（扫描因子：×1）

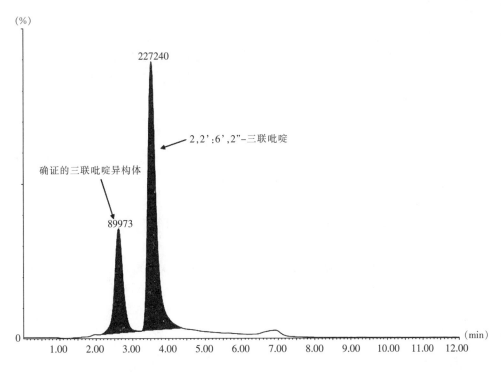

图 3-9　敌草快可溶液剂——样品浓度 0.55g/mL；2，2'：6'，2"-三联吡啶浓度 8.2mg/kg，
三联吡啶异构体浓度 3.4mg/kg（扫描因子：×0.1）

4.5　三联吡啶同分异构体的确认

样品溶液具有离子对 234→155 m/z 响应的峰的 MRM 响应比（式 3-13）在校正溶
液 MRM 响应比±50％内的峰可作为 2，2'：6'，2"-三联吡啶异构体，用式 3-13 计算
2，2'：6'，2"-三联吡啶校正溶液 MRM 响应比。任何超出该范围的峰将被舍弃。

$$R^{MRM} = \frac{(H_{s234>78} + H_{s234>155})}{(H_{s234>207} + H_{s234>130})} \tag{3-13}$$

式中：

R^{MRM}——MRM 响应比；

$H_{s234>78}$——校正溶液中，2，2'：6'，2"-三联吡啶离子对 234→78 的峰面积；

$H_{s234>155}$——校正溶液中，2，2'：6'，2"-三联吡啶离子对 234→155 的峰面积；

$H_{s234>207}$——校正溶液中，2，2'：6'，2"-三联吡啶离子对 234→207 的峰面积；

$H_{s234>130}$——校正溶液中，2，2'：6'，2"-三联吡啶离子对 234→130 的峰面积。

4.6　含量计算

对于通过上述三联吡啶同分异构体确认的峰，用离子对 234→155 m/z 响应值进行三
联吡啶的含量测定（式 3-14 和式 3-15）。

$$f = \frac{S \times P}{25000 \times H_s} \tag{3-14}$$

$$三联吡啶异构体含量 = \frac{H_w \times f \times 4}{w} mg/kg \tag{3-15}$$

式中：

f——平均响应系数；

H_s——校正溶液中，2，2'：6'，2"-三联吡啶离子对 234→155 峰面积；

H_w——样品溶液中，2，2'：6'，2"-三联吡啶离子对 234→155 峰面积；

s——校正溶液中，2，2'：6'，2"-三联吡啶质量（mg）；

w——样品质量（g）；

P——2，2'：6'，2"-三联吡啶标准物纯度（g/kg）。

以上测定基于如下假设：2，2'：6'，2"-三联吡啶同分异构体的平均响应因子是相同的。测定结果为所有三联吡啶同分异构体的含量之和。

碘苯腈辛酸酯中相关杂质的测定

游离酸（以 H_2SO_4 计）

试验方法

1　方法提要

以甲基红为指示剂，用标准碱溶液滴定的方法来测定游离酸含量。

2　试剂

丙酮；氢氧化钠，c（NaOH）＝0.02 mol/L；甲基红。

3　仪器设备

量筒：50mL、100mL；锥形瓶：250mL；滴管：25mL；抽滤瓶：500mL；玻璃漏斗。

4　测定

称量 10g 试样（精确至 10mg）并用丙酮（10mL）溶解，加入蒸馏水 75mL，混匀，加入 4～5 滴甲基红指示剂，立即用氢氧化钠滴定溶液滴定。

5　计算

试样中游离酸（以 H_2SO_4 计）的质量分数 ω（％）按式（3-16）计算：

$$\omega = \frac{4.904 \times c \times (t\text{-}b)}{w} \times 100\%　\qquad (3-16)$$

式中：

c——氢氧化钠的浓度（mol/L）；

t——滴定试样消耗氢氧化钠溶液后的体积（mL）；

b——滴定空白消耗氢氧化钠溶液后的体积（mL）；

w——称取试验的质量（g）。

丁草胺中相关杂质的测定

伯　酰　胺

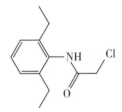

C$_{12}$H$_{16}$ClNO　225.7

中文化学名称： N-（2,6-二乙基苯基）-N-氯乙酰胺

英文化学名称： N-（2,6-diethylphenyl）-N-chloro acetamide

CAS 登录号： 6967-29-9

理化性状： 沸点 369.2℃，蒸气压 1.60×10^{-3}Pa（1.20×10^{-5}mmHg）（25℃），油水分配系数 2.484（20℃），密度 1.131g/cm^3（20℃）。注：以上数值为计算值。

试验方法

1　方法提要

试样用三氯甲烷溶液溶解，以磷酸三苯酯为内标物，使用 5％SE-30/Chromosorb W AW DMCS（180～250μm）填料的玻璃柱或不锈钢色谱柱和氢火焰离子检测器，对试样中的丁草胺和伯酰胺进行气相色谱分离和测定，内标法定量。

2　试剂和溶液

三氯甲烷；丁草胺标样：已知质量分数≥99.0％；内标物：磷酸三苯酯，应没有干扰分析的杂质；固定液：SE-30；载体：Chromosorb W AW DMCS（180～250μm）；内标溶液的制备：称取磷酸三苯酯标样 2.0g，置于 100mL 容量瓶中，加适量三氯甲烷溶解，并稀释至刻度，摇匀。

3　仪器

气相色谱仪，具有氢火焰离子检测器；工作站；色谱柱：长 200mm，内径 3.2mm 不锈钢柱；柱填充物：SE-30［固定液：（固定液＋载体）＝5：100］涂渍在 Chromosorb W AW DMCS（180～250μm）上。

4 色谱柱的制备

准确称取 0.5g SE - 30 固定液于 250mL 烧杯中，加入适量（略大于载体体积）三氯甲烷使其完全溶解，倒入 9.5g 载体，轻轻振动，使之混合均匀并使溶剂挥发近干，再将烧杯放入 120℃的烘箱中干燥 1 h，取出放在干燥器中冷却至室温。

将一小漏斗接到经洗涤干燥的色谱柱的出口，分次把制备好的填充物填入柱内，同时不断轻敲柱壁，直至填到离柱出口 1.5cm 处为止。将漏斗移至多谱柱的入口，在出口端塞一小团经硅烷化处理的玻璃棉，通过橡皮管连接到真空泵上，开启真空泵，继续缓缓加入填充物，并不断轻敲柱壁，使其填充的均匀紧密。填充完毕，在入口端也塞一小团玻璃棉，并适当压紧，以保持柱填充物不被移动。

将色谱柱入口端与气化室相连，出口端暂不接检测器，以 15mL/min 的流量通入载气（N₂），分阶升温至 260℃，并在此温度下老化 48h。待色谱柱老化完毕，将柱出口端与检测器相连。

5 色谱条件

温度：柱室 225℃，气化室 280℃，检测室 280℃；气体流量：载气（N₂）40mL/min，氢气 40mL/min，空气 400mL/min；进样量：2μL；保留时间：1,2-二氯乙烷约 8.5min。

上述是典型色谱操作条件，操作者可根据仪器不同特点对操作参数做适当调整，以期获得最佳分离效果。典型色谱图见图 3 - 10。

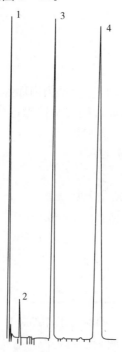

图 3 - 10　丁草胺原药中伯酰胺的气相色谱图

1. 溶剂　2. 伯酰胺　3. 丁草胺　4. 内标物

6 测定步骤

6.1 标样溶液的制备

准确称取丁草胺标样 0.1g（精确至 0.2mg）置于一具塞玻璃瓶中，用移液管准确加入 5mL 内标溶液，摇匀，备用。

6.2 样品溶液的制备

称取含丁草胺约 0.1g（精确至 0.002g）试样置于一具塞玻璃瓶中，用与 6.1 中使用的同一支移液管准确加入 5mL 内标溶液，摇匀，备用。

6.3 测定

在上述色谱操作条件下，待仪器稳定后，连续注入数针标样溶液，直至相邻两针丁草胺峰面积相对变化小于 1.5%后，按照标样溶液、试样溶液、试样溶液、标样溶液的顺序进样。

7 计算

7.1 丁草胺质量分数的计算

将测得的两针试样溶液以及试样前后两针标样溶液中丁草胺与内标物峰面积之比，分别进行平均。试样中丁草胺质量分数 ω_1（%）按式（3-17）计算：

$$\omega_1 = \frac{A_1 \times m_2 \times \omega_0}{A_2 \times m_1 \times 100} \qquad (3-17)$$

式中：

ω_1——试样中丁草胺的质量分数（%）；

A_1——试样溶液中，丁草胺与内标物峰面积比的平均值；

m_2——丁草胺标样的质量（g）；

ω_0——标样中丁草胺的质量分数（%）；

A_2——标样溶液中，丁草胺与内标物峰面积比的平均值；

m_1——试样的质量（g）。

计算结果应表示至三位有效数字。

7.2 伯酰胺质量分数的计算

将测得的两针试样溶液中伯酰胺与丁草胺峰面积之比，进行平均。

试样中伯酰胺的质量分数 ω_2（%）按式（3-18）计算：

$$\omega_2 = \frac{A_1 \times \omega_1}{A_2} \times 1.047 \qquad (3-18)$$

式中：

ω_2——试样中伯酰胺的质量分数（%）；

ω_1——试样中丁草胺的质量分数（%）；

A_1——试样溶液中伯酰胺的峰面积的平均值；

A_2——试样溶液中丁草胺的峰面积的平均值；

1.047——伯酰胺对丁草胺的相对校正因子。

8 允许差

两次平行测定之相对差，丁草胺应不大于 1.0%，伯酰胺应不大于 0.2%，取其算术平均值作为测定结果。

氟乐灵中相关杂质的测定

N,N-二丙基亚硝胺（NDPA）

C₆H₁₄N₂O　135.2

中文化学名称： N-亚硝基-二丙基胺

英文化学名称： N-nitroso-di-n-propylamine

CAS 登录号： 621－64－7

理化性状： 纯品为黄色透明液体。沸点 113.2℃（40mmHg），蒸气压 46.40Pa（0.348mmHg）（25℃），油水分配系数 1.54（25℃），密度 0.930g/cm³（20℃）。水中溶解度 13g/L（pH7，25℃）。注：以上数值为计算值。

试验方法

1 方法提要

以 N-亚硝基-丁基-丙基-胺为内标物，使用 Easywax 57CB 毛细管色谱柱和热能分析检测器，对试样中的 N-亚硝胺进行气相色谱分离和测定。

2 试剂和溶液

二氯甲烷：分析纯；乙酸乙酯：分析纯；水：分析纯；甲醇：色谱纯；抗坏血酸：试剂纯；氯化钠：试剂纯；丙三醇：试剂纯；内标物：N-亚硝基-丁基-丙基-胺（NBPA）；N-亚硝基-二丙基胺标样：已知质量分数。

3 仪器

气相色谱仪：具热能分析检测器（TEA）；色谱数据处理机或色谱工作站；分析天平：精度为 0.1mg；色谱柱：长 25 m，内径 0.32mm，膜厚 1.2μm 的 Easywax 57CB（或具等同效果的色谱柱）；固相萃取柱（500mg，C18）。

4 色谱条件

载气：氦气；柱温：60℃ 保持 0.5min，以 25℃/min 升至 130℃，保持 2min，以

25℃/min 升至 160℃，保持 8min；检测器接口温度：250℃；进样口温度：200℃；柱头压力：35kPa（90℃）；总氮气压力：120kPa；进样体积：2μL，不分流 0.5min；保留时间 NDPA 约 4.40min，NBPA 约 5.47min。

上述气相色谱操作条件，系典型操作参数。可根据不同仪器特点，对给定的操作参数做适当调整以期获得最佳效果。

5 测定步骤

5.1 标样溶液的制备

称取 NDPA 标样 0.025g，置于 25mL 容量瓶中，用乙酸乙酯定容至刻度，摇匀。准确移取 1mL 于 100mL 容量瓶中，用丙酮稀释至刻度，摇匀，用作母液。将上述母液用丙酮稀释至相应浓度作为标样溶液。

5.2 样品溶液的制备

称取氟乐灵 10g 的试样，置于 250mL 圆底烧瓶中，加入 3g 氯化钠，3g 抗坏血酸，10mL 丙三醇和 100mL 水。在真空条件下将混合物在 35℃ 下加热至沸腾。将馏出物收集到 50mL 量筒中，置于 0℃ 冰浴中。

用固相萃取柱（500mg，C18）萃取馏出物。加入 5mL 甲醇和 5mL 乙酸乙酯活化柱子。加入 10mL 二氯甲烷洗脱，再加入 20μL 内标物溶液（100μg/mL）。将洗脱液用氮气吹扫至体积为 1mL。

5.3 测定

在上述操作条件下，待仪器基线稳定。在标准溶液进样前，应先绘制出杂质标样的校正曲线。纵坐标 Y 轴为 NDPA 与内标物的峰面积比值。横坐标 X 轴为 NDPA 与内标物的浓度比值。

6 计算

将测得的两针试样溶液以及试样前后两针标样溶液中 NDPA 和内标物的峰面积比分别进行平均。试样中 NDPA 质量分数 ω（μg/g）按式（3-19）计算：

$$\omega = \frac{R_S \times C_{IS} \times V_S}{w_S} \qquad (3-19)$$

式中：

R_S——试样溶液中，从校正曲线上得到的 NDPA 与内标物的浓度比；

C_{IS}——试样溶液中，内标物的浓度（μg/mL）；

V_S——试样溶液的体积（mL）；

w_S——试样的质量（g）。

环嗪酮中相关杂质的测定

氨基甲酸乙酯

C₃H₇NO₂　89.1

中文化学名称：氨基甲酸乙酯

英文化学名称：ethyl carbamate

CAS 登录号：51-79-6

理化性状：无色结晶或白色粉末，无臭，具有清凉味，与硝石相似。密度 1.045g/cm³，熔点 47～51℃，沸点 184℃（760mmHg），闪点 97.2℃，蒸气压 99.73Pa（0.748mmHg）（25℃），微溶于水。

危害性概述：可疑人类致癌物；GHS 分类：急性毒性，经口（类别 4）；致癌性（类别 1B）。

试验方法

1　方法提要

试样用正己烷溶解，使用氢火焰离子化检测器和石英毛细管柱，对试样中的氨基甲酸乙酯进行顶空气相色谱测定，外标法定量。

2　试剂和溶液

正己烷，色谱纯；环嗪酮；氨基甲酸乙酯标样：已知质量分数；氮气。

3　仪器

气相色谱仪：具有氢火焰离子化检测器和分流进样装置；顶空进样器：具有自动进样和加热系统；色谱柱：30m × 0.53mm（i.d.），膜厚 1μm J & W DB Wax 毛细管柱（或具有等同效果的毛细管柱）；顶空进样瓶：20mL，带有隔垫和瓶盖；色谱数据处理机或色谱工作站；微量移液器：0～100μL。

4　色谱条件

温度：进样口 250℃，起始柱温 90℃，保留 1min，一阶升温速率 5℃/min，一阶柱温 150℃，保留 0min，二阶升温速率 30℃/min，终温 220℃，保留 2.67min，检测器 300℃；流速：载气（He）6mL/min、尾吹气（N₂）40mL/min，氢气 35mL/min、空气 450mL/min；分流比：15∶6；进样阀定量管体积：1.0mL；顶空瓶加热温度：100℃。转移管线和定量环温度：110℃。

在上述色谱操作条件下，氨基甲酸乙酯保留时间约为 12.4min。上述是典型色谱操作条件，操作者可根据仪器不同特点对操作参数做适当调整，以期获得最佳分离效果。典型的环嗪酮原药中氨基甲酸乙酯测定的气相色谱图见图 3-11。

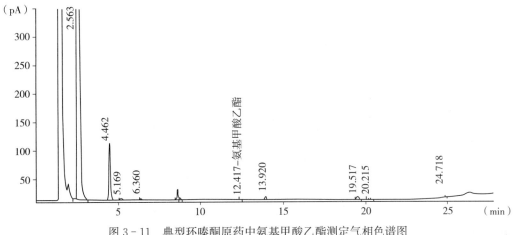

图 3-11 典型环嗪酮原药中氨基甲酸乙酯测定气相色谱图

5 测定步骤

5.1 标样溶液的配制与测定

（1）称取氨基甲酸乙酯标样 0.1g（精确至 0.1mg）置于 100mL 容量瓶中，用正己烷溶解、定容、摇匀，标记为"1mg/mL ETC 标样储备液"。

（2）分别称取环嗪酮标样 1.0g（精确至 0.1mg）置于 4 个进样瓶中。

（3）用微量移液器准确加入 10μL 1mg/mL ETC 标样储备液到第一个样品瓶中，标记为"10mg/L ETC 标准"。

（4）用微量移液器准确加入 25μL 1mg/mL ETC 标样储备液到第二个样品瓶中，标记为"25mg/L ETC 标准"。

（5）用微量移液器准确加入 50μL 1mg/mL ETC 标样储备液到第三个样品瓶中，标记为"50mg/L ETC 标准"。

（6）用氮吹的方法使各小瓶的正己烷溶剂蒸发，待样品接近干燥后，加上隔垫、旋紧瓶盖。

（7）平衡气相色谱和顶空分析仪。

（8）在上述色谱操作条件下，待仪器基线稳定后，按照顺序分别进样，进行标准测定。

5.2 样品溶液的配制与测定

准确称量 1.0g（±0.1mg）样品于进样瓶中，加上隔垫、旋紧瓶盖，平行配制 2 次。按照 5.1 进行样品溶液测定。

6 计算

将测得的氨基甲酸乙酯的峰面积与进样浓度（mg/L）进行线性回归计算（$y = ax +$

b），相关系数不低于 0.99。

试样中氨基甲酸乙酯的浓度 *c*（mg/L）按式（3-20）计算：

$$c = \frac{A - b}{a} \qquad (3-20)$$

式中：

A——样品中氨基甲酸乙酯的峰面积；

b——标准曲线的截距；

a——标准曲线的斜率。

甲草胺中相关杂质的测定

伯　酰　胺

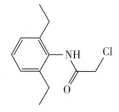

$C_{12}H_{16}ClNO$　225.7

中文化学名称： N-（2,6-二乙基苯基）-N-氯乙酰胺

英文化学名称： N-（2,6-diethylphenyl）-N-chloro acetamide

CAS 登录号： 6967-29-9

理化性状： 沸点 369.2℃，蒸气压 1.60×10^{-3} Pa（1.20×10^{-5} mmHg）（25℃），油水分配系数 2.484（20℃），密度 1.131g/cm³（20℃）。注：以上数值为计算值。

试验方法

1　方法提要

试样用三氯甲烷溶液溶解，以邻苯二甲酸二正戊酯为内标物，使用 5%SE-30/Chromosorb W-HP MDCS（180~250μm）填料的玻璃柱和氢火焰离子检测器，对试样中的甲草胺和伯酰胺进行气相色谱分离和测定，内标法定量。

2　试剂和溶液

三氯甲烷；甲草胺标样：已知质量分数≥99.0%；内标物：邻苯二甲酸二正戊酯，应没有干扰分析的杂质；固定液：SE-30；载体：Chromosorb W-HP DMCS（180~250μm）；内标溶液的制备：称取邻苯二甲酸二正戊酯标样 3.2g，置于 200mL 容量瓶中，加适量三氯甲烷溶解，并稀释至刻度，摇匀。

3　仪器

气相色谱仪，具有氢火焰离子检测器；工作站；色谱柱：长 1m，内径 3.0mm 玻璃柱；柱填充物：SE - 30 涂渍在 Chromosorb W-HP DMCS （180～250μm）上，固定液：(固定液＋载体) ＝5：100。

4　色谱柱的制备

准确称取 0.5g SE - 30 固定液于 250mL 烧杯中，加入适量（略大于载体体积）三氯甲烷使其完全溶解，倒入 9.5g 载体，轻轻振动，使之混合均匀并使溶剂挥发近干，再将烧杯放入 110℃ 的烘箱中干燥 1h，取出放在干燥器中冷却至室温。

将一小漏斗接到经洗涤干燥的色谱柱的出口，分次把制备好的填充物填入柱内，同时不断轻敲柱壁，直至填到离柱出口 1.5cm 处为止。将漏斗移至多谱柱的入口，在出口端塞一小团经硅烷化处理的玻璃棉，通过橡皮管连接到真空泵上，开启真空泵，继续缓缓加入填充物，并不断轻敲柱壁，使其填充的均匀紧密。填充完毕，在入口端也塞一小团玻璃棉，并适当压紧，以保持柱填充物不被移动。

将色谱柱入口端与气化室相连，出口端暂不接检测器，以 10mL/min 的流量通入载气（N_2），分阶升温至 260℃，并在此温度下老化 48h。待色谱柱老化完毕，将柱出口端与检测器相连。

5　色谱条件

温度：柱室 180℃，气化室 220℃，检测室 260℃；气体流量：载气（N_2）30mL/min，氢气 30mL/min，空气 300mL/min；进样量：1.0μL；保留时间：伯酰胺 1.6min，甲草胺 3.1min，内标物 7.5min。

上述是典型色谱操作条件，操作者可根据仪器不同特点对操作参数做适当调整，以期获得最佳分离效果。典型色谱图见图 3 - 12。

6　测定步骤

6.1　标样溶液的制备

准确称取甲草胺标样 0.1g（精确至 0.2mg）置于一具塞玻璃瓶中，用移液管准确加入 5mL 内标溶液，摇匀，备用。

6.2　样品溶液的制备

称取含甲草胺约 0.1g（精确至 0.2mg）的试样置于一具塞玻璃瓶中，用与 6.1 中使用的同一支移液管准确加入 5mL 内标溶液，摇匀，备用。

6.3　测定

在上述色谱操作条件下，待仪器稳定后，连续注入数针标样溶液，直至相邻两针甲草胺峰面积相对变化小于 1.5% 后，按照标样溶液、试样溶液、试样溶液、标样溶液的顺序进样。

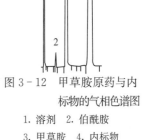

图 3 - 12　甲草胺原药与内
标物的气相色谱图
1. 溶剂　2. 伯酰胺
3. 甲草胺　4. 内标物

7 计算

7.1 甲草胺质量分数的计算

将测得的两针试样溶液以及试样前后两针标样溶液中甲草胺与内标物峰面积之比，分别进行平均。试样中甲草胺质量分数 ω_1（％）按式（3-21）计算：

$$\omega_1 = \frac{A_1 \times m_2 \times \omega_0}{A_2 \times m_1 \times 100} \qquad (3-21)$$

式中：

ω_1——试样中甲草胺的质量分数（％）；

A_1——试样溶液中，甲草胺与内标物峰面积比的平均值；

m_2——甲草胺标样的质量（g）；

ω_0——标样中甲草胺的质量分数（％）；

A_2——标样溶液中，甲草胺与内标物峰面积比的平均值；

m_1——试样的质量（g）。

计算结果应保留三位有效数字。

7.2 伯酰胺质量分数的计算

将测得的两针试样溶液中伯酰胺与甲草胺峰面积之比，进行平均。试样中伯酰胺的质量分数 ω_2（％）按式（3-22）计算：

$$\omega_2 = \frac{A_1 \times \omega_1}{A_2} \times 1.204 \qquad (3-22)$$

式中：

ω_2——试样中伯酰胺的质量分数（％）；

ω_1——试样中甲草胺的质量分数（％）；

A_1——试样溶液中伯酰胺的峰面积的平均值；

A_2——试样溶液中甲草胺的峰面积的平均值；

1.204——伯酰胺对甲草胺的相对校正因子。

8 允许差

两次平行测定之相对差，甲草胺应不大于 1.0％，伯酰胺应不大于 0.2％，取其算术平均值作为测定结果。

利谷隆中相关杂质的测定

游离胺盐（以二甲胺盐酸盐计）

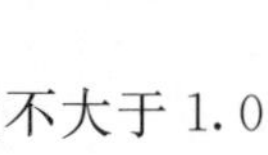

C_2H_8ClN　81.5

中文化学名称：二甲胺盐酸盐

英文化学名称：dimethylamine hydrochloride

CAS 登录号：506－59－2

理化性状：无色结晶体。熔点/凝固点 170～173℃，水溶性：3 000g/L（20℃）。

危害性概述：

GHS 分类：急性毒性，经口（类别 4），皮肤刺激（类别 2），眼刺激（类别 2A），特异性靶器官系统毒性（一次接触）（类别 3）；GHS 危害标识：H302（吞咽有害），H315（造成皮肤刺激），H319（造成严重眼刺激），H335（可能引起呼吸道刺激）。

试验方法

1 方法提要

将样品分散在盐酸溶液中，用氯仿进行萃取。氯仿萃取液中游离芳香胺通过溴代反应进行测定，盐酸溶液中的游离脂肪胺通过氢氧化钠溶液滴定进行测定。

2 试剂

盐酸：4mol/L，0.01mol/L；氯仿；溴酸钾/溴化钾溶液：0.1mol/L；碘化钾溶液：10%，现配现用；$Na_2S_2O_3 \cdot 5H_2O$：0.1mol/L 标准溶液；氢氧化钠溶液：10mol/L，0.1mol/L，现配现用且排 CO_2；中性红＋溴百里酚蓝混合指示剂：二者等体积 0.4%水溶液混合；淀粉溶液。

3 仪器设备

分液漏斗：500mL；凯氏烧瓶：500mL；蒸气发生器；碘瓶：500mL。

4 测定步骤

4.1 游离芳香族胺盐

准确称量 0.6g（精确至 mg）（w g）样品于 500mL 的分液漏斗中，加入盐酸（100mL，4mol/L），充分摇动使其分散，再加入氯仿 100mL，充分振荡 1min，分层后将氯仿层倒进凯氏烧瓶中，盐酸层用同样的方法再用氯仿提取两次（2×100mL），氯仿层合并在烧瓶中，以待滴定定量。盐酸层转移至碘瓶，用盐酸（10mL，4mol/L）洗涤漏斗，转移到碘瓶，再重复洗涤两次（2×10mL，4 mol/L）。

将凯氏烧瓶放在冰浴中冷却（大约 15min），用移液管加入 10.0mL 的溴酸钾/溴化钾溶液到烧瓶中，并迅速用蒸馏水冲洗。摇动混匀，加入 10mL 碘化钾溶液。用 $Na_2S_2O_3$ 溶液滴定直到黄色刚好消失，然后再加几滴淀粉溶液。继续滴定直到颜色消失（V_1 mL）。

同时做一对照试验（无样品）（V_2 mL）。

游离芳香胺（以二甲胺盐酸盐计）的质量分数 ω_1（%）按式（3－23）计算：

$$\omega_1 = \frac{2.039 \times (V_2 - V_1) \times N}{w} \times 100\% \qquad (3-23)$$

式中：

2.039——计算系数；

w——样品的重量（g）；

N——$Na_2S_2O_3$ 浓度（mol/L）。

4.2 游离脂肪族胺盐

将碘瓶中的溶液转移到 500mL 的凯氏烧瓶中，慢慢加入氢氧化钠（100mL，10 mol/L）溶液，然后迅速连接上蒸气发生器，锥形接收烧瓶中加入盐酸溶液（0.01 mol/L）50mL。

蒸气发生器缓慢煮沸 10min，然后强烈煮沸 20min 直到收集蒸馏物 150mL，降低锥形瓶，用少量的水润洗传输管，然后使用中性红/溴百里酚蓝混合指示剂，用氢氧化钠标准液滴定盐酸（V_3 mL）直到变绿 1min，最后保持绿色。

做空白对照试验，使用氢氧化钠量计为 V_4 mL。

游离脂肪胺（以二甲胺盐酸盐计）的质量分数 ω_2（%）按式（3-24）计算：

$$\omega_2 = \frac{8.115 \times (V_3 - V_4) \times N^1}{w} \times 100\% \qquad (3-24)$$

式中：

8.115——计算系数；

w——样品的重量（g）；

N^1——氢氧化钠浓度（mol/L）。

氯草敏中相关杂质的测定

4-氨基-5-氯-2-苯基-3（2H）-哒嗪酮

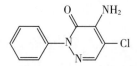

$C_{10}H_8ClNO_3$ 221.6

中文化学名称：4-氨基-5-氯-2-苯基-3（2H）-哒嗪酮

英文化学名称：4-amino-5-chlor-2-phenylpyridazin-3(2H)-on

CAS 登录号：1698－61－9

理化性状：沸点 312.2℃，蒸气压 7.17×10^{-2}Pa（5.38×10^{-4}mmHg）（25℃），油水分配系数 0.631（25℃），密度 1.42g/cm³（20℃）。水中溶解度 0.14g/L（25℃，pH7）。

注：以上数值为计算值。

试验方法

1 方法提要

试样用甲醇水溶液溶解，以甲醇和水为流动相，使用以 C_{18} 为填料的不锈钢色谱柱和紫外检测器，采用外标法，对试样中的 4-氨基-5-氯-2-苯基-3（2H）-哒嗪酮进行反相高效液相色谱分离和定量测定。

2 试剂和溶液

甲醇：色谱纯；水：Milli-Q 去离子水；4-氨基-5-氯-2-苯基-3（2H）-哒嗪酮标样：已知质量分数。

3 仪器

液相色谱仪，可变波长紫外检测器；工作站；色谱柱：长 250mm，内径 4mm 不锈钢柱，内装 LiChrosorb RP18，粒径 $7\mu m$ 的填充物（或具等同效果的色谱柱）；过滤器：滤膜孔径约 $0.45\mu m$；进样器：$10\mu L$。

4 色谱条件

流动相：甲醇＋水＝60＋40（v/v）；流量：1mL/min；柱温：室温（温差变化应不大于2℃）；检测波长：286nm；进样量：$10\mu L$；保留时间：氯草敏约 5min，4-氨基-5-氯-2-苯基-3（2H）-哒嗪酮约 7min。

上述是典型色谱操作条件，操作者可根据仪器不同特点对操作参数做适当调整，以期获得最佳分离效果。

5 测定步骤

5.1 标样溶液的制备[①]

称取 4-氨基-5-氯-2-苯基-3（2H）-哒嗪酮标准品 0.04～0.05g（精确至 0.1mg）于 100mL 容量瓶中，加入 60mL 甲醇在超声波下振荡 5min 使其溶解，加入 39mL 水，冷却后，用水定容至刻度，摇匀，备用。准确移取 1mL 上述母液于 100mL 容量瓶中，用甲醇-水稀释至刻度，摇匀，备用。

5.2 样品溶液的制备

称取氯草敏样品 0.07～0.08g（精确至 0.1g）于 100mL 容量瓶中，加入 60mL 甲醇在超声波下振荡 5min 使其溶解，加入 39mL 水，冷却后，用水定容至刻度，摇匀。准确移取 10mL 于 100mL 容量瓶中，用甲醇-水稀释至刻度，摇匀，备用。制备平行样。

---

① CIPAC 原方法中该部分内容缺失，该标准品溶液的制备为笔者参考 FAO 产品限值及 CIPAC 方法推荐的制备过程。

5.3 测定

在上述色谱操作条件下，待仪器稳定后，连续注入数针标样溶液，按照标样溶液、试样溶液、试样溶液、标样溶液的顺序进样。

6 计算

将测得的两针试样溶液以及试样前后两针标样溶液中 4-氨基-5-氯-2-苯基-3（2H）-哒嗪酮峰面积分别进行平均。试样中 4-氨基-5-氯异构体质量分数 ω_1（％）按式（3-25）计算：

$$\omega_1 = \frac{A_1 \times m_2 \times \omega_0}{A_2 \times m_1 \times 100} \tag{3-25}$$

式中：

ω_1——试样中 4-氨基-5-氯-2-苯基-3（2H）-哒嗪酮的质量分数（％）；

A_1——试样溶液中 4-氨基-5-氯-2-苯基-3（2H）-哒嗪酮峰面积的平均值；

m_2——4-氨基-5-氯-2-苯基-3（2H）-哒嗪酮标样的质量（g）；

ω_0——标样中 4-氨基-5-氯-2-苯基-3（2H）-哒嗪酮的质量分数（％）；

A_2——标样溶液中 4-氨基-5-氯-2-苯基-3（2H）-哒嗪酮峰面积的平均值；

m_1——试样的质量（g）。

绿麦隆中相关杂质的测定

N-（4-甲基苯基）-N'，N'-二甲基脲

$C_{10}H_{14}N_2O$　178.2

中文化学名称： N-（4-甲基苯基）-N'，N'-二甲基脲

英文化学名称： N-（4-methyl phenyl-N'，N'-dimethylurea）

CAS 登录号： 7160-01-2

理化性状： 熔点 149～152℃，蒸气压 1.00×10^{-2} Pa（7.51×10^{-5} mmHg）（25℃），油水分配系数 1.531（pH7，25℃），密度 1.096g/cm³（20℃）。水中溶解度 0.78g/L（25℃，pH7）。注：以上数值均为计算值。

N-（3-氯-4-甲基苯基）-N'-甲基脲

$C_9H_{11}ClN_2O$　198.06

中文化学名称：N-（3-氯-4-甲基苯基）-N'-甲基脲

英文化学名称：N-（3-chloro-4-methyl phenyl）-N'-methylurea

CAS 登录号：22175－22－0

理化性状：沸点 281℃，蒸气压 5.15×10⁻¹Pa（3.86×10⁻³mmHg）（25℃），油水分配系数 2.687（pH7，25℃），密度 1.245g/cm³（20℃）。水中溶解度 0.062g/L（25℃，pH7）。注：以上数值均为计算值。

试验方法

1 方法提要

试样用甲醇溶解，以 pH 4.0 磷酸水溶液和乙腈为流动相，使用 C₁₈ 为填充物的不锈钢柱和紫外检测器，对试样中的 N-（4-甲基苯基）-N'，N'-二甲基脲和 N-（3-氯-4-甲基苯基）-N'-甲基脲进行高效液相色谱分离和测定。

2 试剂和溶液

磷酸；乙腈：优级纯；甲醇：色谱纯；水：Milli-Q 去离子水；N-（4-甲基苯基）-N'，N'-二甲基脲标样：已知质量分数≥99.0%；N-（3-氯-4-甲基苯基）-N'-甲基脲标样：已知质量分数≥99.0%。

3 仪器

液相色谱仪，具 243nm 的可变波长紫外检测器；工作站；色谱柱：长 250mm，内径 4.6mm 不锈钢柱，内装 SHIMADZU VP-ODS 5μm 填充物（或具等同效果的色谱柱）；过滤器：滤膜孔径约 0.45μm；超声波清洗器。

4 色谱条件

流动相：乙腈＋水＝50＋50（v/v），其中水为 pH＝4 的磷酸水溶液；流量：1.0mL/min；柱温：室温（温差变化应不大于 2℃）；检测波长：243nm；进样量：25μL；保留时间：N-（4-甲基苯基）-N'，N'-二甲基脲约为 3.7min，N-（3-氯-4-甲基苯基）-N'-甲基脲约 5.1min。

上述是典型色谱操作条件，操作者可根据仪器不同特点对操作参数做适当调整，以期获得最佳分离效果。典型色谱图见图 3－13。

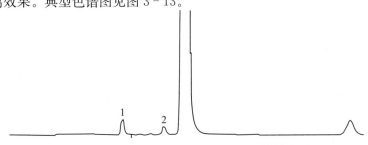

图 3－13　绿麦隆原药中杂质的液相色谱图

1.N-（4-甲基苯基）-N'，N'-二甲基脲　2.N-（3-氯-4-甲基苯基）-N'-甲基脲

5 测定步骤

5.1 标样溶液的制备

称取 N-（4-甲基苯基）-N'，N'-二甲基脲和 N-（3-氯-4-甲基苯基）-N'-甲基脲标样各约 0.04g（精确至 0.2mg）于 50mL 容量瓶中，用甲醇在超声波下振荡 5min 使其溶解，冷却后，定容至刻度，摇匀。准确移取 1mL 于 50mL 容量瓶中，用甲醇稀释至刻度，摇匀，备用。

5.2 样品溶液的制备

称取绿麦隆样品约 0.1g（精确至 0.2mg）于 50mL 容量瓶中，用甲醇在超声波下振荡 5min 使其溶解，冷却后，定容至刻度，摇匀，过滤，备用。

5.3 测定

在上述色谱操作条件下，待仪器稳定后，连续注入数针标样溶液，直至相邻两针的峰面积相对变化小于 1.2% 后，按照标样溶液、试样溶液、试样溶液、标样溶液的顺序进样。

6 计算

将测得的两针试样溶液以及试样前后两针标样溶液中 N-（4-甲基苯基）-N'，N'-二甲基脲和 N-（3-氯-4-甲基苯基）-N'-甲基脲峰面积分别进行平均。试样中 N-（4-甲基苯基）-N'，N'-二甲基脲和 N-（3-氯-4-甲基苯基）-N'-甲基脲质量分数 ω_i（%）按式（3-26）计算：

$$\omega_i = \frac{A_{i1} \times m_{i2} \times \omega_{i0}}{A_{i2} \times m_1 \times 100} \tag{3-26}$$

式中：

ω_i——试样中 N-（4-甲基苯基）-N'，N'-二甲基脲和 N-（3-氯-4-甲基苯基）-N'-甲基脲的质量分数（%）；

A_{i2}——试样溶液中 N-（4-甲基苯基）-N'，N'-二甲基脲和 N-（3-氯-4-甲基苯基）-N'-甲基脲峰面积的平均值；

m_{i2}——N-（4-甲基苯基）-N'，N'-二甲基脲和 N-（3-氯-4-甲基苯基）-N'-甲基脲标样的质量数值的 1/50（g）；

ω_{i0}——标样中 N-（4-甲基苯基）-N'，N'-二甲基脲和 N-（3-氯-4-甲基苯基）-N'-甲基脲的质量分数（%）；

A_{i2}——标样溶液中 N-（4-甲基苯基）-N'，N'-二甲基脲和 N-（3-氯-4-甲基苯基）-N'-甲基脲峰面积的平均值；

m_1——试样的质量（g）。

计算结果应保留三位有效数字。

7 允许差

两次平行测定之相对差，应不大于 10%，取其算术平均值作为测定结果。

扑草净中相关杂质的测定

氯　化　钠

NaCl　58.5

中文化学名称： 氯化钠
英文化学名称： sodium chloride
CAS 登录号： 7647 - 14 - 5
理化性状： 无色透明的立方晶体，粉末为白色，味咸，易溶于水，熔点 801℃，沸点 1 413℃。硬度、密度较大。具有吸湿性，微有吸潮性。易溶于乙醇、丙醇、丁烷，在和丁烷互溶后变为等离子体，易溶于水。分散在酒精中可形成胶体，其水中溶解度因氯化氢存在而降低，几乎不溶于浓盐酸。

试验方法

1　试剂和溶液

丙酮；硫酸溶液：ϕ（H_2SO_4）＝50％；盐酸标准溶液：c（HCL）＝0.1mol/L，按 GB/T 601 制备和标定；硝酸银标准滴定溶液：c（$AgNO_3$）＝0.1mol/L，按 GB/T 601 制备和标定。

2　仪器

电位滴定仪；电极：银-217 型甘汞电极，带氯化钾盐桥。

3　分析步骤

称取 5.0g 试样（精确至 0.2mg），于 400mL 烧杯中，用 50mL 丙酮溶解，加入 200mL 水，用硫酸溶液将试样溶液酸化至 pH 为 1～2，用移液管加 2mL 盐酸标准溶液，用硝酸银标准滴定溶液进行电位滴定。

4　计算

试样中氯化钠的质量分数 ω（％）按式（3-27）计算：

$$\omega=\frac{M\left(V_1c_1-V_2c_2\right)\times100\%}{1\,000m}\qquad(3-27)$$

式中：
c_1——硝酸银标准滴定溶液的实际浓度（mol/L）；
c_2——盐酸标准溶液的实际浓度（mol/L）；
V_1——滴定时，消耗硝酸银标准溶液的体积（mL）；

V_2——加入试样溶液中的盐酸标准溶液的体积（mL）；

m——试样的质量（g）；

M——氯化钠摩尔质量的数值（g/mol）[$M＝58.5$g/mol]。

特乐酚中相关杂质的测定

无机亚硝酸盐（以亚硝酸钠计）

$$NaNO_2 \quad 69.0$$

中文化学名称： 亚硝酸钠

英文化学名称： sodium nitrite

CAS 登录号： 7632-00-0

理化性状： 白色至淡黄色粒状结晶或粉末，无味。密度 2.17g/cm³，熔点 271℃，沸点 320℃（分解）。微溶于醇及乙醚，水溶液呈碱性，pH 约为 9。在空气中会逐渐氧化，表面变为硝酸钠；遇弱酸分解放出棕色二氧化氮气体；与有机物、还原剂接触能引起爆炸或燃烧，并放出有毒的刺激性气体氧化氮；遇强氧化剂也能被氧化，特别是铵盐，如与硝酸铵、过硫酸铵等在常温下，即能互相作用产生高热，引起可燃物燃烧。

危害性概述：

健康危害：毒作用为麻痹血管运动中枢、呼吸中枢及周围血管；形成高铁血红蛋白。急性中毒表现为全身无力、头痛、头晕、恶心、呕吐、腹泻、胸部紧迫感以及呼吸困难；检查见皮肤黏膜明显紫绀。严重者血压下降、昏迷、死亡。接触手、足部皮肤可发生损害。GHS 分类：氧化性固体（类别 3）；急性毒性，经口（类别 3）；眼睛刺激（类别 2A）；急性水生毒性（类别 1）。GHS 危害性标识：H272（可加剧燃烧，氧化剂）；H301（吞咽会中毒）；H319（造成严重眼刺激）；H400（对水生生物毒性极大）。

试验方法

1 方法提要

样品用乙酸溶解，加入格里斯试剂，测定所形成的络合物在 550nm 的吸光度。

2 试剂和溶液

乙酸；盐酸：6 mol/L；N-（1-萘基）-乙二胺二盐酸盐；亚硝酸钠；磺酸胺；溶液 A：100mg N-（1-萘基）-乙二胺二盐酸盐用 100mL 30%（v/v）乙酸水溶液溶解；溶液 B：1g 磺酸胺用 100mL 30%（v/v）乙酸水溶液溶解；溶液 C（格里斯试剂）：100mL 溶液 A 和 100mL 溶液 B 混合，溶液 C 必须当天使用。

3 仪器

移液管；50mL，100mL 和 1 000mL 容量瓶；石英试管，5 cm；分光光度计，波长设为 550nm；恒温槽。

4 步骤

4.1 校正

称取 0.05g 亚硝酸钠用水溶解，转移到 1 000mL 容量瓶中，稀释至刻度，摇匀定容作为标准储备液。取 1mL 标准储备液于 100mL 容量瓶中稀释定容（工作溶液）。分别将 0mL、0.1mL、0.2mL、0.3mL、0.5mL、0.7mL 和 1mL 亚硝酸钠工作溶液转移至 50mL 容量瓶中，加入 5mL 乙酸，混合，再加入 2.5mL 新配制的溶液 C 和 2.5mL 6mol/L 盐酸，混合均匀。在 50℃ 加热 30min，冷却至室温，用乙酸稀释至 50mL，混合均匀。用 5cm 比色皿测定该溶液的吸光度，蒸馏水作为参比溶液。用亚硝酸钠溶液的读数减去空白对照的读数（0mL 亚硝酸钠工作溶液）。以吸光度为纵坐标，亚硝酸钠工作溶液体积数为横坐标绘制标准工作曲线。

4.2 测定

称取约 500mg（精确到 mg）样品（w g），置于 50mL 容量瓶中，溶解稀释至刻度。移取 5mL 该溶液置于 50mL 容量瓶中，加入 2.5mL 新配制的溶液 C 和 2.5mL 6mol/L 盐酸，混合均匀。测定样品溶液吸光度，扣除空白对照。读出吸光度对应的亚硝酸钠工作溶液的体积（x mL），亚硝酸钠的含量 w（mg/kg）按照式（3-28）进行计算：

$$w = \frac{5 \times x}{w} \tag{3-28}$$

异丙甲草胺中相关杂质的测定

2-乙基-6-甲基苯胺

$$C_9H_{13}N \quad 135.2$$

中文化学名称： 2-乙基-6-甲基苯胺

英文化学名称： 2-ethyl-6-methyl-aniline

CAS 登录号： 24549-06-2

理化性状： 纯品为黄色至棕色透明液体。沸点 231℃，蒸气压 9.88Pa（0.074 1mmHg）（25℃），油水分配系数 2.141（25℃），密度 0.960g/cm³（20℃）。水中溶解度 2.6g/L（pH 8.5，25℃）。注：以上数值为计算值。

2-乙基-6-甲基-N-（2-甲氧基-1-甲基-乙基）苯胺

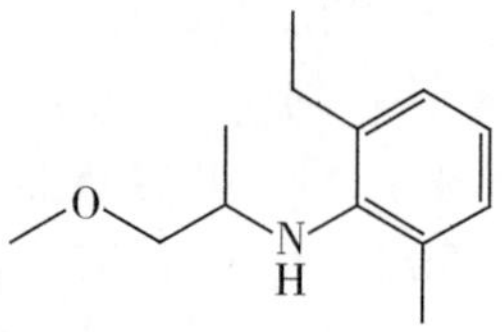

$$C_{13}H_{21}NO \quad 207.3$$

中文化学名称：2-乙基-6-甲基-N-（2-甲氧基-1-甲基-乙基）苯胺

英文化学名称：2-ethyl-6-methyl-N-（2-methoxy-1-methyl-ethyl）-aniline

CAS 登录号：51219－00－2

理化性状：沸点 315.9℃，油水分配系数 2.347（25℃），密度 0.967g/cm³（20℃）。水中溶解度 0.52g/L（pH 8.08，25℃）。注：以上数值为计算值。

2-乙基-6-甲基-2-氯乙酰苯胺

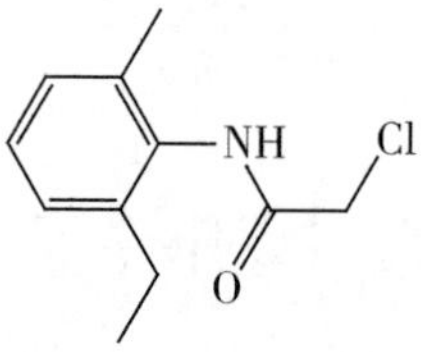

$$C_{11}H_{14}ClNO \quad 211.7$$

中文化学名称：2-乙基-6-甲基-2-氯乙酰苯胺

英文化学名称：2-ethyl-6-methyl-2-chloroacetanilide

CAS 登录号：32428－71－0

理化性状：沸点 343.1℃，蒸气压 9.88Pa（0.074 1mmHg）（25℃），密度 1.156 g/cm³（20℃）。水中溶解度 0.59g/L（pH 7.02，25℃）。注：以上数值为计算值。

试验方法

1 方法提要

试样用二氯甲烷溶解，以二十八烷为内标物，使用 OV－1701 毛细管色谱柱和氢火焰离子化检测器，对试样中的三种杂质进行内标法气相色谱分离和测定。

2 试剂和溶液

二氯甲烷：分析纯；二十八烷；2-乙基-6-甲基苯胺标样：已知质量分数；2-乙基-6-甲基-N-（2-甲氧基-1-甲基-乙基）苯胺标样：已知质量分数；2-乙基-6-甲基-2-氯乙酰苯胺标

样：已知质量分数；内标溶液：称取 20~30mg 二十八烷，置于 10mL 容量瓶中，用二氯甲烷溶解并稀释至刻度，摇匀。

3 仪器

气相色谱仪：具有氢火焰离子化检测器；色谱工作站；色谱柱：长 15 m，内径 0.32mm 毛细管柱，内装 OV1701 填充物，膜厚 0.25μm（或具等同效果的色谱柱）；冷柱进样系统。

4 色谱条件

柱温：38℃保持 2min，以 6℃/min 升至 180℃，以 10℃/min 升至 260℃，保持 5min；进样口温度：同柱温；检测室温度：300℃；气体流速：载气（氢气）45cm/s（150℃）；检测器尾吹气（氮气）30mL/min；进样体积：1μL；保留时间：2-乙基-6-甲基苯胺约 14.0min，2-乙基-6-甲基-N-（2-甲氧基-1-甲基-乙基）苯胺约 18.0min，2-乙基-6-甲基-2-氯乙酰苯胺约 23.3min，内标物（二十八烷）约 21.8min，异丙甲草胺约 27.6min。

上述气相色谱操作条件，系典型操作参数。可根据不同仪器特点，对给定的操作参数做适当调整，以期获得最佳效果。典型的异丙甲草胺原药的气相色谱图见图 3-14。

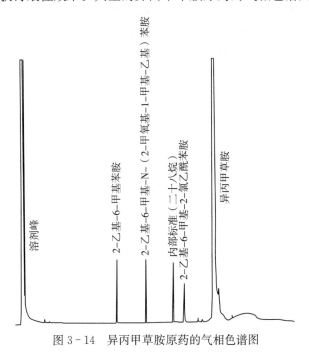

图 3-14　异丙甲草胺原药的气相色谱图

5 测定步骤

5.1 标样溶液的制备

称取三种标样各 0.025~0.035g（精确至 0.001g），置于同一 100mL 容量瓶中，用二氯甲烷溶解定容至刻度，摇匀。准确移取 5.0mL 该溶液于 50mL 容量瓶中，加入 0.50mL

内标物溶液，用二氯甲烷稀释至刻度，摇匀，备用。

5.2 样品溶液的制备

称取约含异丙甲草胺 0.2g 的试样（精确至 0.1mg），置于 50mL 容量瓶中，加入 0.5mL 标样溶液，用二氯甲烷定容至刻度，振荡摇匀 10min。将溶液离心或者采用 0.45μm 的滤膜过滤。

5.3 测定

在上述操作条件下，待仪器基线稳定后，连续注入数针标样溶液，计算各针标样溶液与内标物峰面积之比的重复性，待相邻两针标样溶液与内标物峰面积的比相对变化小于 5% 时，按照标样溶液、标样溶液、试样溶液、试样溶液的顺序进行测定。

6 计算

将测得的两针试样溶液以及试样前后两针标样溶液中各杂质和内标物的峰面积比分别进行平均。试样中各杂质质量分数 ω_1（g/kg）按式（3-29）计算：

$$\omega_1 = \frac{r_2 \times m_1 \times 1\,000}{r_1 \times m_2 \times 20} \tag{3-29}$$

式中：

r_1——标样溶液中，各杂质与内标物峰面积比的平均值；

r_2——试样溶液中，各杂质与内标物峰面积比的平均值；

m_1——各杂质标样的质量（g）；

m_2——试样的质量（g）；

ω_1——各杂质的质量分数（g/kg）。

乙草胺中相关杂质的测定

伯 酰 胺

$C_{12}H_{16}ClNO$　225.7

中文化学名称： N-（2,6-二乙基苯基）-N-氯乙酰胺

英文化学名称： N-（2,6-diethylphenyl）-N-chloro acetamide

CAS 登录号： 6967-29-9

理化性状： 沸点 369.2℃，蒸气压 1.60×10^{-3}Pa（1.20×10^{-5}mmHg）（25℃），油水分配系数 2.484（20℃），密度 1.131g/cm^3（20℃）。注：以上数值为计算值。

试验方法

1 方法提要

试样用三氯甲烷溶解，以邻苯二甲酸二正戊酯类为内标物，使用 5% OV－101 / Chromosorb W-HP 为填充物的玻璃柱（或不锈钢柱）和氢火焰离子化检测器，对试样中的乙草胺和伯酰胺进行气相色谱分离和测定。此方法为填充柱法（仲裁法）。

2 试剂和溶液

三氯甲烷；邻苯二甲酸二正戊酯：色谱纯；乙草胺标样：已知质量分数≥98.0%；伯酰胺标样：已知质量分数≥98.0%；内标溶液：称取 8.0g 的邻苯二甲酸二正戊酯，置于 1 000mL 容量瓶中，用三氯甲烷溶解并稀释至刻度，摇匀。

3 仪器

气相色谱仪：具有氢火焰离子化检测器；色谱数据处理机或色谱工作站；色谱柱：长 2m，内径 3mm 玻璃柱，内装 5% OV－101/Chromosorb W-HP 填充物（或具等同效果的色谱柱）；微量进样器：10μL。

4 色谱条件

柱温：200℃；气化室温度：280℃；检测室温度：280℃；气体流速：载气（氮气）30mL/min、氢气 30mL/min、空气 300mL/min；进样体积：10μL；保留时间：伯酰胺约 2.5min，乙草胺约 5.3min，内标物（邻苯二甲酸二正戊醋）约 12.3min。

上述气相色谱操作条件，系典型操作参数。可根据不同仪器特点，对给定的操作参数做适当调整以期获得最佳效果。典型的乙草胺原药的气相色谱图见图 3－15。

5 测定步骤

5.1 标样溶液的制备

称取乙草胺标样 0.09g（精确至 0.002g），置于 15mL 具塞玻璃瓶中，同时称取伯酰胺 0.001g（精确至 0.001mg），置于同一玻璃瓶中，用移液管准确移入 10mL 内标液，摇匀。

5.2 样品溶液的制备

称取约含乙草胺 0.09g 的试样（精确至 0.2mg），置于 15mL 具塞玻璃瓶中，用 5.1 中使用的同一支移液管准确移入 10mL 内标液，摇匀。

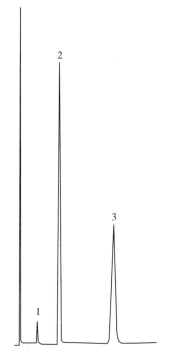

图 3－15 乙草胺原药的气相色谱图
1. 伯酰胺 2. 乙草胺 3. 内标物

5.3 测定

在上述操作条件下，待仪器基线稳定后，连续注入数针标样溶液，计算各针乙草胺与内标物峰面积之比的重复性，待相邻两针乙草胺与内标物峰面积的比相对变化小于1.5%时，按照标样溶液、试样溶液、试样溶液、标样溶液的顺序进行测定。

6 计算

将测得的两针试样溶液以及试样前后两针标样溶液中乙草胺（伯酰胺）和内标物的峰面积比分别进行平均。试样中乙草胺（伯酰胺）质量分数 ω_1（%）按式（3-30）计算：

$$\omega_1 = \frac{r_2 \times m_1 \times \omega}{r_1 \times m_2} \qquad (3-30)$$

式中：

r_1——标样溶液中，乙草胺（伯酰胺）与内标物峰面积比的平均值；

r_2——试样溶液中，乙草胺（伯酰胺）与内标物峰面积比的平均值；

m_1——标样的质量（g）；

m_2——试样的质量（g）；

ω——乙草胺（伯酰胺）标样中乙草胺（伯酰胺）的质量分数（%）。

计算结果应保留三位有效数字。

7 允许差

两次平行测定之相对差，乙草胺应不大于1.5%，取其算术平均值作为测定结果。

第四章 杀菌剂中的相关杂质

百菌清中相关杂质的测定

六　氯　苯

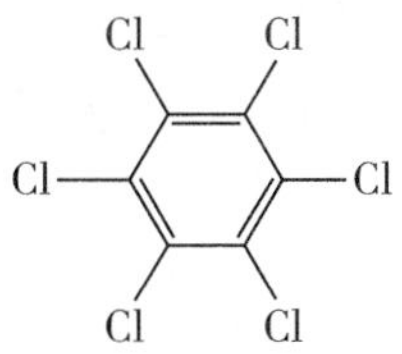

C_6Cl_6　284.8

中文化学名称：六氯苯

英文化学名称：hexachlorobenzene

CAS 登录号：118-74-1

理化性状：纯品为无色晶体。熔点 226℃，蒸气压 1.45mPa（25℃），密度 2.044g/cm³（23℃）。溶解度：水中几乎不溶，可溶于热苯、二氯甲烷、二硫化碳和乙醚。稳定性：在酸碱中可以稳定存在。

试验方法

1　方法提要

试样用乙腈溶解，以甲醇为流动相，用5μm ODS（C18）为填料的液相色谱柱和紫外检测器（254nm），对试样中六氯苯进行反相高效液相色谱分离和测定，外标法定量。

2　试剂和溶液

甲醇：分析纯；乙腈：光谱纯；流动相：甲醇经 0.45μm 孔径的滤膜过滤，并在超声波浴槽中脱气 10min 后于深色瓶中密封，低温保存；六氯苯标样：已知质量分数≥99.0%。

3　仪器

液相色谱仪，具可变波长紫外检测器；工作站；色谱柱：长 150mm，内径 4.6mm 不锈钢柱，内装 ODS（C18），粒径 5μm 的填充物（或具等同效果的色谱柱）；超声波清洗器；过滤器：滤膜孔径约 0.45μm；进样器：50μL。

4 色谱条件

流动相：甲醇；流量：1.5mL/min；柱温：35℃（或室温，温差变化应不大于2℃）；检测波长：254nm；进样量：10μL；保留时间：六氯苯约7.4min。

上述是典型色谱操作条件，操作者可根据仪器不同特点对操作参数做适当调整，以期获得最佳分离效果。

5 测定步骤

5.1 标样溶液的制备

准确称取六氯苯标样0.05g（精确至0.2mg）于250mL容量瓶中，用乙腈溶解并稀释至刻度，摇匀。用移液管准确移取2mL上述溶液，置于50mL容量瓶中，用乙腈稀释至刻度，摇匀，用0.45μm孔径滤膜过滤，密闭保存。

5.2 样品溶液的制备

准确称取含百菌清样品0.1g（原药，精确至0.2mg）于10mL容量瓶中，用乙腈在超声波下振荡5min使其溶解，用0.45μm孔径滤膜过滤。

5.3 测定

在上述色谱操作条件下，待仪器稳定后，连续注入数针标样溶液，直至相邻两针峰面积相对变化小于1.5%后，按照标样溶液、试样溶液、试样溶液、标样溶液的顺序进样。

6 计算

将测得的两针试样溶液以及试样前后两针标样溶液中六氯苯的峰面积进行平均。试样中六氯苯的质量分数ω_1（%）按式（4-1）计算：

$$\omega_1 = \frac{A_1 \times m_2 \times \omega_0}{A_2 \times m_1 \times 625} \qquad (4-1)$$

式中：

ω_1——试样中六氯苯的质量分数（%）；

A_1——试样溶液中六氯苯峰面积的平均值；

m_2——六氯苯标样的质量（g）；

ω_0——标样中六氯苯的质量分数（%）；

A_2——标样溶液中六氯苯峰面积的平均值；

m_1——试样的质量（g）。

计算结果应保留三位有效数字。

7 允许差

两次平行测定之相对差，应不大于0.002%，取其算术平均值作为测定结果。

十 氯 联 苯

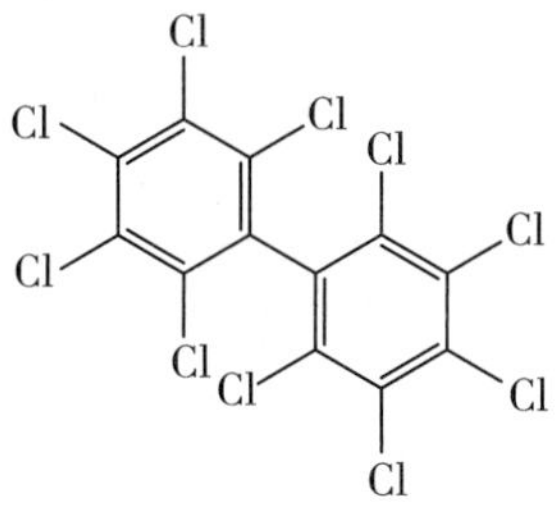

$$C_{12}Cl_{10} \quad 498.6$$

中文化学名称：十氯联苯

英文化学名称：decachlorobiphenyl

CAS 登录号：2051-24-3

理化性状：沸点 466℃，蒸气压 2.73×10^{-6} Pa（2.05×10^{-8} mmHg）（25℃），油水分配系数 8.372（25℃），密度 1.818g/cm^3（20℃），溶解性：不溶于水，溶于多数有机溶剂，稳定性：稳定。

试验方法

1 方法提要

样品溶解于甲苯，六氯苯（HCB）和十氯联苯（DCB）通过毛细管气相色谱与质谱检测器（MSD）进行测定。用单离子检测（SID）模式检测 HCB，多离子检测（MID）模式检测 DCB。用三种单独配制的校准溶液绘制多水平校准曲线对 HCB 和 DCB 进行定量。推荐使用标准办公软件进行计算。

2 试剂和溶液

甲苯；丙酮；甲醇；HCB 标样：已知质量分数；DCB 标样：已知质量分数。

3 仪器

气相色谱仪：具有质谱检测器（MSD），载气恒定流量，自动进样器和分流/不分流进样系统；色谱数据处理机或色谱工作站；色谱柱：长 30m，内径 0.25mm 石英玻璃柱，内涂有交联的 5％苯基和 95％二甲基聚硅氧烷，涂层厚度为 $0.25\mu m$（或具等同效果的色谱柱）。

4 色谱条件

柱温箱升温程序：120℃保持 1min，以 20℃/min 升至 320℃，并保持 3min；进样口：300℃；MSD 条件：传输线温度 320℃，源温度 230℃，四极杆温度 150℃，溶剂延迟

2min，第一组离子 286u，开始时间 2min，第二组离子 496u、498u、500u 和 502u，开始时间 7min；气体流速：载气（氦气）1.1mL/min；进样体积：1μL（使用 10μL 注射器）；保留时间：HCB 约 5.3min，DCB 约 10.5min。

上述气相色谱操作条件是典型操作参数。可根据不同仪器特点，对给定的操作参数做适当调整，以期获得最佳效果。典型的气相色谱图见图 4-1 和图 4-2。

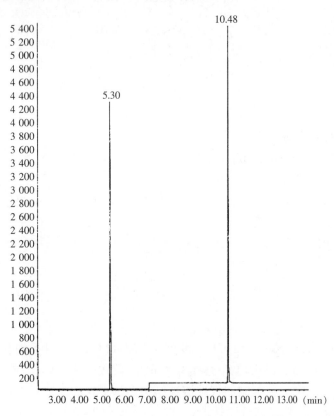

图 4-1 浓度为 10mg/kg 的 HCB 和 DCB 参比溶液的典型色谱图

5 测定步骤

5.1 标样溶液的制备

5.1.1 校准母液的制备

准确称取（5.0±0.5）mg HCB 标准品（精确到 0.1mg）（标记为 S_{HI} mg、S_{HII} mg、S_{HIII} mg）于 3 个 50mL 容量瓶中。

分别称取（5.0±0.5）mg DCB 标准品（精确到 0.1mg）（标记为 S_{DI} mg、S_{DII} mg、S_{DIII} mg）于之前的 3 个 50mL 容量瓶中。用甲苯定容至刻度线，混合均匀，直至 HCB 和 DCB 完全溶解（这 3 个溶液被标记为 C1A、C2A 和 C3A）。这些溶液中每一分析物的浓度约为 100μg/mL。

5.1.2 中间校准稀释溶液的制备

分别用移液管从 C1A、C2A 和 C3A 中转移 5.0mL 溶液于 3 个 50mL 容量瓶中，甲苯定

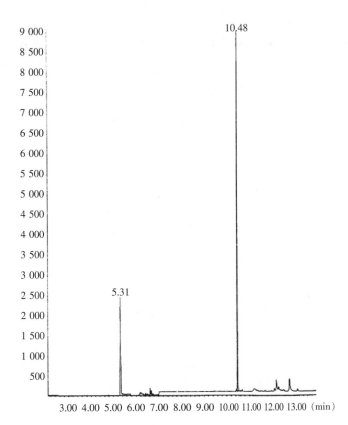

图 4 - 2　百菌清制剂的典型色谱图

容，混合均匀，标记为 C1B、C2B 和 C3B。此时每一溶液中各分析物浓度约为 10μg/mL。

分别用移液管从 C1B、C2B 和 C3B 中转移 5mL 溶液于 50mL 容量瓶中，甲苯定容，混合均匀，标记为 C1C、C2C 和 C3C。此时每一溶液中各分析物浓度约为 1μg/mL。

5.1.3　进样校准溶液的制备

用移液管从 C1C 中转移 2.5mL 于 50mL 容量瓶中，甲苯定容，混合均匀，标记为 C1D。该溶液中每一分析物的浓度约为 0.05μg/mL。

用移液管从 C2C 中转移 5mL 于 50mL 容量瓶中，甲苯定容，混合均匀，标记为 C2D。该溶液中每一分析物的浓度约为 0.1μg/mL。

用移液管从 C3C 中转移 15mL 于 50mL 容量瓶中，甲苯定容，混合均匀，标记为 C3D。该溶液中每一分析物的浓度约为 0.3μg/mL。

这三种稀释的溶液 C1D、C2D 和 C3D 被进样分析，且如果样品按照 5.2 方法进行制备时，这三种稀释溶液中每一杂质相对于样品中百菌清的含量浓度 5mg/kg、10mg/kg 和 30mg/kg，此处相对浓度、百菌清浓度以 5.2 方法计算，每 50mL 为 500mg。

5.2　样品溶液的制备

称取两份约含 500mg（精确至 0.1mg）百菌清的样品于 50mL 容量瓶中，加入 5mL 丙酮和 5mL 甲醇后轻摇使其完全溶解。超声波处理 10min，平衡至室温后，加甲苯定容至刻度线，混合均匀，标记为样品溶液 S1 和 S2。

5.3 测定

在上述操作条件下，待仪器基线稳定后，连续注入数针标样溶液。进样数针 C2D，直到连续两针之间 HCB 和 DCB 的响应因子差低于其最低值的 10％，然后进样 C1D 和 C3D。所有溶液中 HCB 和 DCB 响应因子不能超出 C2D 中平均值的 20％。按照标样溶液、试样溶液、试样溶液、标样溶液的顺序进行测定。

6　计算

6.1　HCB 质量分数的计算

通过分隔开两个样品溶液进样的校准溶液计算每一水平 HCB 的平均峰面积（HCH）。用下列公式计算样品中 HCB 的浓度（以样品中相对于百菌清的含量表示，假定样品溶液中含有 10mg/mL 百菌清）：

$$\text{C1D 相对于百菌清 } HCB \text{ 的含量} = \frac{S_{HI} \times P_H}{1000} \text{mg/kg} \qquad (4-2)$$

$$\text{C2D 相对于百菌清 } HCB \text{ 的含量} = \frac{2 \times S_{HII} \times P_H}{1000} \text{mg/kg} \qquad (4-3)$$

$$\text{C3D 相对于百菌清 } HCB \text{ 的含量} = \frac{6 \times S_{HIII} \times P_H}{1000} \text{mg/kg} \qquad (4-4)$$

式中：

S_{HI}，S_{HII}，S_{HIII}——配制母液 C1A、C2A 和 C3A 的 HCB 的重量（mg）；

$\quad\quad P_H$——HCB 标准品的纯度（g/kg）；

$\quad\quad$ 2 和 6——相对于 C1D，溶液 C2D 和 C3D 的浓度因子；

$\quad\quad$ 1000——1000g，将 P_H 的值转化为分数。

制备 3 个水平上的 HCB 校准曲线，通过以 HCB 的平均峰面积和标准品中 HCB 的浓度（mg/kg）作图。通过这三点用最小二乘法做最适合获得的响应值的线性回归方程，得到斜率和截距的值。方程的相关系数（R^2）应大于 0.95。如不能，重复 GC 分析序列。

用下面的公式通过插值法计算 HCB 的含量（相对于样品中的百菌清含量）：

$$HCB \text{ 的含量（相对于百菌清）} = \frac{(H_{SH} - b) \times 500000}{a \times w \times T} \text{mg/kg} \qquad (4-5)$$

式中：

$\quad a$——HCB 校准曲线的斜率；

$\quad b$——HCB 校准曲线的截距；

$\quad H_{SH}$——HCB 的峰面积；

$\quad w$——取样的质量（mg）；

$\quad T$——样品中百菌清的含量（g/kg）；

500000——500×1000，其中 500 为计算相对于校准标准品中相对百菌清含量的 HCB 浓度时假定样品中应存在的百菌清的量（mg），1 000＝1 000g，可将 T 值转化为分数。

注：标品中 HCB 的相对含量（5mg/kg、10mg/kg、30mg/kg 百菌清）是按照 5.2 样品制备中称 500mg 校准得到的。

用重复进样得到的结果，计算测试样品中 HCB 的平均含量，以每千克百菌清中含多少毫克 HCB 计。

6.2 DCB 质量分数的计算

DCB 的计算方式与 HCB 类似，用相应的数据进行计算。

代森锰锌中相关杂质的测定

乙撑硫脲（ETU）

C₃H₆N₂S　102.2

中文化学名称：亚乙基硫脲

英文化学名称：ethylene thiourea

CAS 登录号：96-45-7

理化性状：白色条状晶体。熔点 197～201℃，闪点 252℃，水溶性 19g/L（20℃）。

危害性概述：侵入途径：吸入；健康危害：动物实验显示其具有致癌和致畸作用。还可导致黏液水肿（随着体力和精力的下降，皮肤变得干燥、加厚）、甲状腺肿大，以及与甲状腺肿大荷尔蒙减少有关的其他病症。

试验方法

1　方法提要

试样用甲醇溶解，以甲醇-乙腈-水为流动相，使用以 Hypersil-ODS 粒径为填料的色谱柱以及可变波长紫外检测器，对试样中的 ETU 进行反相高效液相色谱分离和测定。

2　试剂和溶液

甲醇：分析纯；乙腈：色谱级；水：新蒸二次蒸馏水；ETU 标样：已知 ETU 质量分数≥99.0%（无干扰分析的杂质）；流动相：体积比 φ（甲醇：乙腈：水）＝0.9：0.7：98.4，混合均匀后，用 0.45μm 滤膜过滤，超声波脱气 10min。

3　仪器

高效液相色谱仪，具可变波长紫外检测器和定量进样阀；色谱数据处理机；色谱柱：200mm×4.6mm（i.d.）不锈钢柱，内装 Hypersil-ODS，粒径 5μm 的填充物（或具等同效果的色谱柱）；过滤器：滤膜孔径约 0.45μm；进样器：250μL。

4　色谱条件

流动相流速：1.0mL/min；柱温：室温（温差变化应不大于 2℃）；检测波长：

233nm；样体积：5μL；保留时间：ETU 约 3.6min。

上述是典型色谱操作条件，操作者可根据仪器不同特点对操作参数做适当调整，以期获得最佳分离效果。液相色谱图见图 4 - 3。

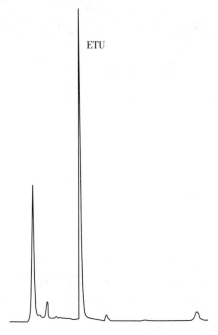

图 4 - 3 代森锰锌中 ETU 的液相色谱图

5 测定步骤

5.1 标样溶液的制备

准确称取 ETU 标样 0.01g（精确至 0.2mg）于 50mL 容量瓶中，加水溶解，并稀释定容，摇匀。用移液管准确移取上述溶液 5mL 于 50mL 容量瓶中，用水稀释至刻度，摇匀，备用。

5.2 样品溶液的制备

准确称取试样 0.2g（精确至 0.2mg）于 50mL 容量瓶中，用甲醇溶解并稀释至刻度，摇匀，过滤，备用。

5.3 测定

在上述色谱操作条件下，待仪器稳定后，连续注入数针标样溶液，直至相邻两针 ETU 峰面积相对变化小于 1.5％后，按照标样溶液、试样溶液、试样溶液、标样溶液的顺序进样。

6 计算

将测得的两针试样溶液以及试样前后两针标样溶液中 ETU 峰面积分别进行平均。试样中 ETU 的质量分数 ω_1（％）按式（4 - 6）计算：

$$\omega_1 = \frac{A_1 \times m_2 \times \omega}{A_2 \times m_1 \times 10} \qquad (4-6)$$

式中：

ω_1——试样中 ETU 的质量分数（%）；

A_1——试样溶液中 ETU 峰面积的平均值；

m_2——ETU 标样的质量（g）；

ω——标样中 ETU 的质量分数（%）；

A_2——标样溶液中 ETU 峰面积的平均值；

m_1——试样的质量（g）。

代森锰中相关杂质的测定

乙撑硫脲（ETU）

$C_3H_6N_2S$ 102.2

中文化学名称：亚乙基硫脲

英文化学名称：ethylene thiourea

CAS 登录号：96-45-7

理化性状：白色条状晶体。熔点 197～201℃，闪点 252℃，水溶性 19g/L（20℃）。

危害性概述：侵入途径：吸入；健康危害：动物实验显示其具有致癌和致畸作用。还可导致黏液水肿（随着体力和精力的下降，皮肤变得干燥、加厚）、甲状腺肿大，以及与甲状腺肿大荷尔蒙减少有关的其他病症。

试验方法

具体试验方法同"代森锰锌中相关杂质的测定"。

锌

Zn   65.4

中文化学名称：锌

英文化学名称：zinc

CAS 登录号：7440-66-6

理化性状：纯品为银白色略带淡蓝色金属。熔点 419.5℃，密度 7.14g/cm³（20℃）。

稳定性：在常温下的空气中，锌表面生成一层薄而致密的碱式碳酸锌膜，可阻止其进一步被氧化，当温度达到 225℃后，锌会被剧烈氧化。

试验方法

1 方法提要

首先采用硫酸和硝酸分解二硫代氨基甲酸盐，加入硫代硫酸钠还原铁离子，然后再加入硫氰化汞溶液。过滤上述混合溶液，干燥后称重。

2 试剂和溶液

硫氰化汞 ［Hg (SCN)₂］ 溶液：

浓溶液：称取 31g NH₄SCN，溶解于 200mL 水中，加入 27g HgCl₂ 细粉末，一边剧烈搅拌，一边逐渐加水稀释至 1 000mL。如果溶液不澄清，过滤溶液以获得澄清溶液。

洗液：移取 20mL 浓溶液，加水稀释至 1 000mL；浓硫酸：d²⁰ 1.84；浓硝酸：d²⁰ 1.18；硫代硫酸钠 （Na₂S₂O₃）。

3 仪器

凯氏瓶：500mL；容量瓶：250mL；烧杯：250mL；坩埚：已称重的古氏坩埚；烘箱：可控温于 105℃。

4 测定步骤

样品溶液的制备

准确称取含 0.25g （精确至 0.1mg）锌的足够量样品 （w g）至凯氏瓶中，加入 10mL 浓硫酸和少量硝酸，中热下消解至完全。加水稀释，冷却后将滤液转移到容量瓶中，加水定容至刻度。转移含锌不超过 0.11g 的试样 （约 100mL）到烧杯中。干燥蒸发至硫酸有烟雾产生。冷却，用 25mL 水稀释，再次干燥蒸发至有烟雾产生，重复上述步骤两次以将残留的硝酸完全除去。冷却，加入 25mL 水和 5mL 盐酸处理残留物。加热使其中的可溶盐全部溶解，过滤。用热水洗涤至滤液体积约 100mL。加入 0.5～1.0g 的硫代硫酸钠还原可能存在的铁离子，加热至沸腾，除去剩余的 SO₂。冷却，调整溶液体积至 100mL，加入 40mL 硫氰化汞溶液，静置过夜。过滤至已称重的古氏坩埚 （z g）中，用硫氰化汞洗液冲洗，在 105℃下干燥至恒重 （y g）。

5 计算

试样中锌浓度 ω_1 （%）按式 （4－7）计算：

$$\omega_1 = \frac{32.78(y-z)}{w} \times 100\% \qquad (4-7)$$

式中：

y——恒重后质量 （g）；

z——坩埚质量（g）；

ω——试样的质量（g）。

代森锌中相关杂质的测定

锰

中文化学名称： 锰

英文化学名称： manganese

CAS 登录号： 7439-96-5

理化性状： 银白色金属，质坚而脆。原子量 54.94u，熔点 1 244℃，沸点 1 692℃，密度 7.44g/cm³。

试验方法

两种测定锰的方法：第一种为铋酸盐法，是推荐方法并且适用于所有样品。第二种为 EDTA 滴定法，快速，适合检测原药，但由于某些制剂中干扰物质存在，可能产生错误的结果。

1 铋酸盐法

样品用硝酸溶解，煮沸，过滤掉不溶物。加入铋酸钠，过滤掉多余的不溶物。滤液中加入过量的硫酸联胺亚铁溶液，残留的硫酸亚铁用高锰酸钾滴定到终点。

1.1 试剂

高锰酸钾标准溶液，c（1/5KMnO₄）：0.03mol/L（0.03N）。

硫酸联胺亚铁标准溶液，c｛（NH₄）2Fe（SO₄）₂·6H₂O｝：0.03mol/L（0.03N）；铋酸钠（NaBiO₃）；硝酸（HNO₃），d²⁰1.42，稀释：硝酸：水＝1：3（v/v），注意：去除亚硝酸，将硝酸在通风橱中煮沸 2～3min，冷却，3mL 加入 100mL 水；硫酸钠饱和溶液（Na₂SO₃·7H₂O）；磷酸（H₃PO₄），85％～88％（m/v）。

1.2 设备

称量勺；锥形瓶 250mL 和 350mL；烧结玻璃坩埚和烧杯；滴定管 50mL。

1.3 步骤

称量含有 0.005～0.01g 锰的足够量的样品（g，精确到 mg），定量转移到 250mL 锥形瓶中，添加硝酸稀释（50mL）。缓慢煮沸样品溶解，冷却，过滤掉不溶物。再煮沸溶液 5min，加入铋酸钠（0.5g），再煮沸 5min。由于高锰酸钾和/或二氧化锰沉淀，溶液变成粉色。如果没有变色或产生沉淀，再加入铋酸钠（0.5g），煮沸 5min[①]。然后用饱和亚硫酸钠溶液滴定至无色。再煮沸直至去除所有氮氧化物[②]。将溶液冷却至 15℃，再加入铋酸

---

① 初步的氧化是去除其他的还原物质，以免与高锰酸钾反应。

② 所有的氮氧化物必须去除，因为会与高锰酸钾反应。

钠直至没有颜色变化（0.01g 锰需要 0.25g 铋酸钠），再加入 0.5g 并搅拌 2～3min。加入 3％硝酸（50mL），用烧结玻璃坩埚过滤到 350mL 锥形瓶中，用 3％硝酸洗涤残渣直至没有高锰酸钾；大概需要 50～100mL，记录使用的体积。用滴定管缓慢加入硫酸联胺亚铁溶液少量超过终点，表明没有高锰酸钾[①]（记为 s mL）。立即用 0.03mol/L 高锰酸钾滴定到粉色出现[②]（记为 t mL）。加入磷酸（3mL）让终点变得更好。

空白测定方法如下：将稀硝酸（50mL）加入到 350mL 锥形瓶中，加入少量铋酸钠，用 3％硝酸稀释（与洗涤沉淀相同的体积），加入硫酸联胺亚铁溶液（同上，s mL），过滤残留的铋酸钠，用 0.03mol/L 高锰酸钾滴定（b mL）。

$$锰含量 = \frac{1.099 \times c'(b-t)}{w} \times 100\% \qquad (4-8)$$

式中：

c'——$c(1/5KMnO_4)$（g/L）；

w——称样量（g）。

2 EDTA 方法

样品用已知过量的 EDTA 溶液溶解。混合物缓慢煮沸，冷却，加入氨-抗坏血酸缓冲液。用酸性媒介黑 11 作为指示剂，过量的 EDTA 用硫酸镁滴定到终点。

2.1 试剂

氨 缓 冲 液，pH10；硫 酸 镁 （$MgSO_4$）0.1mol/L（0.1M）；EDTA0.1mol/L（0.1M）；抗坏血酸（$C_6H_8O_6$）；酸性媒介黑 11 指示剂。

2.2 设备

广口烧瓶 400mL；滴定管 40mL。

2.3 步骤

称量含有 0.058～0.070g 锰的足够量的样品（g，精确到 mg），定量转移到 50～60mL 的广口烧瓶中，加入 EDTA 溶液（50.0mL）。混合均匀并煮沸，不断摇动使溶液尽可能溶解完全，确保烧瓶壁上没有未溶解的颗粒，任何颗粒都可以用玻璃棒打碎，并冲洗玻璃棒。此时溶液应该是澄清黄色，如果有不溶物也是极少量的[③]。

冷却到室温，加入抗坏血酸（1～1.5g），混匀溶解，加入氨缓冲液（10mL）。

加入酸性媒介黑 11 指示剂（几滴），用 0.1mol/L 硫酸镁（记为 t mL）滴定过量的 EDTA 到终点，终点时由淡紫色变成蓝绿色。

在另一个烧瓶中，在 15mL 缓冲液和几滴指示剂中，用 0.1mol/L 硫酸镁（记为 b mL）滴定 EDTA 溶液（50.0mL），终点时由淡紫色变成蓝绿色。

$$锰含量 = \frac{0.5494 \times c'(b-t)}{w} \times 100\% \qquad (4-9)$$

式中：

---

① 过滤洗涤后必须马上加入硫酸联胺亚铁，因为高锰酸钾会缓慢分解。

② 加入硫酸联胺亚铁后，必须马上进行滴定，因为其会与硝酸缓慢反应。

③ 粉剂或者可分散粉剂可能会有不溶物残留在烧瓶底部。

c'——$c(MgSO_4)$（g/L）；

w——称样量（g）。

砷

中文化学名称：砷

英文化学名称：arsenic

CAS 登录号：7440-38-2

理化性状：砷有黄、灰、黑褐三种同素异形体。其中灰色晶体具有金属性，脆而硬，具有金属般的光泽，并善于传热导电，易被捣成粉末。原子量 74.92u，熔点 817℃（2.8×10^6Pa），沸点 613℃，相对密度 5.73。溶解性：不溶于水、碱液、多数有机溶剂，溶于硝酸、热碱液。稳定。

危害性概述：单质砷无毒性，砷化合物均有毒性。三价砷比五价砷毒性大，三价砷会抑制含—SH 的酵素，五价砷会在许多生化反应中与磷酸竞争，因为键结的不稳定，很快会水解而导致高能键（如 ATP）的消失。氢化砷被吸入之后会很快与红血球结合并造成不可逆的细胞膜破坏。低浓度时氢化砷会造成溶血，高浓度时则会造成多器官的细胞毒性。

试验方法

以碘化钾、氯化亚锡将高价砷还原为三价砷，然后与锌粒和酸产生的氢生成砷化氢，经喹啉中二乙基二硫代氨基甲酸银吸收后，形成红色胶状物，与标准系列比较测量。

产生胶态微粒银的反应方程式如下：

$AsH_3 + 6(CH_3CH_2)_2NCSSAg = 6Ag + 3(CH_3CH_2)NCSSH + [(CH_3CH_2)2NCSS]3Ag$

1 试剂[①]

浓盐酸（HCl），d^{20}1.18；碘化钾（KI），将 50g 碘化钾溶解在水中，定容到 100mL，避光保存；喹啉（C_9H_7N），在氢氧化钠中再蒸馏，保存在氢氧化钠中；硝酸银（$AgNO_3$）；二乙基二硫代氨基甲酸银 [$(CH_3CH_2)2NCSSAg$]，使细磨的硝酸银（0.05g）溶解在喹啉（100mL）中，然后将二乙基二硫代氨基甲酸银（0.2g）溶解在该溶液中，避光保存，使用前应该用标准工作溶液验证，如有明显变质则弃用[②]；氯化亚锡（$SnCl_2 \cdot 2H_2O$）、盐酸（80mL）和水（20mL）配制成 33% 溶液；无砷锌粒（Zn），过 16～24 目筛，砷含量不超过 0.1μg/g；氧化砷（As_2O_3）。

标准砷溶液：

标准储备溶液：在烧杯中将氧化砷（0.1320g）溶解在氢氧化钠溶液（2mL，大约

---

① 所有的试剂应为分析纯，并且尽可能没有砷干扰。

② 试剂应该在几周内稳定。

50g/L）中，转移到 1 000mL 的容量瓶中，1mL 溶液包含 100μg 砷。

标准工作溶液：转移 25.0mL 标准储备溶液到 1 000mL 容量瓶中，定容混合，现配现用。

乙酸铅脱脂棉：将脱脂棉（医用）浸泡在 20％（m/v）的乙酸铅溶液中，移去多余的溶液，室温真空抽干，并用热空气吹干，保存在密闭玻璃瓶中；浓硝酸（HNO_3），d^{20} 1.42，稀释：硝酸：水＝1：2（v/v）；浓硫酸（H_2SO_4），d^{20} 1.84；电解铜（Cu），低砷。

2 设备[①]

量筒：50mL；滴定管：10mL；移液器：2mL 和 10mL；锥形瓶：100mL；测砷装置：如 ISO2590，BS4404：1968；分光光度计：540nm；冰浴。

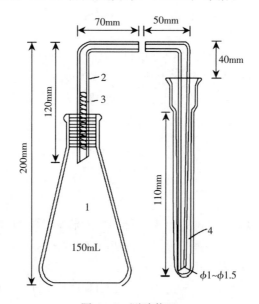

图 4-4 测砷装置

1.150mL 锥形瓶 2. 导气管 3. 乙酸铅棉花 4.10mL 刻度离心管

3 步骤

3.1 标准曲线

将 0mL、1mL、2mL、4mL、6mL、8mL 标准工作溶液转移到独立的六个锥形瓶中（相当于 0μg、2.5μg、5μg、10μg、15μg、20μg 砷）。在每一个锥形瓶中加入盐酸（10mL），加入大约 40mL 水。再加入碘化钾溶液（2mL）和氯化亚锡溶液（2mL），混匀，在冰浴中放置 15min。

将一小块乙酸铅脱脂棉放到防水管底端，将防水管与试管相连接，并用节点密闭。用移液器移取二乙基二硫代氨基甲酸银（10mL）到试管中。迅速加入锌粒（10g）到锥形瓶

---

① 洗涤玻璃装置的时候不要任何有机溶剂，因为残留的有机溶剂可能会对砷的释放有副作用。

中，然后迅速连通装置。检查节点是否密闭。当反应准备开始时，移去冰浴，室温下反应45min[①]。反应结束，关闭装置，小心摇动试管混匀。

以二乙基二硫代氨基甲酸银为空白，用1cm比色杯，于波长540nm处立即测定溶液的吸收值[②]，每次测定样品的时候都要做空白对照，扣除样品分析时的背景吸收。

用砷含量和吸收值绘制标准曲线图。

3.2 砷含量的测定

准备测定溶液。

如果没有给定方法，40mL测定溶液应该包含1~20μg砷，10mL盐酸。在加入碘化钾溶液之前，浓度应该在3mol/L（3N）。

所用试剂应该进行空白测试。

用标准曲线法计算样品中的砷含量[③]。

用添加已知含量的标准砷溶液检测方法回收率。

乙撑硫脲（ETU）

$$C_3H_6N_2S \quad 102.17$$

中文化学名称： 2-亚乙基硫脲

英文化学名称： 2 - ethyl thiourea

CAS 登录号： 96-45-7

理化性状： 纯品为白色晶体（原药白色固体，略带酯味）。熔点198℃，沸点230~312.8℃，蒸气压2.13×10^3 Pa（16mmHg）（25℃），油水分配系数−0.66，密度1.277 g/cm³（20℃）。溶解度（g/L）：水20（20℃），90（60℃），440（90℃），适度溶于甲醇、乙醇、乙二醇、吡啶，不溶于丙酮、乙醚、氯仿、苯、石油醚。

危害性描述： 乙撑硫脲是一种潜在致甲状腺肿、致畸、致突变和在高剂量下致癌的化合物。

试验方法

1 方法提要

试样用水溶解，以甲醇＋水溶液为流动相，使用以C_{18}为填料的不锈钢色谱柱和具

---

① 如果乙酸铅脱脂棉有明显污染，会导致砷回收率偏低。硝酸或其他氧化性试剂存在，也能导致砷回收率偏低。氮氧化物与试剂可产生短暂的蓝色。

② 吸收波长（540nm）仅为参考，建议使用吸收强度最大的波长。

③ 如果检出超过20μg砷，用少量的样品重新测定一次。1mg锑与20μg砷产生的颜色相近。

254nm 的紫外检测器，对试样中的乙撑硫脲进行反相高效液相色谱分离和测定，外标法定量。

2 试剂和溶液

甲醇：优级纯；水：Milli-Q 去离子水；

乙撑硫脲标样：已知质量分数 $\geqslant$ 98.0%。

3 仪器

液相色谱仪，具 254nm 的可变波长紫外检测器；工作站；色谱柱：长 250mm，内径 4.6mm 不锈钢柱，内装 Hypersil C_{18}，粒径 5μm 的填充物（或具等同效果的色谱柱）；过滤器：滤膜孔径约 0.45μm；进样器：100μL。

4 色谱条件

流动相：甲醇＋水＝1.5＋98.5（v/v）；流量：1.0mL/min；柱温：30℃（温差变化应不大于 2℃）；检测波长：230nm；进样量：5μL；保留时间：乙撑硫脲约 4.1min。

上述是典型色谱操作条件，操作者可根据仪器不同特点对操作参数做适当调整，以期获得最佳分离效果。典型色谱图见图 4-5。

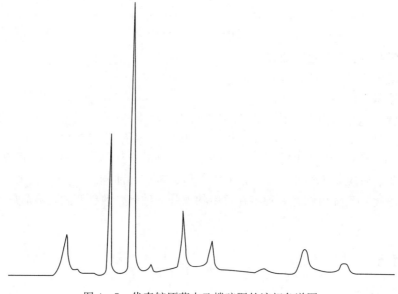

图 4-5 代森锌原药中乙撑硫脲的液相色谱图

5 测定步骤

5.1 标样溶液的制备

准确称取乙撑硫脲标样 0.03g（精确至 0.02mg）于 50mL 容量瓶中，用水在超声波下振荡 5min 使其溶解，冷却后，用水定容至刻度，摇匀。准确移取 1mL 于 100mL 容量瓶中，用水稀释至刻度，摇匀，备用。

5.2 样品溶液的制备

准确称取代森锌样品 2.0g（原药，制剂称取 4.0g，精确至 0.2mg）于 50mL 容量瓶中，用水在超声波下振荡 5min 使其溶解，冷却后，用水定容至刻度，摇匀，过滤，备用。

5.3 测定

在上述色谱操作条件下，待仪器稳定后，连续注入数针标样溶液，直至相邻两针乙撑硫脲峰面积相对变化小于 3.0% 后，按照标样溶液、试样溶液、试样溶液、标样溶液的顺序进样。

6 计算

将测得的两针试样溶液以及试样前后两针标样溶液中乙撑硫脲峰面积分别进行平均。试样中乙撑硫脲质量分数 ω_1（%）按式（4-10）计算：

$$\omega_1 = \frac{A_1 \times m_2 \times \omega_0}{A_2 \times m_1 \times 100} \qquad (4-10)$$

式中：

ω_1——试样中乙撑硫脲的质量分数（%）；

A_1——试样溶液中乙撑硫脲峰面积的平均值；

m_2——乙撑硫脲标样的质量（g）；

ω_0——标样中乙撑硫脲的质量分数（%）；

A_2——标样溶液中乙撑硫脲峰面积的平均值；

m_1——试样的质量（g）。

计算结果应保留三位有效数字。

7 允许差

两次平行测定之相对差，应不大于 30%，取其算术平均值作为测定结果。

多菌灵中相关杂质的测定

2,3-二氨基吩嗪（DAP）

C$_{12}$H$_{10}$N$_4$　210.2

中文化学名称：2,3-二氨基吩嗪

英文化学名称：2,3-diaminophenazine

CAS 登录号：655-86-7

理化性状：纯品为黄色至浅棕色针状结晶。熔点＞300℃，蒸气压 $6.40×10^{-8}$ Pa（$4.8×10^{-10}$ mmHg）（25℃），油水分配系数 2.004（pH10，25℃），密度 $1.414g/cm^3$（20℃）。溶于乙醇和苯。注：以上数值为计算值。

2-氨基-3-羟基吩嗪（AHP）

$C_{12}H_9N_3O$ 211.2

中文化学名称： 2-氨基-3-羟基吩嗪

英文化学名称： 2-amino-3-hydroxyphenazine

CAS 登录号： 4569-77-1

理化性状： 纯品为黄色结晶（乙醇），熔点＞300℃，蒸气压 $1.96×10^{-7}$ Pa（$1.47×10^{-9}$ mmHg）（25℃），油水分配系数 1.731（25℃），密度 $1.458g/cm^3$（20℃）。易溶于水。注：以上数值为计算值。

试验方法

1 方法提要

多菌灵溶解于盐酸水溶液中并用饱和氯化钠沉淀，滤液用于 DAP 和 AHP 的测定，洗脱液通过柱后反应释放模块与碱性缓冲液混合，荧光检测器检测。通过比较样品和标准溶液的响应值进行定量。

2 试剂和溶液

乙腈：HPLC 级；水：蒸馏水；磷酸：色谱纯，85％；浓盐酸：ACS 级，12mol/L；盐酸：1mol/L，83mL 浓盐酸＋917mL 水，有效期一年；三乙胺（TEA）：99％；抗坏血酸；氯化钠；三水乙酸钠；2,3-二氨基吩嗪标样：已知质量分数；2-氨基-3 羟基吩嗪标样：已知质量分数；样品溶剂：称 1.0g（精确到 0.01g）抗坏血酸于 200mL 容量瓶中，用 1mol/L 盐酸定容，备用，保质期 1 天；流动相配置：在 2L 烧杯中加入 1.7L 水，边搅拌边用注射器滴加 0.2mL 三乙胺，保持针头在液面以下。用磷酸调节 pH 为 3.75，pH 计应用 pH4 和 7 的标准缓冲溶液校正。边搅拌边加入 300mL 乙腈。快速使用 $0.45\mu m$ 滤膜过滤（以免乙腈和三乙胺挥发）后放入瓶中封盖保存，保质期不低于 3 个月，流动相的 pH 和乙腈的浓度可以根据色谱峰的分离情况进行优化调整；缓冲液：准确称取 27.2g± 0.05g 三水合乙酸钠，溶于 1L 水中，用浓盐酸调节 pH 至 5.0。用 $0.45\mu m$ 滤膜过滤后，密封储存，保质期不低于 3 个月；NaCl 饱和溶液：称取约 500g（或足以配置饱和溶液的质量）NaCl 至 1L 瓶中，用水定容后搅拌，不小于 2h。

3 仪器

液相色谱仪，具荧光检测器；工作站；色谱柱：长 150mm，内径 4.6mm 柱，内装 Inertsil C$_8$ 的填充物（或具等同效果的色谱柱）；过滤器：滤膜孔径约 0.45μm；自动进样器。

4 色谱条件

流动相流量：1.0mL/min，三乙胺/乙腈溶液（Beckman Model 110A）；缓冲液流量：0.5mL/min，醋酸缓冲液（ABI Model 400A）；激发波长：404nm（可能会有 1～2nm 的不同，优化以获得最佳灵敏度）；发射滤波器：550nm；保留时间：DAP 约 4.2min，AHP 约 9.3min。

上述是典型色谱操作条件，操作者可根据仪器不同特点对操作参数做适当调整，以期获得最佳分离效果。

5 测定步骤

5.1 标样母液的制备

准确称取 DAP 标样 0.01g（精确至 0.1mg）于 500mL 容量瓶中，用乙腈在超声波下振荡 5min 使其溶解，冷却后定容至刻度，摇匀。该母液密封于棕色瓶中置于暗处可以稳定至少 4 个月。准确称取 AHP 标样 0.01g（精确至 0.1mg）于 100mL 容量瓶，加入 30mL 乙腈、30mL 水、2mL 浓盐酸后，用水定容至刻度，超声溶解。该母液置于暗处可以稳定 2 个月。

5.2 标样溶液的制备

移取 5.0mL DAP 标样母液和 1.0mL AHP 标准母液置于 100mL 容量瓶中，用水定容后混匀待用。每天需要重新配置。

5.3 样品溶液的制备

称重 1g±0.005g（精确至 0.1mg）提纯多菌灵样品（DAP 应小于 0.5mg/kg，AHP 应小于 0.1mg/kg）到棕色瓶中，添加 10mL 样品溶剂并进行涡旋，直到多菌灵完全溶解。逐渐加入 30mL 饱和 NaCl 溶液。用振荡器振动（2±0.5）min。用 0.45μm 滤膜 5min 内快速过滤到 HPLC 进样小瓶中。

5.4 标准品添加溶液的制备

称重 1g±0.005g（精确至 0.1mg）的制备多菌灵（与 5.3 使用相同的样品），移取 2mL 5.2 配置的标样溶液，添加 10mL 样品溶剂并进行涡旋，直到多菌灵完全溶解。逐渐加入 28mL 饱和 NaCl 溶液。振动（2±0.5）min。用 0.45μm 滤膜 5min 内快速过滤到 HPLC 进样小瓶中。

5.5 添加样品溶液的制备

称取多菌灵样品 1.0g（精确至 0.1mg）至 50mL 瓶中，添加 10mL 样品溶剂并进行涡旋，直到多菌灵完全溶解。逐渐加入 30mL 饱和 NaCl 溶液。振动（2±0.5）min。用 0.45μm 滤膜 5min 内快速过滤到 HPLC 进样小瓶中。

5.6 测定

在上述色谱操作条件下，待仪器稳定后，依次进样标样溶液、标准品添加溶液、样品溶液。

6 计算

试样中 DAP 的质量分数（mg/L）按式（4-11）计算：

$$DAP = \frac{A \times B \times C \times D \times 10^6}{(E-F) \times G \times H \times I} \tag{4-11}$$

式中：

A——样品中 DAP 的色谱峰面积；

B——标准品母液中 DAP 的量（约 0.01g）；

C——标样溶液中移取的标准品母液的体积（5mL）；

D——标准品添加溶液中移取的标样溶液的体积（2mL）；

E——标准品添加溶液中 DAP 的色谱峰面积；

F——样品溶液中 DAP 的色谱峰面积；

G——标准品母液的体积（500mL）；

H——标样溶液的体积（100mL）；

I——样品的重量（g）。

简化的 DAP 含量（mg/L）按式（4-12）计算：

$$DAP = \frac{A \times B \times 200}{(E-F) \times I} \tag{4-12}$$

试样中 AHP 的质量分数（mg/L）按式（4-13）计算：

$$AHP = \frac{J \times K \times L \times D \times 10^6}{(M-N) \times O \times H \times I} \tag{4-13}$$

式中：

J——样品中 AHP 的色谱峰面积；

K——标准品母液中 AHP 的量（约 0.01g）；

L——标样溶液中移取的标准品母液的体积（1mL）；

D——标准品添加溶液中移取的标样溶液的体积（2mL）；

M——标准品添加溶液中 AHP 的色谱峰面积；

N——样品溶液中 AHP 的色谱峰面积；

O——标准品母液的体积（100mL）；

H——标样溶液的体积（100mL）；

I——样品重量（g）。

简化的 AHP 的质量分数（mg/L）按式（4-14）计算：

$$AHP = \frac{J \times K \times 200}{(M-N) \times I} \tag{4-14}$$

福美铁中相关杂质的测定

福　美　双

$$C_6H_{12}N_2S_4 \quad 240.44$$

中文通用名称： 福美双

英文通用名称： thiram

中文化学名称： 四甲基秋兰姆二硫化物

英文化学名称： tetramethylthiuram disulfide

CAS 登录号： 137-26-8

理化性状： 白色粉末，相对密度 1.36；熔点 144～146℃；沸点 129℃（20mmHg）；溶解度（20℃）：水 0.0165g/L，丙酮 21.0g/L，二氯甲烷 164g/L，乙酸乙酯 8.5g/L；稳定性：在中性或者碱性溶液中很快分解。

危害性概述： 原粉大鼠急性经口 LD_{50} 为 780～865mg/kg，小鼠急性经口 LD_{50} 为 1 500～2 000mg/kg，对皮肤和黏膜有刺激作用，对鱼类有毒，对蜜蜂无毒。GHS 分类：急性毒性，经口（类别 4）；急性毒性，吸入（类别 4）；皮肤刺激（类别 2）；眼刺激（类别 2A）；皮肤敏化作用（类别 1）；急性水生毒性（类别 1）。

试验方法

1　方法提要

试样用甲醇溶解，用甲醇-水（45＋55，v/v）溶液作流动相，以 Nova-Pak C_{18} 为填料的不锈钢柱和紫外检测器于波长 245nm 检测，试样中福美双进行反相高效液相色谱分离和测定。

2　试剂和溶液

甲醇，色谱纯；水，新蒸二次蒸馏水；福美双标样，已知质量分数 99.0%。

3　仪器

高效液相色谱仪，具有可变紫外检测器；色谱数据处理机；色谱柱：150mm×3.9mm（i.d.）不锈钢柱，内装 Nova-Pak C_{18}、5μm 填充物（或具同等效果的色谱柱）；过滤器：滤膜孔径约 0.45μm；超声波清洗器。

4 色谱条件

流动相：甲醇＋水＝45＋55（v/v），经滤膜过滤，并进行脱气；流速：0.2mL/min；柱温：25℃；进样量：5.0μL；检测波长：254nm；保留时间：约4.9min。

上述是典型操作参数，可根据不同仪器特点，对给定的操作参数做适当调整，以期获得最佳效果。典型的福美双高效液相色谱图见图4-6。

图4-6　福美双液相色谱图

5 测定步骤

5.1 标样溶液的制备

称取福美双标样0.1g（精确至0.2mg），置于50mL容量瓶中，用甲醇稀释至刻度，在超声波浴槽中振荡3min，使其溶解，恢复至室温，用移液管移取5mL上述溶液至50mL容量瓶中，再用甲醇稀释至刻度，摇匀。

5.2 试验溶液的制备

称取含福美双0.1g（精确至0.2mg）的样品，置于50mL容量瓶中，再用甲醇稀释至刻度，在超声波浴槽中振荡3min，使其溶解，恢复至室温，用移液管移取5mL上述溶液至50mL容量瓶中，再用甲醇稀释至刻度，摇匀。

5.3 测定

在上述操作条件下，待仪器稳定后，连续注入数针标样溶液，直至相邻两针福美双峰面积相对变化小于1.2%后，按照标样溶液、试样溶液、标样溶液、试样溶液、标样溶液的顺序进行测定。

6 计算

试样中福美双的质量分数 X（%）按式（4-15）计算：

$$X = \frac{A_2 \times m_1 \times p}{A_1 \times m_2} \qquad (4-15)$$

式中：

A_1——标样溶液中福美双峰面积的平均值；

A_2——试样溶液中福美双峰面积的平均值；

m_1——标样的质量（g）；

m_2——试样的质量（g）；

p——标样中福美双的质量分数（%）。

7 允许差

两次平行测定结果之差应不大于1.2%，取其算术平均值作为测定结果。

注：该方法参照 HG 3757—2004 福美双原药。

福美锌中相关杂质的测定

砷

$$As \quad 74.92$$

中文化学名称：砷

英文化学名称：arsenic

理化性状：有黄、灰、黑褐三种同素异形体。熔点 817℃，密度 5.727g/cm³ (20℃)，溶解性：不溶于水，溶于硝酸和王水，也能溶解于强碱，生成砷酸盐。

试验方法

1 方法提要

在盐酸溶液中用锌将砷还原为砷化氢后，在吡啶溶液中利用二乙基二硫代氨基甲酸银来吸收砷化氢，生成紫红色络合物，用分光光度计测定。通过校正曲线从而确定砷的含量。

2 试剂和溶液

硝酸：1 体积的硝酸（相对密度 1.42）与 2 体积的水混合；As₂O₃：已知质量分数；盐酸：1.18g/mL，1.10g/mL；KI：50％（w/v）溶解于蒸馏水中；SnCl₂·2H₂O：33％的盐酸溶液（80mL 相对密度为 1.18 的盐酸和 20mL 水）；硫酸：相对密度 1.84，用蒸馏水稀释为 25％（v/v）的溶液；二乙基二硫代氨基甲酸银：CIPAC RE44，将 0.5g 溶解于 100mL 吡啶中避光保存，有效期 2d；Zn 粒：16～30 目；硫酸锌；醋酸铅-脱脂棉：将脱脂棉浸泡在 20％（v/v）醋酸铅溶液中，在温暖的空气中干燥。

3 仪器

凯氏瓶：300mL；容量瓶：100mL；锥形瓶：100mL；测试管：内径 1.3cm，长 15cm，容量 10mL；修改的 Gutzeit 装置：见图 4-7；分光光度计。

4 仪器条件

分光光度计：最大吸收波长处于 540nm。

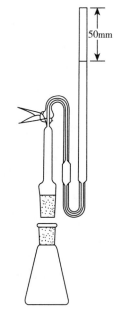

图 4-7 修改的 Gutzeit 装置

5 测定步骤

5.1 标准溶液的制备

准确称取 1.33g As₂O₃，加入最少量的氢氧化钠（5mol/L，约 4mL），振荡溶解。用蒸馏水定容到 100mL（1mL 含 10mg As）。准确移取上述标准品母液 10mL 于 100mL 容量瓶中，用无砷蒸馏水稀释至刻度，摇匀，备用（1mL 含 1mg As）。

5.2 样品溶液的制备

准确称取不超过 1g 混合砷含量大概已知的样品并转移到凯氏瓶中，加入稀释的硝酸 10mL 并在初始反应减弱时，立即温和加热直至剧烈的次生反应消失。冷却混合物。将瓶子部分置于冷水中并逐步加入 5mL 硫酸（相对密度 1.84），控制加入速度避免产生过量的气泡或热量。用小火焰缓慢加热瓶子直至瓶中无棕色的烟或者刚开始烧焦。在这种情况下缓慢加入更多的硝酸（每次 1mL，相对密度 1.42），每次加入硝酸后再加热直至有机物氧化完全。不要剧烈加热，否则会导致过度烧焦或砷的损失。持续加热直至大量硫酸生成的白烟冒出。冷却，加入 10mL 蒸馏水并再次煮沸直至硫酸白烟生成。再加入 5mL 蒸馏水煮沸至白烟生成。再冷却，用蒸馏水稀释至 50mL。完全转移至 100mL 容量瓶中，在 10℃下定容。

5.3 测定

建立校正曲线

准确称取 2.2g 硫酸锌（含 Zn 0.5g）并转移至凯氏瓶中。每个凯氏瓶中加入 As 标准溶液（含 As 0.5～4mg）。补充水至溶液体积为 7mL，加入 3.3mL 硝酸。按照上述样品的消解过程处理此标准品溶液。移取 1mL 含有 5～40μg As 的溶液到锥形瓶中，预还原并转移到凯氏瓶中，准确量取 0mL、1.0mL、2.0mL、4.0mL、6.0mL 和 8.0mL 标准溶液于锥形瓶中，按照下述要求还原为氢化砷并建立校正曲线。

将含有 5～30μg 砷但锌含量不超过 0.025g（约 5mL）的样品转移到 100mL 锥形瓶中，加入 5mL 碘化钾，摇匀溶解。加入 2mL 二氯化锡溶液及 10mL 盐酸，用蒸馏水定容至 50mL。

在保护管底端加入一小块干燥的醋酸铅脱脂棉，将其用夹子固定到试剂管上。移取 10mL 二乙基二硫代氨基甲酸银溶液到试剂管中。迅速加入 10g Zn 粒，快速将导气管组装到位并检查连接处的气密性。

让反应继续进行 45min。如果棉花明显被污染了，砷的检测回收率会大大降低。如果硝酸或其他氧化剂存在，砷的回收率也会降低。硝酸的氧化过程会产生短暂的蓝色。反应结束时，断开接口并反复倾斜瓶子让瓶壁上附着的化合物溶解以和试剂充分混合。

立刻在 540nm 波长下检测倒入 1cm 比色皿的溶液的吸光度并扣除试剂空白吸收，试剂空白的制备参考上述操作过程只去掉样品的加入。

6 计算

通过上述建立的校正曲线，计算样品中的砷含量。通过已知砷含量的标准样品重复上述步骤计算砷回收率。

如果样品中的砷含量低于 30μg，将还原过程中的试剂用量减量。

甲基硫菌灵中相关杂质的测定

2-氨基-3-羟基吩嗪（AHP）

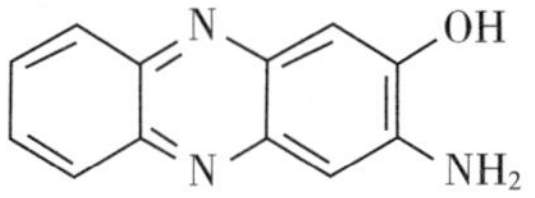

$$C_{12}H_9N_3O \quad 211.2$$

中文化学名称： 2-氨基-3-羟基吩嗪

英文化学名称： 2-amino-3-hydroxyphenazine

CAS 登录号： 4569-77-1

理化性状： 固体，密度 $1.46g/cm^3$，熔点 381.6℃（760mmHg），闪点 184.6℃，折射率 1.758。加热分解释放出有毒的 NOx 气体。

危害性概述：

GHS 分类：急性经口毒性（5 级）；急性经皮毒性（5 级）；急性吸入毒性（5 级）。GHS 危害标识：H303（吞咽可能有害）；H313（皮肤接触可能有害）；H333（吸入可能有害），对皮肤、眼睛和呼吸系统有刺激性。该化合物可致癌、先天缺陷或其他生殖危害。

2,3-二氨基吩嗪（DAP）

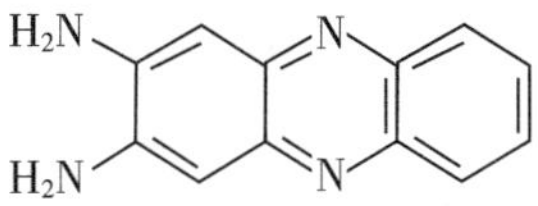

$$C_{12}H_{10}N_4 \quad 210.2$$

中文化学名称： 2,3-二氨基吩嗪

英文化学名称： 2,3-diaminophenazine

CAS 登录号： 655-86-7

理化性状： 固体，熔点＞300℃，油水分配系数 1.426；燃烧释放出碳氧化物和有毒的 NOx 气体，避免与强氧化剂接触。

危害性概述：

GHS 危害标识：H302（吞咽有害）；H315（导致皮肤刺激）；H319（导致严重的眼刺激）；H335（可能刺激呼吸系统）；欧洲现有商业化学物质名录（EINECS）登录号 211-512-0。

试验方法

1 方法提要

试样用流动相溶解，以 pH8.0 的磷酸二氢钾缓冲溶液＋甲醇＋水为流动相，使用以 Hypersil ODS 为填料的不锈钢柱和紫外-可见检测器（453nm），对试样中的 AHP 和 DAP 进行反相高效液相色谱分离和测定，外标法定量（AHP、DAP 的检出限为 2×10^{-9}g，相当于 0.2mg/kg）。

2 试剂和溶液

甲醇：色谱级；磷酸二氢钾；水：新蒸二次蒸馏水；氢氧化钠溶液：ρ（NaOH）＝40g/L；缓冲溶液：称取 6.8g 磷酸二氢钾于装有 1 000mL 二次蒸馏水的试剂瓶中，超声振荡使其完全溶解，用氢氧化钠溶液调 pH 至 8.0；AHP 标样：已知 AHP 质量分数≥97.0%；DAP 标样：已知 DAP 质量分数≥99.0%。

3 仪器

高效液相色谱仪，具有可变波长紫外检测器；色谱数据处理机；色谱柱：200mm×4.6mm（i.d.）不锈钢柱，内装 Hypersil-ODS、5μm 填充物；过滤器：滤膜孔径约 0.45μm；微量进样器：250μL；定量进样器：50μL；超声波清洗器；离心机。

4 色谱条件

流动相：甲醇：水：缓冲溶液＝45：25：30；流量：1.0mL/min；柱温：室温（温差变化应不大于2℃）；检测波长：453nm；进样量：50μL；保留时间：AHP 约 3.6min，DAP 约 10.6min。

上述是典型色谱操作条件，可根据不同仪器特点，对给定的操作参数做适当调整，以期获得最佳效果。AHP、DAP 标样的高效液相色谱图见图 4-8，甲基硫菌灵原药测定

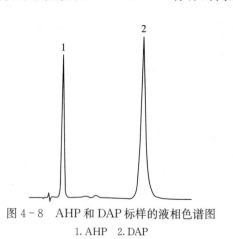

图 4-8　AHP 和 DAP 标样的液相色谱图
1. AHP　2. DAP

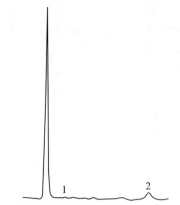

图 4-9　甲基硫菌灵原药中 AHP 和 DAP 测定的高效液相色谱图
1. AHP　2. DAP

AHP、DAP 的高效液相色谱图见图 4-9。

5 测定步骤

5.1 标样溶液的制备

AHP 标样溶液的制备（A 溶液）：准备称取 AHP 标样 0.025g（精确至 0.2mg）于 50mL 棕色容量瓶中，用甲醇定容至刻度，在超声波下振荡 10min 使其溶解，摇匀，放至室温，备用。

DAP 标样溶液的制备（B 溶液）：准备称取 DAP 标样 0.025g（精确至 0.2mg）于 50mL 棕色容量瓶中，用甲醇定容至刻度，在超声波下振荡 10min 使其溶解，摇匀，放至室温，备用。

DAP、AHP 标样溶液的制备：移取 50μLA 溶液、50μLB 溶液于 25mL 棕色容量瓶中，用流动相稀释至刻度，摇匀（必须使用前制备）。

5.2 试样溶液的制备

准确称取 10.0g（精确至 0.2mg）试样于 100mL 棕色容量瓶中，用移液管加入 50mL 流动相溶液，在超声波下振荡 20min，摇匀，放至室温。再以 3000r/min 离心 5min，去上清液过滤。

5.3 测定

在上述操作条件下，待仪器稳定后，连续注入数针 DAP、AHP 标样溶液，直至相邻两针 AHP、DAP 峰面积相对变化小于 20％后，按照标样溶液、试样溶液、试样溶液、标样溶液的顺序进行测定。

6 计算

试样中 AHP（DAP）的质量分数 ω_1（mg/kg）按式（4-16）计算：

$$\omega_1 = \frac{A_2 \times m_1 \times \omega \times 10^4}{A_1 \times m_2 \times 500} \qquad (4-16)$$

式中：

A_1——标样溶液中 AHP（DAP）峰面积的平均值；

A_2——试样溶液中 AHP（DAP）峰面积的平均值；

m_1——AHP（DAP）标样的质量（g）；

m_2——试样的质量（g）；

ω——标样中 AHP（DAP）的质量分数（％）；

500——标样稀释倍数。

7 允许差

两次平行测定之相对差，应不大于 30％，取其算术平均值作为测定结果。

甲霜灵中相关杂质的测定

2,6-二甲基苯胺

$$C_8H_{11}N \quad 121.18$$

中文化学名称： 2,6-二甲基苯胺

英文化学名称： 2,6-dimethylaniline

CAS 登录号： 87-62-7

理化性状： 纯品为无色液体，熔点 11.2℃，沸点 214℃，闪点 91℃，相对密度 0.98，相对蒸气密度 4.18，微溶于水，溶于乙醇、乙醚等。

试验方法

1 方法提要

样品用四氯化碳溶解，以苯甲酸萘酚酯为内标物，以 DB-1701 毛细管柱分离，FID检测器检测，内标法定量，对试样中的 2,6-二甲基苯胺进行气相色谱分离和测定。

2 试剂和溶液

四氯化碳，分析纯；内标物：苯甲酸萘酚酯，分析纯；2,6-二甲基苯胺标样。

3 仪器

气相色谱仪，具氢火焰离子化检测器；积分仪；色谱柱：8m×0.32mm（i.d.）毛细管柱，内壁涂 DB-1701（固定液），膜厚 0.25μm 毛细管柱；进样量：1μL。

4 色谱条件

温度：柱温起始 75℃，保留 2min，一阶升温速率 6℃/min，一阶柱温 90℃，二阶升温速率 15℃/min，终温 290℃，保留 5min，汽化室 75℃，检测器 290℃；流速：55cm/s，补充气：30mL/min；进样量：1μL。

在上述色谱操作条件下，2,6-二甲基苯胺的保留时间为 3.6min。

上述是典型色谱操作条件，操作者可根据仪器不同特点对操作参数做适当调整，以期获得最佳分离效果。

5 测定步骤

5.1 内标溶液的配制

称取内标物苯甲酸萘酚酯 0.045～0.055g（精确至 0.1mg）置于 250mL 容量瓶中，加入四氯化碳使其溶解，用四氯化碳定容，摇匀，备用。

5.2 标样溶液的配制

称取 2,6-二甲基苯胺标样 0.015～0.03g（精确至 0.1mg）置于 500mL 容量瓶中，用四氯化碳溶解，定容，摇匀。用移液管准确吸取 1mL 该溶液至 50mL 容量瓶中，再向其中准确移取 5mL 内标溶液，用四氯化碳定容至刻度，摇匀，备用。

5.3 样品溶液的配制

称取含 0.09～0.11g（精确至 0.1mg）甲霜灵的样品置于 50mL 容量瓶中，用移液管准确吸取 5mL 内标溶液，再用四氯化碳定容至刻度，摇匀，备用。

5.4 测定

在上述色谱操作条件下，待仪器稳定后，连续注入数针 $1\mu L$ 标样溶液，直至相邻两针的峰面积比值相对变化小于 5% 后，先进两针标样，然后再进两针样品。

6 计算

试样中 2,6-二甲基苯胺含量 X（g/kg）按式（4-18）计算：

$$f = \frac{s \times I_r}{r \times 500 \times H_s} \qquad (4-17)$$

$$X = \frac{H_w \times q \times f \times 1\,000}{w \times I_q} \qquad (4-18)$$

式（4-17）和式（4-18）中：

f——校正因子；

H_s——标样溶液中 2,6-二甲基苯胺的峰面积；

s——2,6-二甲基苯胺标样的质量，计算为 100% 含量（mg）；

r——标准溶液中内标物的峰面积；

I_r——标准溶液中内标物的质量（mg）；

H_w——标准溶液中 2,6-二甲基苯胺的峰面积；

w——试样的质量（g）；

I_q——标准溶液中内标物的峰面积；

q——试样中内标物的质量（mg）。

计算结果应保留三位小数。

7 允许差

两次平行测定之相对差，应不大于 30%。

克菌丹中相关杂质的测定

全氯甲硫醇（PCMM）

$$CCl_3SCl \quad 185.9$$

中文化学名称： 全氯甲硫醇

英文化学名称： perchloromethyl mercaptan

CAS 登录号： 594-42-3

理化性状： 纯品为浅黄色油状液体，具强腐蚀性臭味。熔点 149℃，蒸气压 631.95Pa（4.74mmHg）（25℃），油水分配系数 3.105（25℃），密度 1.777g/cm³（20℃）。水中溶解度 0.067g/L（25℃）。注：以上数值均为计算值。

试验方法

1 方法提要

PCMM 与 N-乙基苯胺发生衍生化反应，生成 PCMM 衍生物。试样用乙腈溶解，以乙腈＋磷酸氢二钠缓冲溶液为流动相，使用以 Merck LiChrospher 100 RP-18e 为填料的不锈钢柱和具 225nm 波长的 PDA 检测器，以邻苯二甲酸二丁酯为内标物，对试样中的 PCMM衍生物进行高效液相色谱分离和测定。再通过计算，得原药中 PCMM 杂质的质量。

2 试剂和溶液

乙腈：色谱纯；水：去离子水或蒸馏水；无水磷酸氢二钠（Na_2HPO_4）：质量分数≥99.0%；PCMM 标样：质量分数 98.0%；邻苯二甲酸二丁酯标样：质量分数＞99.0%；N-乙基苯胺标样：质量分数＞98.0%；衍生化试剂：准确称取 N-乙基苯胺标样 0.3～0.5g 于 10mL 容量瓶中，加入 5mL 乙腈混匀；内标物溶液：准确称取邻苯二甲酸二丁酯标样 3.5g 于 250mL 容量瓶中，用乙腈稀释至刻度，摇匀，备用。

3 仪器

液相色谱仪，具 225nm 波长的 PDA 检测器；工作站；色谱柱：长 250mm，内径 4.6mm 不锈钢柱，内装 Merck LiChrospher 100 RP-18e，粒径 5μm 的填充物（或具等同效果的色谱柱）。

4　色谱条件

流动相：乙腈＋磷酸氢二铵缓冲盐溶液（0.005mol/L）＝80＋20（v/v）；流量：1.5mL/min；柱温：40℃；检测波长：225nm；进样量：5μL；保留时间：邻苯二甲酸二丁酯约3.9min，PCMM衍生物约6.3min。

上述是典型色谱操作条件，操作者可根据仪器不同特点对操作参数做适当调整，以期获得最佳分离效果。典型色谱图见图4-10、图4-11和图4-12。

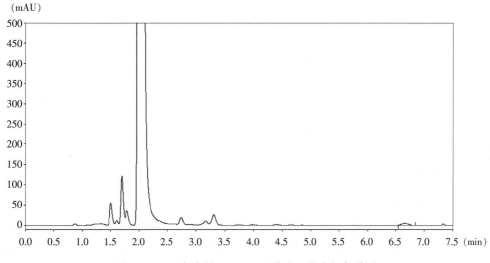

图4-10　空白溶剂1（N-乙基苯胺）的液相色谱图

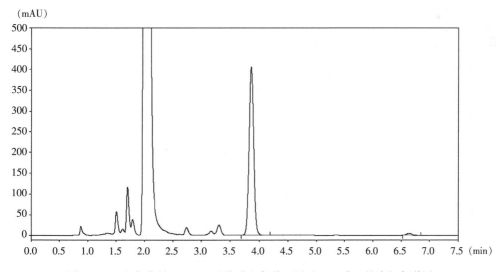

图4-11　空白溶剂2（N-乙基苯胺和邻苯二甲酸二丁酯）的液相色谱图

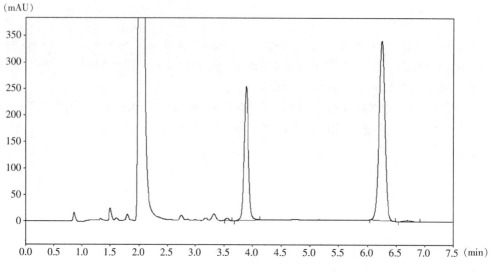

图 4 - 12　PCMM 和邻苯二甲酸二丁酯的液相色谱图

5　测定步骤

5.1　标样溶液的制备

准确称取标样 70～110mg 于 50mL 容量瓶中，加入 5mL 内标物溶液（70mg 邻苯二甲酸二丁酯），用乙腈定容至刻度，摇匀。准备三个平行样品（注：每次分析前应现配标准溶液）。

5.2　样品溶液的制备

根据预设的浓度（如 400mg，浓度 25％），称取含 PCMM 的样品于 50mL 容量瓶中，加入 5mL 内标物溶液，用乙腈定容至刻度，摇匀，备用。

5.3　衍生化样品的制备

移取 200μL 的衍生化试剂和 200μL 的标样溶液（试样溶液）于 2mL 的样品瓶中，摇匀。再加入 900μL 的乙腈，混匀备用。

5.4　测定

在上述色谱操作条件下，待仪器稳定后，进样。

6　计算

试样中 PCMM 浓度 CONC（％）按式（4 - 19）计算：

$$CONC = \frac{R_{smp} \times R_{is(standard)} \times C_{std}}{R_{is(sample)} \times R_{std}} \qquad (4 - 19)$$

式中：

$CONC$ ——试样中 PCMM 的浓度（％）；

R_{smp} ——试样溶液峰面积与质量比；

$R_{is(standard)}$ ——PCMM 标样中，内标物峰面积与质量比；

$R_{\text{is(sample)}}$——样品中，内标物峰面积与质量比；

R_{std}——标样溶液峰面积与质量比；

C_{std}——PCMM 标样的质量百分数（％）。

氯氧化铜、碱式碳酸铜、硫酸铜和氧化亚铜中相关杂质的测定

水　溶　性　铜

$$Cu^{2+} \quad 63.54$$

中文化学名称： 水溶性铜

英文化学名称： water-soluble copper

试验方法 1

1　方法提要

提取水溶性铜，用还原剂还原成 Cu^+，加入浴铜灵（bathocuproine）后形成复合物，在 465nm 处检测该物质的吸光度。

2　试剂和溶液

含 Cu 25.4％的 $CuSO_4 \cdot 5H_2O$：采用电解法等方法测定铜离子含量；0.05mol/L 醋酸钠-醋酸缓冲溶液（pH 6.5）：准确称取 3.4g 三水醋酸钠溶解于水中，加入 1.8mL 0.2mol/L 的醋酸，加水稀释至 500mL，并调 pH 至 6.5（根据需要）；抗坏血酸溶液：称取 10g 抗坏血酸溶解于水中，加水稀释至 100mL；醋酸钠溶液：称取 40g 三水醋酸钠溶解于水中，加水稀释至 100mL；氯仿：重蒸后使用；浴铜灵溶液（2,9-二甲基-4,7-二苯基-1，10-菲罗啉溶液）：称取 0.05g 浴铜灵溶液于重蒸后的氯仿中，保存在棕色瓶中备用。

3　仪器

分光光度计；滤纸：直径为 7cm，使用前需检查滤纸对铜离子的吸附情况，保证合格；过滤装置：13mm 微孔过滤器；水浴：20℃（温差变化应不大于 1℃）；分液漏斗：100mL；移液管：10mL；滴定管：50mL；锥形瓶：250mL；容量瓶：100mL 和 250mL。

4　测定步骤

4.1　校正溶液的制备

称取 98.3mg 硫酸铜溶解于水中，稀释至 1 000mL，制得校正母液 A。准确移取 25mL 校正母液 A 于 500mL 容量瓶中用 pH 6.5 的醋酸盐-醋酸缓冲液定容至刻度，得溶液 B。该溶液 B 中含有 1.25μg/mL 的铜。分别移取 0mL、4.0mL、6.0mL、8.0mL、

10.0mL、12.0mL、14.0mL 和 16.0mL 溶液 B 至 100mL 分液漏斗中，用醋酸盐-醋酸缓冲液稀释至 20mL。

加入 1mL 抗坏血酸溶液，振荡摇匀后静置 1min。加入 2.5mL 的醋酸钠溶液，振荡摇匀后静置 1min。向每个分液漏斗中加入 10mL 浴铜灵溶液，剧烈摇晃 1min 后静置分层。用 7cm 的滤纸过滤氯仿层至干净干燥的试管中，盖好盖子。在萃取 15min 后，以氯仿为参比溶液，测量萃取物在 465nm 处的吸光度。

4.2 样品溶液的制备

准确称取 0.35g（精确至 0.1mg）的样品至 250mL 锥形瓶中，加入 100mL 去离子水，盖紧盖子，剧烈振荡 1min。放置于 20℃ 的水浴中水浴 1 h，期间每 15min 振荡 1 次。取 50mL 悬浮液在 3 000r/min 转速下离心 20min，离心过程中控制温度为 20℃。在 13mm 微孔过滤器下过滤约 25mL 的悬浮液。移取 10mL 过滤液至 100mL 容量瓶中，用醋酸盐-醋酸缓冲液定容至刻度，混合后得溶液 C。移取 20mL 溶液 C 至 100mL 分液漏斗中。后续处理步骤与 4.1 中"加入 1mL 抗坏血酸溶液……"相同。

4.3 测定

4.3.1 建立校正曲线

在上述仪器条件下，测试以上各个标准溶液的吸光度，建立标准铜含量（μg）和吸光度的校正曲线。线性曲线最低点浓度为 20μg 铜，但不一定过原点。

4.3.2 样品溶液的测定

与绘制标准曲线的操作步骤相同。如果样品的吸光度超过了校正曲线的最高点，需要将样品溶液 C 用醋酸盐-醋酸缓冲液稀释至样品的吸收处于校正曲线范围之内。从校正曲线上读出样品吸光度对应的铜含量（q μg）。

4.3.3 试剂空白测定

测定 20mL 醋酸盐-醋酸缓冲液的吸光度作为试剂空白，试剂空白的吸光度应与在校正曲线零点的吸光度值差别不大。

5 计算

通过上述建立的校正曲线，计算样品中的铜含量。试样中水溶性铜含量 ω_1（％）按式（4-20）计算：

$$\omega_1 = \frac{q}{200 \times w} \times 100\% \qquad (4-20)$$

式中：

q——试样中铜的含量（μg）；

w——试样的质量（g）。

注：如果样品溶液进行了稀释，应将浓度换算后，再采用公式（4-20）计算。

试验方法 2

1 方法提要

将样品分散在去离子水中，离心和过滤后，采用原子吸收光谱法测定铜含量。

2 试剂和溶液

水：去离子水；含 Cu 25.4％的 $CuSO_4 \cdot 5H_2O$；采用电解法等方法测定铜含量；铜储备溶液：称取 0.9830g $CuSO_4 \cdot 5H_2O$，用水溶解定容至 1 000mL；浓硝酸（HNO_3）：d^{20} 1.42。

3 仪器

原子吸收光谱：具空气-乙炔氧化火焰；过滤装置：13mm 微孔过滤器；水浴：20℃（温差变化应不大于1℃）；滴定管：50mL；锥形瓶：250mL；容量瓶：100mL 和 250mL。

4 仪器条件

原子吸收光谱：324.7nm。

5 测定步骤

5.1 标准溶液的制备

将铜储备溶液用去离子水稀释至 1/10，制备成工作溶液。分别移取 0mL、4mL、8mL、12mL、16mL 和 20mL 工作溶液至 100mL 容量瓶中，加入 2mL 浓硝酸后，用去离子水稀释定容至刻度。

5.2 样品溶液的制备

准确称取 0.35g（精确至 0.1mg）的样品至 250mL 锥形瓶中，加入 100mL 去离子水，盖好盖子，振荡 1min。放置于 20℃的水浴中水浴 1 h，期间每 15min 振荡 1 次。取 50mL 悬浮液在 3 000r/min 转速下离心 20min，离心过程中控制温度为 20℃。在 13mm 微孔过滤器下过滤 25mL 的悬浮液。移取 10mL 过滤液至 100mL 容量瓶中，用醋酸盐-醋酸缓冲液定容至刻度，混合后得溶液 C。移取 20mL 溶液 C 至 100mL 分液漏斗中。后续处理步骤与试验方法 14.1 中"加入 1mL 抗坏血酸溶液……"相同。

5.3 测定

5.3.1 建立校正曲线

在上述仪器条件下，测试以上各个标准溶液的吸光度，建立标铜含量（μg）和原子吸收的校正曲线。

5.3.2 样品溶液的测定

与绘制标准曲线的操作步骤相同。如果样品中原子吸收超过了校正曲线的最高点，需要将样品溶液用 2％的浓硝酸稀释至样品的吸收处于校正曲线范围之内。

6 计算

通过上述建立的校正曲线，计算样品中的铜含量。试样中水溶性铜含量 ω_1（％）按式（4-21）计算：

$$\omega_1 = \frac{q}{50 \times w} \times 100\% \qquad (4-21)$$

式中：

q——试样中水溶性铜的含量（μg）；

w——试样溶的质量（g）。

注：如果样品溶液进行了稀释，应将浓度换算后，再采用式（4-21）计算。

氢氧化铜中相关杂质的测定

铅

Pb 207.2

中文化学名称：铅

英文化学名称：lead

CAS 登录号：7439-92-1

理化性状：纯品为带蓝色的银白色重金属。熔点 327.5℃，密度 11.347g/cm³（20℃）。溶解性：溶于硝酸，热硫酸、有机酸和碱液。不溶于稀酸和硫酸。稳定性：空气中表面易氧化而失去光泽，变暗。

试验方法

1 方法提要

铅含量的测定采用紫外分光光度法。首先将样品中有机物质分解，分离出干扰杂质。在 pH 为 9.0～9.5 时，利用双硫腙将铅从碱性柠檬酸盐和六偏磷酸盐萃取出，转移到硝酸中，再采用吸光光度法测定。本方法适用于含金属离子铋、钙、镁和磷酸盐浓度较低的样品。

2 试剂和溶液

水：去离子水，零铅含量；硫酸：相对密度 1.84；尿素；盐酸：5mol/L；柠檬酸氢二铵：25%（m/v）水溶液；六偏磷酸盐：10%（m/v）水溶液；百里酚蓝指示剂：称取百里酚蓝 0.1g，加入 4.3mL 氢氧化钠溶液（0.05mol/L）和 5mL 甲醇（90%，v/v），待溶解后，用甲醇定容至 250mL（20%，v/v）；氨水：d^{20} 0.880～0.890 5mol/L；氰化钾：10%（v/v）水溶液；羟基氯化铵：20%（m/v）水溶液；氯仿：将氯仿与含有 1mL 氰化钾和 1mL 氨水（5mol/L）的水溶液混合，振荡静止后除去水层，用水洗氯仿后过滤；双硫腙试剂溶液：CIPAC RE 59.0.1%* m/v 的氯仿溶液，过滤后储存于冰箱中备用，使用之前，将 6mL 储样与 9mL 水和 1mL 氨水（5mol/L）混合振荡，静置分层后除去下层，将水层离心直至清澈，每天新鲜配制；浓硝酸：d^{20} 1.42，将 1mL 硝酸于 100mL 容量瓶中，用水稀释至刻度线，定容；铅标准溶液：约 1.0mg/mL，在水中溶解 1.60g 的硝酸

---

* 按照 CIPAC RE 59 的方法配制双硫腙纯品，然后制成 0.1%（m/v）的双硫腙氯仿储备液。

铅，加入 10mL 浓盐酸，20℃下用水稀释至 1 000mL。移取 10.0mL 的铅标准溶液（1.0mg/mL）至 1 000mL 容量瓶中，20℃下用水稀释至刻度线，定容，每天新鲜配制；亚硫酸钠：2%（m/v）水溶液；氨的亚硫酸盐氰化物：将 340mL 氨水（d^{20} 0.880）、75mL 亚硫酸钠溶液、30mL 氰化钾和 605mL 水充分混合。

以上所有试剂需盛放在硼硅玻璃瓶或聚乙烯瓶中。

3 仪器

分光光度计：520nm；比色皿：10mm；三角瓶：100mL 和 250mL；容量瓶：500mL；分液漏斗：100mL。

4 仪器条件

分光光度计：520nm。

5 测定步骤

5.1 溶剂空白

进行溶剂空白测试。

5.2 消解有机物质

准确称取足够的样品（记为 w，含铜 0.25g）于 250mL 三角瓶中，加入 15mL 浓硝酸，10mL 硫酸和一些防止暴沸的沸石。加热，直至出现浓密的白色烟雾和蓝绿色溶液，有可能还有白色沉淀物。冷却，小心加入 50mL 水后再次加热沸腾直至没有棕色烟雾生成。加入 0.5g 尿素，继续加热沸腾 5min。冷却至室温，如有必要需过滤。转移到 500mL 的容量瓶中，连续稀释，直至铅溶液浓度为每 20mL 2μg。

5.3 铅的分离

将 20mL 上述溶液转移到 100mL 三角瓶中，加入 5mL 的柠檬酸氢二铵和 10mL 的六偏磷酸钠溶液。添加几滴百里酚蓝指示剂和足够的氨水，使得到蓝绿色溶液（pH＝9.0～9.5）。冷却，加入 1mL 氰化钠。如果铁存在，加入 1mL 羟基氯化铵。将溶液转移至装有 10mL 氯仿的 100mL 分液漏斗中。加入几毫升的水涮洗，这时水层的体积约 50mL。加入 0.5mL 双硫腙试剂溶液。剧烈振荡 1min，静置分层。

如果底层为红色，需加入更多的双硫腙试剂溶液直至振荡后，得到紫色、蓝色或绿色的溶液。将氯仿层转移到另外一个分液漏斗中，用 1mL 或 2mL 氯仿洗涤。在第一个分液漏斗中加入 3mL 氯仿和 0.2mL 的双硫腙试剂溶液，用力振荡 30s 后静置分层。将此次氯仿层与主要的氯仿提取物合并。最后的氯仿提取物应该为绿色。如果不是，需要进一步用氯仿和双硫腙试剂溶液萃取，直到最后一次提取物为绿色指示所有的铅都已被萃取出。摒除水层。向合并的氯仿提取物中加入 10mL 稀硝酸，用力摇晃 1min。静置分层，尽可能完全去除氯仿层。

5.4 测定

5.4.1 建立校正曲线

移取 0mL、1.0mL、2.0mL、3.0mL 和 4.0mL 稀释的铅标准溶液至一系列的分液漏斗中，加入 6mL 稀硝酸，加水定容至 10mL。向每个分液漏斗中添加 30mL 氨的亚硫酸盐氰化物溶液，10mL 氯仿和 0.5mL 氨的双硫腙溶液。用力振荡 1min，静置分层，每个氯仿层倒掉一点。在每个分液漏斗的干燥径管中塞入一些棉花堵住。抛弃第一次测定后，将每个氯仿提取物依次添加到 1cm 的比色皿中，扣除氯仿吸收在 520nm 处依次测量，得到铅浓度与吸收值的校正曲线。

5.4.2　空白溶液和样品溶液的测定

在 5.3 得到的分液漏斗中的硝酸溶液中按照 5.4.1 中描述的"添加氨的亚硫酸盐氰化物溶液"开始进行后续操作。测定样品溶液的吸光度并扣除空白溶液，通过 5.3.1 建立的校正曲线，计算出样品提取物中铅的毫克数，合并 5.2 中的稀释倍数从而计算出样品中的铅含量。

6　含有高浓度的金属离子钙、镁和磷酸盐样品（不含铋）中铅浓度的测定方法

6.1　试剂

甲基红指示剂；碘化钠：20%（m/v）水溶液；焦亚硫酸钠：1.25%（m/v）水溶液，不易储存，使用前准备；二硫代氨基甲酸溶液：称量 1g 二乙基铵二乙基二硫代氨基甲酸酯，加入 100mL 氯仿稀释溶解，摇匀，储存在具玻璃塞的棕色瓶子中，一周后抛弃；硫酸：50%（v/v），将浓硫酸（d^{20} 1.84）与等体积的水混合；高氯酸：60%（m/m）；

其他试剂与 2 中所示相同。

6.2　测试步骤

6.2.1　试剂空白

同 5.1。

6.2.2　分解有机物质

同 5.2。

6.2.3　铅的分离

将从 6.2.2 中得到的溶液中加入 0.1mL 或 2 滴甲基红指示剂，使用氨水将溶液调至刚到碱性。使用 5mol/L 的盐酸将溶液调至刚到酸性，另外再多加 10mL。将溶液加热至 50～70℃，加入 2mL 的碘化钠溶液并用 2mL 焦亚硫酸钠去掉游离的碘。将溶液冷却后置于分液漏斗中，调整体积为 50～70mL，使得盐酸浓度约为 1mol/L。加入 10mL 二硫代氨基甲酸盐，剧烈振荡 30s，静置分层。将氯仿层转移至 100mL 蒸馏瓶中。用少量氯仿洗涤水相两次，得到的有机相加入到上述蒸馏瓶中。上述 10mL 二硫代氨基甲酸溶液萃取过程重复一次，清洗，合并所有有机相。去除水相。

将萃取出的氯仿相与 2mL 的硫酸（50%）混合，挥发氯仿。向残留液中加入 0.5mL 高氯酸。加热直至生成白色烟气，而且烟气溶液为无色透明。在溶液冷却后加入 10mL 水和 5mL 盐酸（5mol/L）。再次加热使其沸腾 1min 后冷却。加入柠檬酸氢二铵溶液。以下步骤从加入百里酚蓝指示剂开始与 5.3 相同。

6.2.4　建立校正曲线

同 5.4.1。

6.2.5　空白溶液和样品溶液的测定

同 5.4.2。

7　含有高浓度的金属离子钙、镁和磷酸盐样品（含铋）中铅浓度的测定方法

7.1　试剂

浓盐酸：d^{20}1.18；其余试剂同 6.1。

7.2　测试步骤

7.2.1　试剂空白

同 5.1。

7.2.2　分解有机物质

同 5.2。其次的步骤如下：

将 6mL 盐酸加入到锥形瓶中后再将溶液转移到 50mL 的分液漏斗中。用 1mL 的水多次冲洗锥形瓶，将冲洗液也加入到分液漏斗中。分液漏斗中溶液的总体积不要超过 35mL，否则溶液中盐酸的浓度会小于 3mol/L。再加入 10mL 二硫代氨基甲酸盐溶液，用力振荡 30s 后，静置分层。去除氯仿层。再次用 5mL 二硫代氨基甲酸盐溶液重复萃取水相。最后加入 5mL 的氯仿，振荡 10～15s 后静置分层，去除氯仿层。将水相定量转移到 100mL 容量瓶中。

7.2.3　铅的分离

同 5.3。

7.2.4　建立校正曲线

同 5.4.1。

7.2.5　空白溶液和样品溶液的测定

同 5.4.2。

氢氧化铜水溶液样品中相关杂质的测定

砷

As　74.92

中文化学名称：砷

英文化学名称：arsenic

理化性状：有黄、灰、黑褐三种同素异形体。熔点 817℃，密度 5.727g/cm³（20℃）。溶解性：不溶于水，溶于硝酸和王水，也能溶解于强碱，生成砷酸盐。

试验方法

1　方法提要

砷含量的测定是采用氢原子吸收光谱结合标准添加法定量，加入碘化钾使得 As（Ⅴ）

还原为 As（Ⅲ），加入吡啶甲醛肟减少其他离子的干扰。

样品准备过程中，加入硼氢化钾使得砷反应成砷氢化物。在反应溶液中形成的砷氢化物在氩气为载气的作用下，转移到加热石英玻璃管中。砷氢化物在此离解和原子化，形成信号被记录。

2 试剂和溶液

水：Milli-Q 去离子水；砷标样母液：1 000mg/L；硝酸：质量分数 ω（NH_3）=65%；盐酸：质量分数 ω（NH_3）=35%；进样系统的流动相：准确量取 500mL 水于 1 000mL 容量瓶中，小心加入 100mL 盐酸，用水稀释至刻度线，定容；氢氧化钠；吡啶甲醛肟：准确称取 25g 吡啶甲醛肟（合成级）于 1 000mL 容量瓶中，加入 493mL 盐酸溶解，用水稀释至刻度线，定容，吡啶甲醛肟的浓度为 2.5%；批量处理溶液：准确称取 30g 硼氢化钾和 10g 氢氧化钠于 1 000mL 容量瓶中，加水溶解，稀释至刻度线，定容；硼氢化钾进样分析溶液：准确称取 7.5g 硼氢化钾和 10g 氢氧化钠于 2 500mL 容量瓶中，加水溶解，稀释至刻度线，定容；碘化钾：准确称取 10g 碘化钾于 100mL 容量瓶中，加水溶解，稀释至刻度线，定容，碘化钾的浓度为 10%。

3 仪器

原子吸收光谱；氢化物发生器；信号记录或打印装置；砷无电极放射灯；容量瓶；反应容器；石英玻璃器皿。

4 仪器条件

石英玻璃管温度：900℃；检测波长：1 937nm，典型浓度为 0.074ng 时［典型浓度是指产生 1% 吸收（=0.004 4 吸光度）时的元素浓度］；检测次数：3 次。

上述是典型色谱操作条件，其他的操作参数与操作设备和分析方法有关。操作者可根据仪器不同特点对操作参数做适当调整，以期获得最佳效果。

5 测定步骤

5.1 标样溶液的制备

准确量取 100μL（或 200μL）砷标样母液（1 000mg/L）于 100mL 容量瓶中，加入 100μL 硝酸溶液，用水稀释定容。此砷标溶液浓度为 1.0mg/kg（或 2.0mg/kg）。

5.2 样品溶液的制备

5.2.1 可溶于水和稀酸的样品

在制备样品前应先将其中的有机砷硝化为无机物，具体方法参考拜耳分析方法 2085/164/020/16 中的回流湿法化学消解。

准确称取固体样品 1.5g（精确至 0.1mg）于石英玻璃器皿中或使用自动吸管量取 1.5mL 液体样品至石英玻璃器皿中。将消解后的样品溶液用水转移到容量瓶（V mL）中，用水稀释定容。

5.2.2　不溶于水和稀酸的样品

准确称取固体样品 1.5g（精确至 0.1mg）于石英玻璃器皿中或使用自动吸管量取 1.5mL 液体样品至石英玻璃器皿中。将消解后的样品溶液用水转移到容量瓶（V mL）中，用水稀释定容。

5.2.3　空白溶液的制备

制备空白溶液，按照上述 5.1 和 5.2 中的操作流程（但不加样品）。

5.2.4　校正溶液的制备

移取 5mL 的消解（空白）溶液，加入 1mL 的碘化钾溶液，5mL 的吡啶甲醛肟溶液，加入 20μL（或 40μL）的砷校正溶液，用水稀释至 20mL，反应时间为 15min。

5.3　测定

5.3.1　样品的测定

移取 5mL 的消解溶液至反应容器中，加入 1mL 的碘化钾溶液，5mL 的吡啶甲醛肟溶液，用水稀释至 20mL，反应时间为 15min。使用批量处理硼氢化钾溶液测试总量或使用进样分析硼氢化钾溶液测试 500μL 样品溶液后进行仪器分析测定其吸光度（A）。

5.3.2　空白溶液的测定

采用与 5.3.1 相同的分析方法测试空白溶液的吸光度 $[A_{(BS)}]$。

5.3.3　校正溶液的测定

采用标准添加法进行校正。

移取 5mL 的消解（空白）溶液到反应器中，加入 1mL 的碘化钾溶液，5mL 的吡啶甲醛肟溶液和 20μL（或 40μL）的砷校正溶液，用水稀释至 20mL，反应时间为 15min。

校正溶液中砷的浓度为 1.0μg/L（或 2μg/L）。

在经过还原溶液（批处理溶液或进样分析溶液）的自动添加后，对校正溶液进行仪器分析测定其吸光度（AK）。$AK_1 = A_{01} + A$ 或者 $AK_2 = A_{02} + A$。其中 A_{01} 为 1μg/L 砷标准溶液的吸光度，A_{02} 为 2μg/L 砷标准溶液的吸光度，A 为样品溶液的吸光度。

6　计算

定量样品溶液、空白溶液和校正溶液中相应峰的峰高，记录峰高（精确到 1mm），确定平均值的重复性。校正溶液用来确定吸光度和浓度之间的线性关系。样中砷含量的质量分数 ω_1（μg/kg）按式（4-22）计算：

$$\omega_1 = \left[\frac{CO \times V_1 \times A}{A_{01}} - \frac{CO \times V \times A_{(BS)}}{A_{01}} \right] \times \frac{f}{w} \qquad (4-22)$$

式中：

ω_1——试样中砷含量的质量分数（μg/kg）；

CO——标样溶液浓度（1μg/L As）；

A——样品溶液的吸光度；

$A_{(BS)}$——空白溶液的吸光度；

A_{01}——1μg/L 砷标准溶液的吸光度（$A_{01} = AK_1 - A$）；

W——样品的质量（g）；

V_1——样品的体积（mL）；

V——仪器分析测试时的最终体积（mL，V＝0.02L）；

f——稀释因子（20）。

计算结果应保留三位有效数字。

三唑醇和三唑酮中相关杂质的测定

4-氯苯酚

C_6H_5ClO　128.56

中文化学名称： 4-氯苯酚

英文化学名称： 4-chlorophenol

CAS 登录号： 106-48-9

理化性状： 纯品是无色晶体，工业品是黄色或粉红色。蒸气易挥发，有刺激气味。熔点 42～43℃，沸点 217℃，闪点 121℃，易燃，密度 1.265 1g/cm³。溶解度（g/L，20℃）：水 27.1，溶于苯、乙醇、乙醚、甘油、氯仿、固定油和挥发油。pK_a＝9.38（水中，25℃），小于苯酚的 9.94。

危害性描述：

健康危害：有毒，对眼睛、皮肤、黏膜和上呼吸道有刺激作用，可致眼睛损伤；环境危害：对环境有危害；燃爆危险：可燃，具刺激性。

试验方法

1 方法提要

试样用乙腈溶解，以乙腈水溶液为流动相，用粒径 5μm 的 Lichrospher-ODS 为填料的液相色谱柱和紫外检测器（276nm），对试样中的 4-氯苯酚进行反相高效液相色谱分离和测定，外标法定量。

2 试剂和溶液

乙腈：色谱纯；水：新蒸二次蒸馏水；流动相：φ（CH_3CN：H_2O）＝49：51，流动相经 0.45μm 孔径的滤膜过滤，并在超声波浴槽中脱气 10min；4-氯苯酚标样：已知含量 ≥99.0%。

3 仪器

高效液相色谱：具有可变波长的外检测器；工作站；色谱柱：250mm×4.6mm

(i. d.) 不锈钢柱，内装 Lichrospher-ODS 填充物，粒径 $5\mu m$；超声波浴槽；过滤器：滤膜孔径约 $0.45\mu m$。

4 色谱条件

流动相：φ（$CH_3CN : H_2O$）$= 49 : 51$；流量：$1.0mL/min$；柱温：室温（温差变化应不大于 $2℃$）；检测波长：$276nm$；进样量：$10\mu L$；保留时间：4-氯苯酚约 $5.6min$。上述是典型色谱操作条件，操作者可根据仪器不同特点对操作参数做适当调整，以期获得最佳分离效果。典型色谱图见图 4-13。

5 测定步骤

5.1 标样溶液的配置

称取 4-氯苯酚标样 0.05g（精确至 0.2mg），置于 50mL 容量瓶中，用乙腈溶解、定容，摇匀。用移液管移取 10mL 上述溶液，置于另一 50mL 容量瓶中，用乙腈稀释至刻度，摇匀。

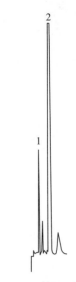

图 4-13 三唑醇原药中 4-氯苯酚液相色谱图
1. 对氯苯酚 2. 三唑醇

5.2 试样溶液的配置

称取试样 2g（精确至 0.2mg），置于 50mL 容量瓶中，用约 40mL 乙腈溶解试样，将容量瓶置于超声波浴槽中震荡 10min，取出恢复至室温后补加乙腈至刻度，摇匀。用 $0.45\mu m$ 孔径滤膜过滤。

5.3 测定

在上述色谱操作条件下，待仪器稳定后，连续注入数针标样溶液，直至相邻两针的峰面积相对变化小于 1.5％时，按照标样溶液、试样溶液、试样溶液、标样溶液的顺序进样分析。

6 计算

将测得的两针试样溶液以及试样前后两针标样溶液中 4-氯苯酚的峰面积分别进行平均。

试样中 4-氯苯酚质量分数 ω_1（％）按式（4-23）计算：

$$\omega_1 = \frac{1}{5} \times \frac{A_2 \times m_1 \times \omega_p}{A_1 \times m_2} \tag{4-23}$$

式中：

ω_1——试样中 4-氯苯酚的质量分数（％）；

A_1——标样溶液中 4-氯苯酚峰面积的平均值；

A_2——试样溶液中 4-氯苯酚峰面积的平均值；

m_1——标样的质量（g）；

m_2——试样的质量（g）；

ω_p——标样中 4-氯苯酚的质量分数（％）。

计算结果应保留三位有效数字。

7 允许差

两次平行测定之相对差，应不大于 30％，取其算术平均值作为测定结果。

铜铵合剂、氯氧化铜、碱式碳酸铜、硫酸铜和氧化亚铜中相关杂质的测定

砷

$$As \quad 74.92$$

中文化学名称：砷

英文化学名称：arsenic

理化性状：有黄色、灰色、黑褐色三种同素异形体。熔点 817℃，密度 5.727g/cm³（20℃）。溶解性：不溶于水，溶于硝酸和王水，也能溶解于强碱，生成砷酸盐。

试验方法

1 方法提要

样品与硝酸和硫酸混合后加热，去除有机质。将五价砷还原为砷化氢后，利用二乙基二硫代氨基甲酸银吸收，采用分光光度仪测定，从而确定砷的含量。该方法适用于原药中砷含量超过 100μg/g 的含铜化合物及其制剂。

2 试剂和溶液

电解铜：砷含量低于 10μg/g；硝酸；稀释剂：1 体积的硝酸与 2 体积的水混合；As_2O_3：已知质量分数；盐酸：1.19g/mL，38％（w/w）或 12mol/L；KI：将 50g KI 溶于水中，定容至 100mL，暗处保存；$SnCl_2 \cdot 2H_2O$：33％的溶液溶解于 80mL 盐酸和 20mL 水；喹啉：分析纯，重蒸后使用，存储在氢氧化钠中；硝酸银；二乙基二硫代氨基甲酸银：将 0.05g 研磨过的硝酸银溶解于 100mL 喹啉中，加入 0.2g 二乙基二硫代氨基甲酸银后振荡溶解，避光保存；锌粒：16～24 目，砷含量不超过 0.1μg/g；醋酸铅-脱脂棉：将脱脂棉浸泡在 20％（w/v）醋酸铅溶液中，沥干多余的醋酸铅，将脱脂棉在室温下真空干燥后存储于密闭的玻璃瓶中；硫酸。

3 仪器

凯氏瓶：300mL，6 个；容量瓶：100mL，6 个；锥形瓶：100mL，6 个；砷检测装置：将 5cm 玻璃管密封以匹配顶部试剂管的直径；分光光度计或光电吸收仪：最大透光

率在 520～560nm；1cm 比色皿；冰浴。

4 仪器条件

分光光度计：最大吸收波长处于 520～560nm。

5 测定步骤

5.1 标准溶液

准确称取 0.1320g（精确至 0.2mg）As_2O_3，置于烧杯中，加入 2mL 氢氧化钠（50g/L），振荡溶解。定量转移到 1 000mL 容量瓶中。多次洗涤烧杯，洗涤液同样装入容量瓶中。加入氢氧化钠溶液稀释摇匀定容。准确移取标准品母液 25mL 于 100mL 容量瓶中，用氢氧化钠稀释至刻度，摇匀。备用。

5.2 样品溶液的制备

准确称取不超过 1g（精确至 0.1mg）的混合均匀的样品至凯氏瓶中，加入 10mL 稀硝酸。第一次反应停止后迅速温和加热直至发生第二次剧烈反应结束。将凯氏瓶浸入冷水中冷却混合物，慢慢加入 5mL 浓硫酸，控制速度防止产生过多的泡沫或热量。将凯氏瓶在小火焰上慢慢加热直到瓶中没有棕色烟雾，溶液为澄清。如果加热过程中出现炭化现象，多次加入 1mL 的浓硝酸并加热直到有机物质氧化完全。避免过热使得砷损失。当溶液为澄清后继续加热直至硫酸出现大量白雾。冷却后加入 10mL 水，继续消解直至硫酸出现大量白雾。再加入 5mL 水重复这个步骤。最后，将溶液冷却，用水稀释至 50mL，定量转移到 100mL 容量瓶中。在 10℃下定容。

5.3 测定

5.3.1 建立校正曲线

准确称量 6 份 0.5g（精确至 0.1mg）电解铜于凯氏瓶中。分别加入 0mL、0.5mL、1.0mL、2.0mL、3.0mL 和 4.0mL 标准溶液后，处理步骤如下：先加入水使得六个凯氏瓶中体积达到 7mL，加入 3.3mL 浓硝酸；后续处理步骤与 5.2 中"将凯氏瓶浸入冷水中……"相同，直至段末。

每份溶液取 1mL 至 100mL 三角瓶中，加入 10mL 盐酸，加水至 40mL。加入 2mL KI和 2mL $SnCl_2$，涡旋直至混合均匀后置于冰浴 15min。

将一小卷干燥的醋酸浸渍后的棉花放置在保护管的底部，通过接头夹与试剂管相连接。向试剂管加入 10mL 二乙基二硫代氨基甲酸银，再迅速加入 10g 锌粒，快速将导气管组装到位并检查连接处的气密性。

当最初的剧烈反应消退后，将三角瓶从冰浴中移出。置于室温下，让反应在室温下继续进行 45min。断开导气管的连接，来回倾斜使得毛细管壁上的样品冲下，使得溶液充分混合均匀。

立即将溶液放入 1cm 比色皿中，在 540nm 处测量吸光度，以二乙基二硫代氨基甲酸银溶液为空白。按照上述操作做一个没有样品的空白溶液并测定其吸收，样品的吸光度应扣除此空白溶液的吸光度值。

建立 As（μg）与吸光度的校正曲线。

5.3.2 样品溶液的测定

将 5.2 中制备的溶液取一定体积（保证铜含量不超过 0.025g）至 100mL 三角瓶中，加入 10mL 盐酸，加水至 40mL。加入 2mL KI 和 2mL $SnCl_2$，涡旋直至混合均匀后置于冰浴 15min。

将一小卷干燥的醋酸浸渍后的棉花放置在保护管的底部，通过接头夹与试剂管相连接。向试剂管加入 10mL 二乙基二硫代氨基甲酸银，再迅速加入 10g 锌粒，快速将导气管组装到位并检查连接处的气密性。

当最初的剧烈反应消退后，将三角瓶从冰浴中移出。置于室温中，让反应在室温下继续进行 45min。断开导气管的连接，来回倾斜使得毛细管壁上的样品冲下，使得溶液充分混合均匀。

立即将溶液放入 1cm 比色皿中，在 540nm 处测量吸光度，以二乙基二硫代氨基甲酸银溶液为空白。按照上述操作做一个没有样品的空白溶液并测定其吸收，样品的吸光度应扣除此空白溶液的吸光度值。

6 计算

通过上述建立的校正曲线，计算样品（铜含量不得超过 0.025g）中的砷含量。通过已知砷含量的标准样品重复上述步骤计算砷回收率。

五氯硝基苯中相关杂质的测定

六　氯　苯

C6Cl6　284.8

中文化学名称：六氯苯

英文化学名称：hexachlorobenzene

CAS 登录号：118-74-1

理化性状：纯品为无色细针状或小片状晶体，工业品为淡黄色或淡棕色晶体，蒸气压 1.45mPa（20℃），熔点 226℃，沸点 323～326℃，相对密度 2.044（23℃），溶解性：不溶于水，溶于热苯、氯仿、二硫化碳和乙醚，微溶于四氯化碳，不溶于冷的乙醇。

危害性概述：国际癌症研究机构分类（IARC class）2B，WHO 毒性级别分类（有效成分）Ia，大鼠急性经口 LD_{50} 10 000mg/kg，豚鼠可耐受剂量＞3 000mg/kg，大鼠 NOAEL 0.08mg/kg（EPA IRIS），无致突变性，但对婴儿有致畸性，对人类可导致严重的血卟啉病。

试验方法

1 方法提要

试样用三氯甲烷溶解，以邻位三联苯为内标，在 10％ SE-30/Chromosorb W AW DMCS 色谱柱上用氢火焰离子化检测器对六氯苯进行分离和测定。

2 试剂和溶液

三氯甲烷（GB 682）；固定液：SE-30；载体：Chromosorb W AW DMCS 200-250μm；五氯硝基苯标样：已知含量（内含已知含量的六氯苯）；邻三联苯溶液：称取 1.0～1.1g 邻三联苯于 50mL 容量瓶中，用三氯甲烷溶解，稀释至刻度，混匀。

3 仪器

气相色谱仪：具有氢火焰离子化检测器；色谱柱：长 2m，内径 4mm 不锈钢柱；数据处理机；微量进样器：5μL。

4 色谱条件

汽化室温度：230℃；检测器温度：230℃；柱箱温度：190℃；载气（N₂）：50mL/min；氢气：60mL/min；空气：400mL/min；记录速度：4mm/min；保留时间：五氯硝基苯 7.3min，六氯苯 6.2min，邻三联苯 11.4min。

上述操作条件，系 SP-501 色谱仪上的操作条件，可根据仪器特点，对给定操作参数做适当调整，以获得最佳效果。色谱图见图 4-14。

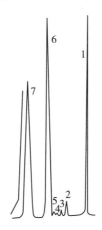

图 4-14　五氯硝基苯原药色谱图

1. 三氯甲烷　2. 2,3,5,6-四氯硝基苯　3. 2,3,4,5-四氯硝基苯

4. 2,3,4,6-四氯硝基苯　5. 六氯苯　6. 五氯硝基苯　7. 邻三联苯

5 测定步骤

5.1 标样溶液的制备

准备称取五氯硝基苯标样 0.10～0.11g（精确至 0.2mg），置于清洁干燥的具塞玻璃瓶中，用移液管准确移入 2.0mL 邻三联苯（内标）溶液，混匀。

5.2 试样溶液的制备

准备称取五氯硝基苯试样 0.10～0.11g（精确至 0.2mg），置于清洁干燥的具塞玻璃瓶中，用移液管准确移入 2.0mL 邻三联苯（内标）溶液，混匀。

5.3 测定

在上述操作条件下，待仪器稳定后，连续注入数针五氯硝基苯标样溶液 0.6μL，直至相邻两次进样的五氯硝基苯与内标物邻三联苯峰面积比的相对差小于 1％ 为止，按照标样溶液、试样溶液、试样溶液、标样溶液的顺序进行测定。

6 计算

分别求出 a、d 和 b、c 色谱图中六氯苯与邻三联苯峰面积比的平均值。试样中六氯苯的质量分数 ω_1（mg/kg）按式（4-24）计算：

$$\omega_1 = \frac{A_1 \times m_2 \times \omega}{A_2 \times m_1} \qquad (4-24)$$

式中：

A_1——b、c 试样溶液中，六氯苯与邻三联苯峰面积比的平均值；

A_2——a、d 标样溶液中，六氯苯与邻三联苯峰面积比的平均值；

m_1——试样的质量（g）；

m_2——标样的质量（g）；

ω——标样中六氯苯的纯度（％，m/m）。

7 允许差

两次平行测定之相对差，应不大于 0.15％。

第五章　其他农药中的相关杂质

1-甲基环丙烯中相关杂质的测定

1-氯-2-甲基丙烯（1-CMP）

C_4H_7Cl　90.55

中文化学名称： 1-氯-2-甲基丙烯

英文化学名称： 1-chloro-2-methylpropene

CAS 登录号： 513-37-1

理化性状： 常温下为液体，易燃。沸点 68℃，蒸气压 2.05×10^4 Pa（154mmHg）（25℃），油水分配系数 2.617（pH7，25℃），密度 0.911g/cm³（20℃）。水中溶解度 0.047g/L，（25℃，pH 7）。注：以上数值均为计算值。

3-氯-2-甲基丙烯（3-CMP）

C_4H_7Cl　90.55

中文化学名称： 3-氯-2-甲基丙烯

英文化学名称： 3-chloro-2-methylpropene

CAS 登录号： 563-47-3

理化性状： 沸点 81-82℃，蒸气压 1.73×10^4 Pa（130mmHg）（25℃），油水分配系数 1.983（pH7，25℃），密度 0.897g/cm³（20℃）。水中溶解度 1.2g/L（25℃，pH 7）。注：以上数值均为计算值。

试验方法

1　方法提要

1-甲基环丙烯、1-CMP 和 3-CMP 在密闭的容器中溶于水配成样品，从容器顶部采样，采用配有火焰离子化检测器的毛细管气相色谱分析，外标法定量。最终的结果表示为

1-CMP 和 3-CMP 用相对于 1-甲基环丙烯浓度的百分数进行表示，其中 1-甲基环丙烯浓度用另外的方法进行测试。

2 试剂和溶液

1-CMP 标样：已知质量分数≥98.0％；3-CMP 标样：已知质量分数≥98.0％；水：提纯去掉痕量重金属残留。

3 仪器

气相色谱仪，配以分流/不分流进样口和火焰离子检测器；电子积分或者数据处理系统；色谱柱：DB-624，长 30m，内径 0.25mm，膜厚 1.4μm；分析天平：精确到 0.1mg；机械振荡或往复振荡器；250mL 玻璃瓶，配有 24mm（盖尺寸）气密阀；1L 的玻璃瓶，配有 1/8 英寸* NPT 螺纹；0.25mL 和 0.50mL 的气密注射器，配有 5cm 的侧端口针；液体注射器：10μL；玻璃或者塑料注射器：3mL，配有 22-25 号针头；玻璃瓶：250mL，24mm 螺纹口；1 L，配有聚丙烯密封帽和浇注环。

4 色谱条件

进样模式：分流进样；进样衬管：直径 4mm，直通玻璃管（无玻璃棉）；分流流量：20mL/min；进样口温度：75℃；检测器温度：185℃；柱温：40℃，以 25℃/min 升至 165℃；载气：氮气；载气流量：2mL/min；检测器空气流量：400mL/min；检测器氢气流量：45mL/min；检测器氮气流量：载气流速＋补偿气流速＝30mL/min；柱温：室温（温差变化应不大于 2℃）；进样量：0.5mL；保留时间：1-CMP 2.6～2.8min，3-CMP 2.7～2.9min。

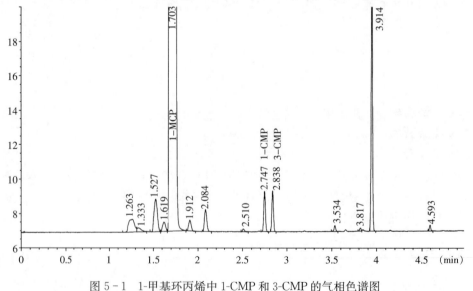

图 5-1　1-甲基环丙烯中 1-CMP 和 3-CMP 的气相色谱图

---

* 英寸为非法定计量单位。

上述是典型色谱操作条件，操作者可根据仪器不同特点对操作参数做适当调整，以期获得最佳分离效果。典型色谱图见图 5-1。

5 测定步骤

5.1 标样溶液的制备

用 $10\mu L$ 的进样针准确量取 $10\mu L$ 的 1-CMP 和 3-CMP 于配有 VICI 气密阀的 1L 的玻璃瓶中，机械振荡至少 60min。计算两种样品母液的浓度。备用。用 $250\mu L$ 的气密注射器准确量取 1-CMP 和 3-CMP 的母液各 $200\mu L$，注射到配有 VICI 气密阀的 250mL 的玻璃瓶中。机械振荡至少 60min。计算基于母液稀释的 1-CMP 和 3-CMP 的体积浓度（mg/mL）。准备两个平行样，分别标记为 C_A 和 C_B。

5.2 样品溶液的制备

准确称取 1-甲基环丙烯样品 90～110mg（记为 w mg，精确至 0.1mg）于 250mL 玻璃瓶中，立即用气密阀加盖。通过气密阀向瓶中注水 3mL 后，关闭气密阀。机械振荡至少 60min，使其混合充分。准备平行样，分别标记为 S_A 和 S_B。

5.3 测定

在 4 的色谱操作条件下，待仪器稳定后，连续注入数针 0.5mL 的标样溶液 C_A，直至相邻两针 1-CMP 的响应因子相对变化小于 5.0%。同样，注入数针 0.5mL 的标样溶液 C_B，确定 C_B 的响应因子不超过 C_A 的 5%，否则重新配制标样溶液。如果各峰的保留时间未出现在指定的时间窗口中，则相应调整载气流速。按照标样溶液 C_A、试样溶液 S_A、试样溶液 S_A、标样溶液 C_B、试样溶液 S_B、试样溶液 S_B 和标样溶液 C_A 等顺序进样。

正式测试之前，通过改变 1-CMP 和 3-CMP 标准溶液的进样量考察仪器方法的线性关系，分别为 0.25mL、0.50mL 和 1.00mL。

6 计算

6.1 1-CMP 和 3-CMP 母液浓度（mg/mL）的计算

分别按式（5-1）和式（5-2）计算：

$$C_{s\,1\text{-CMP}} = \frac{d_{1\text{-CMP}} \times V_{1\text{-CMP}} \times P_{1\text{-CMP}}}{V_{sb}} \qquad (5-1)$$

$$C_{s\,3\text{-CMP}} = \frac{d_{3\text{-CMP}} \times V_{3\text{-CMP}} \times P_{3\text{-CMP}}}{V_{sb}} \qquad (5-2)$$

式中：

$C_{s\,1\text{-CMP}}$——1-CMP 母液的浓度（mg/mL）；

$C_{s\,3\text{-CMP}}$——3-CMP 母液的浓度（mg/mL）；

$d_{1\text{-CMP}}$——1-CMP 的密度（mg/mL）；

$d_{3\text{-CMP}}$——3-CMP 的密度（mg/mL）；

$P_{1\text{-CMP}}$——1-CMP 的纯度，以小数表示；

$P_{3\text{-CMP}}$——3-CMP 的纯度，以小数表示；

$V_{1\text{-CMP}}$——1-CMP 标样的体积（mL）；

$V_{3\text{-CMP}}$——3-CMP 标样的体积（mL）；

V_{sb}——母液玻璃瓶的体积（mL）。

6.2 1-CMP 和 3-CMP 标准溶液浓度（mg/mL）的计算

分别按式（5-3）和（5-4）计算：

$$C_{c\,1\text{-CMP}} = \frac{C_{s\,1\text{-CMP}} \times V_s}{V_{cb}} \tag{5-3}$$

$$C_{c\,3\text{-CMP}} = \frac{C_{s\,3\text{-CMP}} \times V_s}{V_{cb}} \tag{5-4}$$

式中：

$C_{c\,1\text{-CMP}}$——1-CMP 标准溶液的浓度（mg/mL）；

$C_{c\,3\text{-CMP}}$——3-CMP 标准溶液的浓度（mg/mL）；

V_s——移取母液的体积（mL）；

V_{cb}——标样称量瓶的体积（mL）。

6.3 1-CMP 和 3-CMP 响应因子的计算

分别按式（5-5）和（5-6）计算：

$$f_{i\,1\text{-CMP}} = \frac{C_{c\,1\text{-CMP}}}{H_{s\,1\text{-CMP}}} \tag{5-5}$$

$$f_{i\,3\text{-CMP}} = \frac{C_{c\,3\text{-CMP}}}{H_{s\,3\text{-CMP}}} \tag{5-6}$$

式中：

$f_{i\,1\text{-CMP}}$——1-CMP 的响应因子；

$f_{i\,3\text{-CMP}}$——3-CMP 的响应因子；

$C_{c\,1\text{-CMP}}$——1-CMP 标准溶液的浓度（mg/mL）；

$C_{c\,3\text{-CMP}}$——3-CMP 标准溶液的浓度（mg/mL）；

$H_{s\,1\text{-CMP}}$——标样溶液中 1-CMP 的峰面积；

$H_{s\,3\text{-CMP}}$——标样溶液中 3-CMP 的峰面积。

6.4 1-CMP 和 3-CMP 含量的计算

求平行样品数据的平均值（g/kg），分别按式（5-7）和（5-8）计算：

$$1\text{-CMP} = \frac{f_{1\text{-CMP}} \times H_{w\,1\text{-}CMP} \times H_s \times 1000}{w} \tag{5-7}$$

$$3\text{-CMP} = \frac{f_{3\text{-CMP}} \times H_{w\,3\text{-}CMP} \times H_s \times 1000}{w} \tag{5-8}$$

式中：

$f_{1\text{-CMP}}$——1-CMP 的响应因子；

$f_{3\text{-CMP}}$——3-CMP 的响应因子；

$H_{w\,1\text{-CMP}}$——试样溶液中 1-CMP 的峰面积；

$H_{w\,3\text{-CMP}}$——试样溶液中 3-CMP 的峰面积；

H_s——样品制备瓶体积-水体积（mL）；

w——试样称样量（mg）。

6.5 1-CMP 和 3-CMP 相对含量的计算

1-CMP 和 3-CMP 规格是基于在 1-甲基环丙烯中所占的相对含量（％），分别按式（5-9）和（5-10）计算：

$$1\text{-}CMP = \frac{1\text{-}CMP\ 含量}{1\text{-}MCP\ 含量} \times 100\% \tag{5-9}$$

$$3\text{-}CMP = \frac{3\text{-}CMP\ 含量}{1\text{-}MCP\ 含量} \times 100\% \tag{5-10}$$

矮壮素中相关杂质的测定

1,2-二氯乙烷

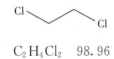

$C_2H_4Cl_2$ 98.96

中文化学名称：1,2-二氯乙烷

CAS 登录号：107-06-2

理化性状：纯品为无色液体。熔点－36℃，蒸气压 10.4 kPa（20℃），密度 1.256 9 g/cm³（20℃）。水中溶解度 4.3g/L（室温），溶于多数有机溶剂。注：以上数值为计算值。

试验方法

1 方法提要

使用 3％聚乙二醇 20000/Gas Chrom Q（或相当性能的载体）为填充物的玻璃柱（或不锈钢柱）和氢火焰离子化检测器，对试样中 1,2-二氯乙烷进行气相色谱分离和测定。

2 试剂和溶液

二氯甲烷；1,2-二氯乙烷标样：已知质量分数≥99.5％。

3 仪器

气相色谱仪，具有氢火焰离子化检测器；工作站；色谱柱：长 200mm，内径 4.0mm 不锈钢柱，内装使用 3％聚乙二醇 20000/Gas Chrom Q（或相当性能的载体），150～180μm；进样器：10μL。

4 色谱柱的制备

准确称取 0.3g 聚乙二醇 20000 固定液于 250mL 烧杯中，加入适量（略大于载体体积）三氯甲烷使其完全溶解，倒入 9.7g 载体，轻轻振动，使之混合均匀并使溶剂挥发近干，再将烧杯放入 90℃ 的烘箱中干燥 1h，取出放在干燥器中冷却至室温。

将一小漏斗接到经洗涤干燥的色谱柱的出口，分次把制备好的填充物填入柱内，同时不断轻敲柱壁，直至填到离柱出口 1.5cm 处为止。将漏斗移至多谱柱的入口，在出口端塞一小团经硅烷化处理的玻璃棉，通过橡皮管连接到真空泵上，开启真空泵，继续缓缓加入填充物，并不断轻敲柱壁，使其填充的均匀紧密。填充完毕，在入口端也塞一小团玻璃棉，并适当压紧，以保持柱填充物不被移动。

将色谱柱入口端与气化室相连，出口端暂不接检测器，以 20mL/min 的流量通入载气（N₂），分阶升温至 210℃，并在此温度下老化 48 h。待色谱柱老化完毕，将柱出口端与检测器相连。

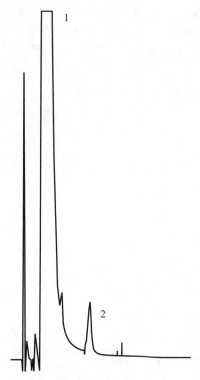

图 5-2 矮壮素水剂中 1,2-二氯乙烷
的气相色谱图

1. 二氯甲烷 2. 1,2-二氯乙烷

5 色谱条件

温度：柱室 60℃、气化室 200℃、检测室 200℃；气体流量：载气（N₂）15mL/min，氢气 30mL/min，空气 300mL/min；进样量：2μL；保留时间：1,2-二氯乙烷约 8.5min。

上述是典型色谱操作条件，操作者可根据仪器不同特点对操作参数做适当调整，以期获得最佳分离效果。典型色谱图见图 5-2。

6 测定步骤

6.1 标样溶液的制备

准确称取 1,2-二氯乙烷标样 0.1g（精确至 0.2mg）于 100mL 容量瓶中，用二氯甲烷定容，摇匀，备用。

6.2 样品溶液的制备

准确称取矮壮素样品 20.0g（精确至 2mg）于 125mL 分液漏斗中，70mL 二氯甲烷分四次萃取，萃取液一并放入另外一个 100mL 容量瓶中，用二氯甲烷定容，摇匀，备用。

6.3 测定

在上述色谱操作条件下，待仪器稳定后，连续注入数针标样溶液，直至相邻两针 1,2-二氯乙烷峰面积相对变化小于 5.0% 后，按照标样溶液、试样溶液、试样溶液、标样溶液的顺序进样。

7 计算

将测得的两针试样溶液以及试样前后两针标样溶液中 1,2-二氯乙烷峰面积分别进行平均。试样中 1,2-二氯乙烷质量分数 ω_1（%）按式（5-11）计算：

$$\omega_1 = \frac{A_1 \times m_2 \times \omega_0}{A_2 \times m_2 \times 100} \qquad (5-11)$$

式中：

ω_1——试样中 1,2-二氯乙烷的质量分数（%）；

A_1——试样溶液中 1,2-二氯乙烷峰面积的平均值；

m_2——1,2-二氯乙烷标样的质量（g）；

ω_0——标样中 1,2-二氯乙烷的质量分数（%）；

A_2——标样溶液中 1,2-二氯乙烷峰面积的平均值；

m_1——试样的质量（g）。

计算结果应保留三位有效数字。

8 允许差

两次平行测定之相对差，应不大于 0.1%，取其算术平均值作为测定结果。

甲哌鎓原药中相关杂质的测定

N-甲基哌啶盐酸盐

$C_6H_{14}NCl$ 135.66

中文化学名称：N-甲基哌啶盐酸盐

CAS 登录号：626-67-5（N-甲基哌啶）

理化性状：纯品为无色晶体（原药为白色固体，略带酯味）。熔点 162℃，蒸气压 3.3×10^{-7} mPa（25℃），油水分配系数 0.018（pH7，25℃），密度 1.447g/cm³（20℃）。溶解度（g/L，25℃）：水 0.548（pH5），2.79（pH7），213（pH9），正己烷 5.84×10^{-1}，乙酸乙酯 1.11×10^4，甲醇 7.63×10^3，丙酮 3.7×10^4，二氯甲烷 1.32×10^5；甲苯 1.24×10^3 mg/L（25℃）。稳定性：对光稳定，水解 DT_{50} 22d（pH5，25℃），pH 7 和 pH 9 下稳定。

试验方法

1 方法提要

试样用水溶解，甲哌鎓和甲基哌啶盐酸盐与四苯硼钠生成络合物沉淀，干燥至恒重，用二甲基甲酰胺溶解沉淀中的甲基哌啶盐酸盐，用四丁基氢氧化铵进行非水滴定，测定甲基哌啶盐酸盐含量。

2 试剂和溶液

硝酸；甲苯；无水甲醇；丙酮；氧化银；苯甲酸；异丙醇；N,N-二甲基甲酰胺；四丁基碘化铵；结晶氯化铝（$AlCl_3 \cdot 6H_2O$）；200g/L；四苯硼钠；20g/L，新配制，经过滤；百里酚蓝指示液：3g/L甲醇溶液；硝酸银溶液：17g/L；四丁基氢氧化铵标准滴定溶液 c [$(C_4H_9)_4NOH$]＝0.1mol/L。

四丁基氢氧化铵标准滴定溶液配制和标定方法如下：称取四丁基碘化铵40g（精确至0.2mg），置于250mL锥形瓶中，加入100mL无水甲醇，振摇使试样溶解，加入20g氧化银，盖上塞子，振摇1h，离心，取2滴清液置于点滴板，加2滴17g/L的硝酸银溶液，如生成黄色沉淀，加2滴浓硝酸，沉淀溶解，说明有碘离子；应再加入2g氧化银，盖上塞子，振摇30min，重复上述检查，直至上层清液不再生成沉淀。吸取上层清液置于1 000mL容量瓶中，将原容器和沉淀物用甲苯洗涤3次，每次50mL，洗液经离心后上层溶液并入容量瓶中，用甲苯定容，充氮气，密塞保存，如析出碘化银或氧化银沉淀，应立即分离出上层清液。

标定：称取0.3g苯甲酸基准物（精确至0.2mg），置于一个50mL容量瓶中，用二甲基甲酰胺溶解并稀释至刻度，密塞摇匀。用移液管吸取10mL苯甲酸溶液，置于一个150mL碘量瓶中，滴加3滴百里酚蓝指示液，振摇，用新配制的四丁基氢氧化铵标准滴定溶液滴定至蓝色为终点。同时作空白测定。

四丁基氢氧化铵标准滴定溶液浓度 c [$(C_4H_9)_4NOH$]，以 mol/L 表示，按式（5-12）计算：

$$c = \frac{m \times \frac{1}{5}}{(V_1 - V_0) \times \frac{122.1}{1000}} = \frac{m}{(V_1 - V_0) \times 0.6105} \qquad (5-12)$$

式中：

V_1——滴定苯甲酸溶液，消耗四丁基氢氧化铵标准滴定溶液的体积（mL）；

V_0——滴定空白溶液，消耗四丁基氢氧化铵标准滴定溶液的体积（mL）；

m——苯甲酸的质量（g）；

122.1——苯甲酸的相对分子质量。

四丁基氢氧化铵标准滴定溶液，c [$(C_4H_9)_4NOH$]＝0.02mol/L；配制方法如下：吸取上述标定过的0.1mol/L四丁基氢氧化铵标准滴定溶液20mL，于100mL容量瓶中，加入5mL甲醇，再用甲苯稀释至刻度，摇匀，该溶液应每周更换一次。

3 仪器

抽滤装置一套；微量滴定管：容量10mL，最小分度0.05mL，附250mL贮液瓶；玻璃砂芯漏斗：G4，40mL。

4 测定步骤

称取甲哌鎓原药1.5～2g（精确至0.2mg），置于100mL容量瓶中，加水溶解并稀释至刻度，摇匀。用移液管吸取 10mL 试样溶液，置于 150mL 烧杯中，加 40mL 水和 1 滴结晶氯化铝溶液，摇匀，加入 50mL 四苯硼钠溶液，搅拌均匀，静置 30min，使其沉淀完全。用已恒重的玻璃砂芯漏斗进行减压过滤，用 40～50mL 水洗涤沉淀，在 105℃ 烘箱中烘干至恒重，称量。

将玻璃砂芯漏斗中的沉淀，用 10mL 二甲基甲酰胺小心溶解并转移至 150mL 锥形瓶中，用 30mL 丙酮洗涤，加 20mL 异丙醇，3 滴百里酚蓝指示液，用 0.02mol/L 四丁基氢氧化铵标准滴定溶液滴定至蓝色为终点。同时作空白测定。

5　计算

以质量百分数表示的 N-甲基哌啶盐酸盐含量 X_2 按式（5-13）计算：

$$X_2 = \frac{c(V_1 - V_0) \times 135.66}{m \times 1\,000 \times \frac{1}{10}} \times 100 = \frac{c(V_1 - V_0) \times 135.66}{m} \quad (5-13)$$

式中：

c——四丁基氢氧化铵标准滴定溶液的实际浓度（mol/L）；

V_1——滴定试样溶液，消耗四丁基氢氧化铵标准滴定溶液的体积（mL）；

V_0——滴定空白溶液，消耗四丁基氢氧化铵标准滴定溶液的体积（mL）；

m——试样的质量（g）。

计算结果应保留三位有效数字。

6　允许差

两次平行测定之相对差，应不大于 30%，取其算术平均值作为测定结果。

甲哌鎓水剂中相关杂质的测定

有机氯化物及氯化钠

试验方法

1　方法提要

用电位滴定法测定试样总氯含量，并用纸层析法分别在碱性和中性展开剂中将含氯的各组分分离，再用银量电位滴定法测定各组分含氯的百分比，从而计算出试样中 N-甲基哌啶盐酸盐和氯化钠的含量。

2　试剂和溶液

三氯甲烷；甲醇；氨水；水：不含氯离子；硝酸溶液：$c(HNO_3) = 3mol/L$；硝酸银标准滴定溶液：$c(AgNO_3) = 0.1mol/L$，$c(AgNO_3) = 0.015mol/L$，按 GB/T 601 中规

定方法配制。

3 仪器

酸度计；银电极：216 型（接负极）；甘汞电极：217 型（接正极）；磁力搅拌器；玻璃层析缸：205mm×230mm×75mm；红外灯：250 W；快速层析滤纸：新华 3 号（或相当性能型号）；微量进样器：100μL；烧杯：150mL；棕色酸式滴定管：25mL；移液管：10mL；容量瓶：250mL；医用剪刀、镊子；中楷毛笔；恒温水浴。

4 测定步骤

4.1 层析纸的制备

将层析纸按直纹方向剪裁成长 18cm、宽 15cm 大小，用铅笔在离下沿 2.0cm、两边各 3.0cm 处轻轻画一条长 9cm 的点样线，并在距下沿 2.0cm、两边各 0.5cm 处各画一点作为定性用点样的位置。

4.2 展开剂的配制

碱性展开剂：三氯甲烷＋甲醇＋氨水＝6＋4＋1（v/v）用前现配制；

中性展开剂：三氯甲烷＋甲醇＋水＝6＋4＋1（v/v）用前现配制。

4.3 总氯含量的测定

在（20±2）℃温度下，用移液管准确吸取 10mL 甲哌鎓试样，置于 250mL 容量瓶中，加水稀释到刻度，摇匀。用另一支移液管，准确吸取 10mL 甲哌鎓溶液，置于 150mL 烧杯中，加水 50mL，4 滴 3mol/L 硝酸，在电磁搅拌器上搅拌，插入银-甘汞电极，用 0.1mol/L 硝酸银标准滴定溶液进行电位滴定，记录每次所加的毫升数和酸度计所示的毫伏变化数，求得△mV/△mL 最大值，即为滴定终点。同时做一空白测定。

4.4 测定

用微量进样器吸取 100μL 甲哌鎓试样，点在已准备好的层析纸的点样线上，在红外灯下，边点样边烘干，分数次点完。为了确定展开后组分的位置，另取 5μL 甲哌鎓试样在两边小点处各点样 4～5 滴。同法再点样一张。待干后，将两张滤纸平行放入盛有碱性展开剂的层析缸中，缸内展开剂的量以能浸到滤纸下方 1.0cm 为宜，上行展开到 14cm 处，将滤纸取出，用夹子夹住滤纸上端，挂起晾干（约需 5min），取下滤纸，用毛笔蘸 0.015mol/L 硝酸银标准溶液在滤纸两边自上而下抹一条 0.8cm 宽的显色带，再用一张滤纸蔽光，在红外灯下将显色带烘干，此时层析滤纸两边应呈现两组对称的灰白色斑点，将上下两斑点之间的空白处两等分，沿着两边斑点的内侧与等分线将定量部分滤纸剪成两半，上部滤纸含甲哌鎓，下部含氯化钠与有机氯化物杂质（在中性展开剂中展开后，上半部滤纸含甲哌鎓及有机氯化物，下半部滤纸含氯化钠）。将上、下部滤纸分别剪成大约 0.5cm×0.5cm 的碎片，分别置于 150mL 烧杯中，各加 50mL 水、4 滴 3mol/L 硝酸，置于电磁搅拌器上充分搅拌 1min，插入银-甘汞电极，用 0.015mol/L 硝酸银标准滴定溶液进行电位滴定，记录每次所加的毫升数和酸度计所示的毫伏变化数，求得△mV/△mL 最大值，即为滴定终点。同时剪一张同样大小的滤纸做一空白测定。

5 计算

总氯含量 X（g/L）按式（5-14）计算：

$$X = \frac{c(V_1 - V_0) \times 0.035\ 45}{10 \times \frac{10}{250}} \times 1\ 000 = c(V_1 - V_0) \times 88.63 \quad (5-14)$$

氯化钠含量 X_2（g/L）按式（5-15）计算：

$$X_2 = X \frac{B_2}{B_1 + B_2} \times \frac{58.4}{35.45} \qquad (5-15)$$

有机氯化物含量 X_3（g/L）按式（5-16）计算：

$$X_3 = X\left(\frac{B_1}{B_1 + B_2} - \frac{A_1}{A_1 + A_2}\right) \times \frac{135.66}{35.45} \qquad (5-16)$$

式中：

c——硝酸银标准滴定溶液的实际浓度（mol/L）；

V_1——滴定试样溶液，消耗硝酸银标准滴定溶液的体积（mL）；

V_0——滴定空白溶液，消耗硝酸银标准滴定溶液的体积（mL）；

A_1——碱性展开剂展开时，滴定上部滤纸溶液消耗硝酸银标准滴定溶液的体积（已扣除空白测定所耗）（mL）；

A_2——碱性展开剂展开时，滴定下部滤纸溶液消耗硝酸银标准滴定溶液的体积（已扣除空白测定所耗）（mL）；

0.035 45——与 1.00mL 硝酸银标准滴定溶液 $[c(\mathrm{AgNO_3}) = 1\mathrm{mol/L}]$ 相当的以克表示的氯的质量（g）；

B_1——中性展开剂展开时，滴定上半部滤纸溶液消耗硝酸银标准滴定溶液的体积（已扣除空白测定所耗）（mL）；

B_2——中性展开剂展开时，滴定下半部滤纸溶液消耗硝酸银标准滴定溶液的体积（已扣除空白滴定所耗）（mL）；

135.66——N-甲基哌啶盐酸盐相对分子质量；

58.4——氯化钠的相对分子质量；

35.45——氯的相对原子质量。

计算结果应保留三位有效数字。

6 允许差

两次平行测定之相对差应不大于 30%，取其算术平均值作为测定结果。

咪鲜胺中相关杂质的测定

2,4,6-三氯苯酚

$C_6H_3Cl_3O$ 197.45

中文化学名称： 2,4,6-三氯苯酚

英文化学名称： 2,4,6-trichlorophenol

CAS 登录号： 88-06-2

理化性状： 无色针状结晶或黄色固体，有强烈的苯酚气味。熔点 64～66℃，沸点 246℃，蒸气压 133.32Pa（1mmHg）（76.5℃），相对密度 1.49，闪点 99℃。水中溶解度 0.8g/L，易溶于醇、醚、氯仿、甘油、石油醚、二硫化碳。

危害性概述：

GHS 分类：急性经口毒性（4 级）；皮肤刺激（2 级）；眼睛刺激（2A 级）；致癌性（2 级）；急性水生毒性（1 级）；慢性水生毒性（1 级）。GHS 危害标识：H302（吞咽有害）；H311（皮肤接触会中毒）；H315（造成皮肤刺激）；H319（造成严重眼刺激）；H351（怀疑会致癌）；H410（对水生生物毒性极大并具有长期持续影响）。

试验方法

1 方法提要

试样用甲醇溶解，以乙腈＋水为流动相，使用以 Agilent TC-C$_{18}$ 为填料的不锈钢色谱柱和可变波长紫外检测器（215nm），对试样中的 2,4,6-三氯苯酚进行反相高效液相色谱分离和测定，外标法定量。

2 试剂和溶液

乙腈：色谱纯；水：新蒸二次蒸馏水；2,4,6-三氯苯酚标样：已知质量分数≥99.0%。

3 仪器

高效液相色谱仪：具有可变波长紫外检测器；色谱数据处理机或色谱工作站；色谱柱：250mm×4.6mm（i.d.）不锈钢柱，内装 Agilent TC-C$_{18}$、5 μm 填充物（或具等同效果的色谱柱）；过滤器：滤膜孔径约 0.45μm；微量进样器：50μL；定量进样管：5μL；超声波清洗器。

4 高效液相色谱操作条件

流动相：φ（乙腈：水）＝55：45；流量：1.0mL/min；柱温：室温（温差变化应不大于2℃）；检测波长：215nm；进样体积：5μL；保留时间：约4.0min。

上述是典型色谱操作条件，可根据不同仪器特点，对给定的操作参数做适当调整，以期获得最佳效果。典型的咪鲜胺原药中2,4,6-三氯苯酚测定的高效液相色谱图见图5-3。

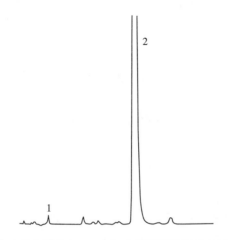

图5-3 咪鲜胺原药中2,4,6-三氯苯酚测定的高效液相色谱图

1. 2,4,6-三氯苯酚 2. 咪鲜胺

5 测定步骤

5.1 标样溶液的制备

称取2,4,6-三氯苯酚标样0.01g（精确至0.2mg）于50mL容量瓶中，用甲醇溶解并稀释至刻度，摇匀。

5.2 样品溶液的制备

称取含2,4,6-三氯苯酚0.01g（精确至0.2mg）的试样于50mL容量瓶中，用甲醇溶解并稀释至刻度，摇匀。

5.3 测定

在上述操作条件下，待仪器稳定后，连续注入数针标样溶液，直至相邻两针2,4,6-三氯苯酚峰面积相对变化小于1.5％后，按照标样溶液、试样溶液、试样溶液、标样溶液的顺序进行测定。

6 计算

将测得的两针试样溶液以及试样前后两针标样溶液中2,4,6-三氯苯酚峰面积分别进行平均。试样中2,4,6-三氯苯酚质量分数ω_1（％）按式（5-17）计算：

$$\omega_1 = \frac{A_2 \times m_1 \times \omega}{A_1 \times m_2} \tag{5-17}$$

式中：

A_1——标样溶液中 2,4,6-三氯苯酚峰面积的平均值；

A_2——试样溶液中 2,4,6-三氯苯酚峰面积的平均值；

m_1——标样的质量（g）；

m_2——试样的质量（g）；

ω——标样中 2,4,6-三氯苯酚的质量分数（%）。

7 允许差

两次平行测定结果之相对偏差，应不大于 20%，取其算术平均值作为测定结果。

乙烯利中相关杂质的测定

1,2-二氯乙烷

$C_2H_4Cl_2$ 99.0

中文化学名称： 1,2-二氯乙烷

英文化学名称： 1,2-dichloroethane

CAS 登录号： 107-06-2

理化性状： 无色透明油状液体，具有类似氯仿的气味，味甜。熔点 -35.3℃，沸点 83.7℃，相对密度 1.252 9，折射率 1.444 8，闪点 17℃。溶解性：溶于约 120 倍的水，与乙醇、氯仿、乙醚混溶，能溶解油和脂类、润滑脂、石蜡。

危害性概述： 对眼睛及呼吸道有刺激作用；吸入可引起肺水肿；抑制中枢神经系统、刺激胃肠道和引起肝、肾和肾上腺损害。急性中毒：其表现有两种类型，一为头痛、恶心、兴奋、激动，严重者很快发生中枢神经系统抑制而死亡；另一类型以胃肠道症状为主，呕吐、腹痛、腹泻，严重者可发生肝坏死和肾病变。慢性影响：长期低浓度接触引起神经衰弱综合征和消化道症状，可致皮肤脱屑或皮炎。GHS 分类：易燃液体（类别 2）；急性毒性，经口（类别 4）；急性毒性，吸入（类别 3）；急性毒性，经皮（类别 5）；皮肤刺激（类别 2）；眼刺激（类别 2A）；致癌性（类别 1B）；特异性靶器官系统毒性（一次接触）（类别 3）；慢性水生毒性（类别 4）。

试验方法

1 方法提要

样品用水溶解，用二氯甲烷萃取，使用 HP-20 M 键合的石英毛细管柱，分流进样装置和氢火焰离子化检测器，对试样中的 1,2-二氯乙烷进行毛细管气相色谱分离，外标法定量。

2 试剂和溶液

二氯甲烷；1,2-二氯乙烷标样：已知质量分数≥99.0％。

3 仪器

气相色谱仪，具氢火焰离子化检测器；积分仪；色谱柱：30m × 0.32mm（i.d.）石英毛细管柱，内壁键合 HP-20 M，膜厚 0.25μm；进样系统：具有分流和石英内衬装置；进样量：1μL。

4 色谱条件

温度：柱温 50℃、气化室 150℃、检测器 260℃；流速：载气（N₂）3.0mL/min、氢气 30mL/min、空气 300mL/min，分流比 15：1；进样量：1.0μL。

在上述色谱操作条件下，1,2-二氯乙烷保留时间为 7.2min。典型乙烯利原药中 1,2-二氯乙烷测定的气相色谱图见图 5－4,1,2-二氯乙烷标样的气相色谱图见图 5－5。

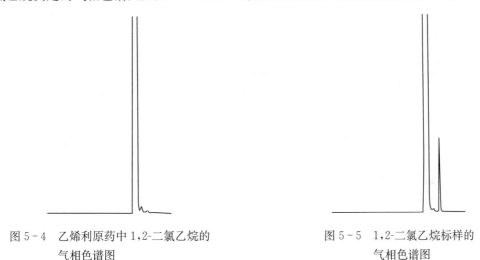

图 5－4 乙烯利原药中 1,2-二氯乙烷的
气相色谱图

图 5－5 1,2-二氯乙烷标样的
气相色谱图

上述是典型色谱操作条件，操作者可根据仪器不同特点操作参数做适当调整，以期获得最佳分离效果。

5 测定步骤

5.1 标样溶液的配制

称取 1,2-二氯乙烷标样 0.05g（精确至 0.2mg）置于 50mL 容量瓶中，用二氯甲烷溶解并稀释至刻度，摇匀，备用。

5.2 样品溶液的配制

称取样品 20g（精确至 0.2mg），乙烯利原药试样置于装有水（20mL）的 150mL 分液漏斗中，振摇使试样溶解，用 40mL 二氯甲烷分三次萃取，收集二氯甲烷层于 50mL 容量瓶中，用二氯甲烷稀释至刻度，摇匀，备用。

5.3 测定

在上述色谱操作条件下，待仪器稳定后，连续注入数针标样溶液，直至相邻两针 1，2-二氯乙烷的峰面积相对变化小于 20％后，按照标样溶液、试样溶液、试样溶液、标样溶液的顺序进样。

6 计算

将测得的两针试样溶液以及试样前后两针标样溶液中 1，2-二氯乙烷的峰面积分别进行平均，试样中 1，2-二氯乙烷质量分数 ω_1（％）按式（5-18）计算：

$$\omega_1 = \frac{A_1 \times m_2 \times \omega}{A_2 \times m_1} \qquad (5-18)$$

式中：

A_1——试样溶液中 1，2-二氯乙烷的峰面积的平均值；

A_2——标样溶液中 1，2-二氯乙烷的峰面积的平均值；

m_1——试样的质量（g）；

m_2——1，2-二氯乙烷标样的质量（g）；

ω——标样中 1，2-二氯乙烷的质量分数（％）。

7 允许差

两次平行测定结果之相对偏差，应不大于 20％，取其算术平均值为测定结果。

增效醚中相关杂质的测定

二 氢 黄 樟 素

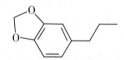

$C_{10}H_{12}O_2$　164.2

中文化学名称： 5-丙基-1，3-苯并间二氧杂环戊烯

英文化学名称： pihydrosafrole

CAS 登录号： 94-58-6

理化性状： 无色至浅黄色液体。相对密度 1.065（25℃），沸点 228℃，蒸气压 7.47Pa（0.056mmHg）（25℃），闪点 99.30℃，油水分配系数 3.38。溶解度：易溶于乙醇、乙醚、乙酸和苯，溶于四氯化碳，微溶于乙醇，水中溶解度 56.9mg/L（25℃）。

试验方法

1 方法提要

样品用丙酮或环己烷溶解，以邻苯二甲酸二丁酯为内标物，以100％交联二甲聚硅氧烷毛细管柱分离，FID检测器检测，内标法定量，对试样中的二氢黄樟素进行气相色谱分离和测定。

2 试剂和溶液

环己烷或丙酮：色谱级；邻苯二甲酸二丁酯（DBF）：纯度≥99％；二氢黄樟素（DHS）标样：已知含量。

3 仪器

气相色谱仪：具分流/不分流进样器和氢火焰离子化检测器，采用分流模式；色谱柱：25m×0.32mm（i.d.），固定相为100％交联二甲聚硅氧烷，膜厚0.52μm。

4 色谱条件

温度：起始柱温120℃，保留2min，一阶升温速率5℃/min，终温285℃，保留10min，汽化室250℃，检测器300℃；运行时间：45min；分流比：10:1；分流流速：9.9mL/min；载气：氦气，恒流模式，平均线速度：22cm/s；进样量：1μL。

在上述色谱操作条件下，二氢黄樟素保留时间为（8.43±0.3）min；内标物保留时间为（21.6±0.3）min。

上述是典型色谱操作条件，操作者可根据仪器不同特点对操作参数做适当调整，以期获得最佳分离效果。

5 测定步骤

5.1 标样溶液的制备

1 000mg/L二氢黄樟素溶液（AM溶液）：称取（250±10）mg二氢黄樟素标样放入250mL容量瓶中，用溶剂稀释至刻度并摇匀。

40mg/L二氢黄樟素溶液（A溶液）：准确移取2mL上述溶液，放入50mL容量瓶中，用溶剂稀释至刻度并摇匀。

2 500mg/L内标溶液（B溶液）：称取（250±10）mg邻苯二甲酸二丁酯放入100mL容量瓶中，用溶剂稀释至刻度并摇匀。

制备四个不同浓度的标样溶液，并加入邻苯二甲酸二丁酯内标溶液。

浓度1：准确移取1mLA溶液放入50mL容量瓶中，加入2mLB溶液，用溶剂稀释至刻度并摇匀。最终DHS的浓度为0.8mg/L。

浓度2：准确移取1mLA溶液放入25mL容量瓶中，加入1mLB溶液，用溶剂稀释至刻度，并摇匀。最终DHS的浓度为1.6mg/L。

浓度 3：准确移取 5mLA 溶液放入 50mL 容量瓶中，加入 2mLB 溶液，用溶剂稀释至刻度，并摇匀。最终 DHS 的浓度为 4.0mg/L。

浓度 4：准确移取 5mLA 溶液放入 25mL 容量瓶中，加入 1mLB 溶液，用溶剂稀释至刻度，并摇匀。最终 DHS 的浓度为 8.0mg/L。

将上述 4 种浓度的溶液在上述的操作条件下每种进两次针。计算 DHS 与内标物的浓度比/DHS 与内标物峰面积比值，得到标准曲线 Y＝AX＋B，其线性相关系数必须≥0.99。浓度 1、2、3、4 的 DHS 溶液中对应实验条件下大约为每千克增效醚中含 40mg、80mg、200mg、400mg DHS。

5.2 样品溶液的制备及测定

称取（0.5±0.002）g 增效醚放入 25mL 容量瓶中，加入 1mL 内标溶液，用溶剂稀释至刻度，摇匀。样品溶液中含有大约 20 000mg/L 增效醚，100mg/L 邻苯二甲酸二丁酯。加入小瓶，进样 2 次。

6 计算

DHS 的含量（mg/kg）使用式（5-19）计算：

$$DHS = \frac{\left(\dfrac{H_w}{I_q} - B\right) \times q}{A \times w} \times 100 \times 10000 \qquad (5-19)$$

式中：

H_w——DHS 峰面积的平均值；

I_q——内标物峰面积的平均值；

w——样品溶液中 PBO 的浓度（mg/L）；

q——样品溶液中内标物的浓度（mg/L）；

A——标准曲线的斜率；

B——标准曲线的截距。

二氢黄樟素的出峰时间为（8.43±0.3）min；邻苯二甲酸二丁酯的出峰时间为（21.6±0.3）min。

附表 1 FAO/WHO 农药标准中相关杂质

附表 1.1 FAO 旧程序

农药中文名称	农药英文名称	产品剂型	相关杂质中文名称	相关杂质英文名称	最大限量
2,4-滴	2,4-D (1984)	原药	游离酚	free phenols	5g/kg（2,4-二氯苯酚计）
		2,4-滴钠盐原药，可溶粉剂，2,4-滴盐可溶液剂，2,4-滴酯原药，2,4-滴酯乳油	游离酚	free phenols	5g/kg（以 2,4-滴中 2,4-二氯苯酚计）
2,4-滴	2,4-D (1994)	原药	游离酚	free phenols	3g/kg（以 2,4-二氯苯酚计）
		2,4-滴钠盐原药，可溶液剂，2,4-滴酯原药，乳油	游离酚	free phenols	3g/kg（以 2,4-二氯苯酚计、相对 2,4-滴含量）
		原药	游离酚	free phenols	20g/kg（以 2,4-滴丁酸中 2,4-二氯苯酚计）
2,4-滴丁酸	2,4-DB	2,4-滴丁酸钾盐原药，2,4-滴丁酸可溶液剂，2,4-滴丁酸酯原药	游离酚	free phenols	15g/kg（以 2,4-滴丁酸中 2,4-二氯苯酚计）
2,4-滴 + 2,4-滴丙酸	2,4-D + di-chlorprop	可溶液剂	游离酚	free phenols	（0.5X+1.5Y）%（X 为 2,4-滴含量，Y 为 2,4-滴丙酸含量，以 2,4-二氯苯酚计）
2,4-滴 + 2 甲 4 氯丙酸	2,4-D + mecoprop	2,4-滴 + 2 甲 4 氯丙酸盐可溶液剂	游离酚	free phenols	（0.5X+1.5Y）%（X 为 2,4-滴含量，Y 为 2 甲 4 氯丙酸含量，以 2,4-二氯苯酚计）

（续）

农药中文名称	农药英文名称	产品剂型	相关杂质中文名称	相关杂质英文名称	最大限量
2,4-滴丁酸+2甲4氯	2,4-DB+MCPA	2,4-滴丁酸+2甲4氯盐可溶液剂	游离酚	free phenols	(1.5+0.5Y)% (X 为 2,4-滴丁酸含量，Y 为 2 甲 4 氯含量，以 2,4-二氯苯酚计)
乙酰甲胺磷	acephate	原药	甲胺磷	methamidophos	5.0g/kg
			治螟磷	sulfotep	1.0g/kg
			乙酰胺	acetamide	1.0g/kg
		可溶粉剂	甲胺磷	methamidophos	乙酰甲胺磷含量的 0.5%
			O,O,S三甲基硫代磷酸酯	O,O,S-trimethyl phosphorothioate	乙酰甲胺磷含量的 0.1%
			乙酰胺	acetamide	乙酰甲胺磷含量的 0.5%
甲草胺	alachlor	原药	2-氯-N-（2,6-二乙基苯基）乙酰胺	2-chloro-2',6'-diethylacetanilide	30g/kg
			2-氯-N-(2-仲叔丁基-6-乙基苯基)-N-(甲氧基甲基) 乙酰胺	2'-sec-butyl-2-chloro-6'-ethyl-n-(methoxymethyl) acetanilide	19g/kg
涕灭威	aldicarb	原药	涕灭威肟	aldicarb oxime	4.0g/kg
			异氰酸甲酯	methyl isocyanate	12.5g/kg
			三甲胺	trimethylamine	12.5g/kg
			涕灭威腈	aldicarb nitrile	35.0g/kg
			二甲脲+trimethylbiuret	dimethylurea+trimethylbiuret	50.0g/kg
		母药	涕灭威肟	aldicarb oxime	1.0g/kg
			异氰酸甲酯	methyl isocyanate	5.0g/kg
			三甲胺	trimethylamine	5.0g/kg
			涕灭威腈	aldicarb nitrile	15.0g/kg
			二甲脲+trimethylbiuret	dimethylurea+trimethylbiuret	20.0g/kg

（续）

农药中文名称	农药英文名称	产品剂型	相关杂质中文名称	相关杂质英文名称	最大限量
苯菌灵	benomyl	原药、可湿性粉剂、水分散粒剂	2,3-二氨基吩嗪	2,3-diaminophenazine	苯菌灵含量的 0.5mg/kg
			2-氨基-3-羟基吩嗪	2-amino-3-hydroxyphenazine	苯菌灵含量的 0.5mg/kg
丁草胺	butachlor	原药	2-氯-2′,6′-二基乙酰替苯胺（伯酰胺）	2-chloro-2′,6′-diethylacetanilide	20g/kg
			二丁氧基甲烷	dibutoxymethane	13g/kg
			氯乙酸丁酯	butyl chloroacetate	10g/kg
			N-丁氧基甲基-2′-仲丁基-2-氯-6′-乙基乙酰苯胺	N-butoxymethyl-2′-sec-butyl-2-chloro-6′-ethylacetanilide	14g/kg
克菌丹	captan	原药	全氯甲硫醇	perchlormethylmercaptan	10g/kg
		可湿性粉剂、粉剂	全氯甲硫醇	perchlormethylmercaptan	克菌丹含量的 1%
多菌灵	carbendazim	原药、可湿性粉剂、水分散粒剂	2,3-二氨基吩嗪	phenazine-2,3-diamine (2,3-diaminophenazine)	多菌灵含量的 0.003g/kg
			2-氨基-3-羟基吩嗪	3-aminophenazin-2-ol (2-amino-3-hydroxyphenazine)	多菌灵含量的 0.003g/kg
丁硫克百威	carbosulfan	原药	克百威	carbofuran	20g/kg
		乳油、颗粒剂、超低容量液剂	克百威	carbofuran	2%
杀草敏	chloridazon	原药	4-氨基-5-氯-异构体	4-amino-5-chloro-isomer	60g/kg
氯苯胺灵	chlorpropham	原药	对氯苯胺	3-chloroaniline	250mg/g（氯苯胺灵仅用在苗前或作物生长期，不能在马铃薯成熟期抑制发芽）
绿麦隆	chlorotoluron	原药	1-甲基 3-（3-氯-4-甲基苯基）脲	3-(3-chloro-4-tolyl)-1-methylurea	8g/kg
			1,1-二甲基 3-（4-甲基苯基）脲	3-(4-tolyl)-1,1-dimethylurea	8g/kg

（续）

农药中文名称	农药英文名称	产品剂型	相关杂质中文名称	相关杂质英文名称	最大限量
氢氧化铜	copper hydroxide	原药、可湿性粉剂、水分散粒剂、悬浮剂	砷	arsenic	0.1X mg/kg（X g/kg 为铜含量）
			铅	lead	0.5X mg/kg（X g/kg 为铜含量）
			镉	cadmium	0.1X mg/kg（X g/kg 为铜含量）
铜胺合剂	copper ammonium carbonate	可溶液剂	砷	arsenic	0.1X mg/kg（X g/kg 为铜含量）
			铅	lead	0.5X mg/kg（X g/kg 为铜含量）
			镉	cadmium	0.1X mg/kg（X g/kg 为铜含量）
			水溶铜	copper soluble in water	10X mg/kg（X g/kg 为铜含量）
氯氧化铜	copper oxychloride	原药、粉剂、可湿性粉剂	砷	arsenic	0.1X mg/kg（X g/kg 为铜含量）
			铅	lead	0.5X mg/kg（X g/kg 为铜含量）
			镉	cadmium	0.1X mg/kg（X g/kg 为铜含量）
			水溶铜	copper soluble in water	20X mg/kg（X g/kg 为铜含量）
碱式碳酸铜	cupric carbonate basic	原药	砷	arsenic	0.1X mg/kg（X g/kg 为铜含量）
			铅	lead	0.5X mg/kg（X g/kg 为铜含量）
			镉	cadmium	0.1X mg/kg（X g/kg 为铜含量）
硫酸铜	cupric sulfate	原药	砷	arsenic	0.1X mg/kg（X g/kg 为铜含量）
			铅	lead	0.5X mg/kg（X g/kg 为铜含量）
			镉	cadmium	0.1X mg/kg（X g/kg 为铜含量）
			金属铜	metallic copper	50X mg/kg（X g/kg 为铜含量）
			二价铜	cupric copper	原药 100X mg/kg、制剂 120X mg/kg（X g/kg 为铜含量）
氧化亚铜	cuprous oxide	原药、粉剂、可湿性粉剂	水溶铜	copper soluble in water	25X mg/kg（X g/kg 为铜含量）
			砷	arsenic	0.1X mg/kg（X g/kg 为铜含量）
			铅	lead	0.5X mg/kg（X g/kg 为铜含量）
			镉	cadmium	0.1X mg/kg（X g/kg 为铜含量）

（续）

农药中文名称	农药英文名称	产品剂型	相关杂质中文名称	相关杂质英文名称	最大限量
二嗪农	diazinon	原药	O,S 四乙基二硫代焦磷酸酯	O,S-TEPP	0.2g/kg
		溶液、乳油	S,S 四乙基二硫代焦磷酸酯	S,S-TEPP	2.5g/kg
			O,S 四乙基二硫代焦磷酸酯	O,S-TEPP	0.22X mg/kg（X g/kg 是二嗪农含量）
			S,S 四乙基二硫代焦磷酸酯	S,S-TEPP	2.8 X mg/kg（X g/kg 是二嗪农含量）
敌敌畏	dichlorvos	原药	三氯乙醛	chloral	5g/kg
2,4-滴丙酸	dichlorprop	原药、2,4-滴丙酸钾盐原药	游离酚	free phenols	15g/kg（以 2,4-二氯苯酚计）
		2,4-滴丙酸酯原药	游离酚	free phenols	15g/kg（以 2,4-二氯苯酚计）
		2,4-滴丙酸盐可溶液剂	游离酸	free acidity	30g/kg（以可提取酸中 2,4-滴丙酸计）
			游离酚	free phenols	15g/kg（以 2,4-滴丁酯中 2,4-二氯苯酚计）
2,4-滴丙酸+MCPA	dichlorprop+MCPA	2,4-滴丙酸+MCPA 盐可溶液剂、2,4-滴丙酸+MCPA 混合酯乳油	游离酚	free phenols	（1.5X+1.0Y)%（X 为 2,4-滴丙酸含量、Y 为 2 甲 4 氯含量，以 2,4-二氯苯酚计）
2,4-滴丙酸+2 甲 4 氯丙酸	dichlorprop+mecoprop	2,4-滴丙酸+2 甲 4 氯丙酸盐溶液	游离酚	free phenols	1.5%（以 2,4-滴丙酸和 2 甲 4 氯丙酸中 2,4-二氯苯酚计）
特乐酚	dinoterb	原药	游离矿物酸	free mineral acidity	5g/kg（以硫酸计，干重）
			亚硝酸盐	inorganic nitrites	2mg/kg（以亚硝酸钠计，干重）
敌草隆	diuron	原药、水分散粒剂、粉剂	游离铵盐	free amine salts	敌草隆含量的 0.4%（以盐酸二甲胺计）

农药中文名称	农药英文名称	产品剂型	相关杂质中文名称	相关杂质英文名称	最大限量
敌瘟磷	edifenphos	原药	O,O-二乙基 S-苯基硫代磷酸酯	O, O-diethyl S-phenyl phosphorothioate	2g/kg
			苯硫酚	thiophenol	2g/kg
		乳油	O,O-二乙基 S-苯基硫代磷酸酯	O, O-diethyl S-phenyl phosphorothioate	敌瘟磷含量的 0.3%
			苯硫酚	thiophenol	敌瘟磷含量的 0.3%
乙烯利	ethephon	原药	2-氯乙基膦酸单 2-氯乙基酯	MEPHA: Mono 2-chloroethyl ester, 2-chloroethyl phosphonic acid	20g/kg
			1,2-二氯乙烷	1,2-dichloroethane	0.5g/kg
		母药、可溶液剂	2-氯乙基膦酸单 2-氯乙基酯	MEPHA: Mono 2-chloroethyl ester, 2-chloroethyl phosphonic acid	乙烯利含量的 2%
			1,2-二氯乙烷	1,2-dichloroethane	乙烯利含量的 0.04%
乙氧基乙基氯化汞	ethoxyethylmercury chloride	原药	碳酸氢钠不溶物中的汞	mercury content of sodium hydrogen carbonate insolubles	总汞含量的 5%
		种子处理粉剂、种子处理溶液溶液	其他有机汞	other organomercurials	10%（以乙氧基乙基氯化汞计）
			无杀虫活性的汞	pesticidally inactive mercury	xy/100 %，x%是原料中标准允许的无杀虫活性的汞的平均值，y%是汞氢钠不溶物中的汞含量

（续）

（续）

农药中文名称	农药英文名称	产品剂型	相关杂质中文名称	相关杂质英文名称	最大限量
乙氧基乙基汞硅酸盐	ethoxyethylmercury silicate	原药	游离无机汞	free inorganic mercurials	5%（以氯化汞计）
			其他有机汞	other organomercurials	10%（以硅酸甲氧乙基汞计）
			真空干燥减量	loss of vacuum drying	1%
		种子处理粉剂	无杀虫活性的汞	pesticidally inactive mercury	xy/100 %，x%是原料中标准允许的无杀虫活性的汞的平均值（如碳酸氢钠不溶物中的汞含量），y%是汞含量
苯丁锡	fenbutatin oxide	原药	双［羟基双（2-甲基-2-苯基丙基）锡］氧化物	bis [hydroxybis (2-methyl-2-phenylpropyl) tin] oxide	20g/kg
2,4,5-涕丙酸+2甲4氯丙酸	fenoprop + mecoprop salt		游离酚	free phenols	1.5%（以2,4,5-涕丙酸和2甲4氯丙酸中2,4,5-三氯苯酚计）
			2,3,7,8-四氯二苯并二噁英	2,3,7,8-tetrachlorodibenzo-p-dioxin	2,4,5-涕丙酸含量的0.01µg/g
三苯基锡乙酸盐	fentin acetate	原药	无机锡	inorganic tin	5g/kg
氢氧化三苯基锡+代森锰	fentin hydroxide + maneb wettable powders	可湿性粉剂	无机锡	inorganic tin	氢氧化三苯基锡含量的0.5%
氢氧化三苯基锡	fentin hydroxide	原药	无机锡	inorganic tin	5g/kg

（续）

农药中文名称	农药英文名称	产品剂型	相关杂质中文名称	相关杂质英文名称	最大限量
福美铁	ferbam	原药	福美双	thiram	应标明福美双的含量，测定值不应超过标明值的105%
		粉剂	福美双	thiram	应标明福美双的含量，测定值不应超过标明值的105%
		粉剂	福美双	thiram	应标明福美双的含量，测定值不应超过标明值的105%
三乙膦酸铝	fosetyl-aluminium	原药	亚膦酸盐	inorganic phosphite	10g/kg（以亚膦酸铝计）
		可湿性粉剂、水分散粒剂	亚膦酸盐	inorganic phosphite	1%（以三乙膦酸铝中的亚膦酸铝计）
林丹＋汞制剂	gamma-hch (lindane)＋mercurial	种子处理粉剂	无杀虫活性的汞	pesticidally inactive mercury	(ab/100)%，a%是原料中标准允许的无杀虫活性的汞的平均值（如碳酸氢钠不溶物中的汞含量或使用汞化合物产生的游离无机汞）、b%是汞含量
碘苯腈辛酸酯	ioxynil octanoate	原药	游离酸	free acidity	10mL 1N 硫酸（等价于 37.1g/kg 碘苯腈，RMM＝370.9）
异丙隆	isoproturon		邻位异构体（N，N-dimethyl-N'-[2-(1-methylethyl)phenyl]urea)	isoproturon isomers	10g/kg
		原药	间位异构体（N，N-dimethyl-N'-[3-(1-methylethyl)phenyl]urea)		20g/kg
			N，N'-双-[3-(1-甲基乙基)苯基]脲	symetrical urea (N，N'bis-[3-(1-methylethyl)phenyl]urea)	10g/kg

（续）

农药中文名称	农药英文名称	产品剂型	相关杂质中文名称	相关杂质英文名称	最大限量
利谷隆	linuron	水分散粒剂	游离铵盐	free amine salts	利谷隆含量的 0.4%（以盐酸二甲胺计）
		原药	游离铵盐	free amine salts	0.4%（以盐酸二甲胺计）
		粉剂	游离铵盐	free amine salts	0.4%（以盐酸二甲胺计）
代森锰锌	mancozeb	原药、粉剂、可湿性粉剂	乙撑硫脲	ETU	代森锰锌含量的 0.5%
代森锰	maneb	原药	锌	zinc	代森锰含量的 0.5%
		粉剂	锌	zinc	代森锰含量的 0.5%
		原药	乙撑硫脲	ETU	代森锰含量的 0.5%
2 甲 4 氯	MCPA	2 甲 4 氯原药	游离酚	free phenols	10g/kg（以 4-氯邻甲酚计）
		2 甲 4 氯碱金属盐母药	游离酚	free phenols	10g/kg（以 MCPA 中 4-氯邻甲酚计）
		2 甲 4 氯酯母药	游离酚	free phenols	10g/kg（以 MCPA 中 4-氯邻甲酚计）
		2 甲 4 氯酯乳油	游离酸	free acidity	30g/kg（以总酯样品中 MCPA 计）
		2 甲 4 氯盐可溶液剂	游离酚	free phenols	10g/kg（以 MCPA 中 4-氯邻甲酚计）
			游离酚	free phenols	10g/kg（以 MCPA 中 4-氯邻甲酚计）
2 甲 4 氯＋2 甲 4 氯丁酸盐	MCPA＋MCPB SALT	可溶液剂	游离酚	free phenols	(10X＋30Y) g/kg（X 为 MCPA 含量，Y 为 MCPB 含量，以 4-氯邻甲酚计）
2 甲 4 氯丁酸	MCPB	原药、原药盐、盐可溶液剂	游离酚	free phenols	30g/kg（以 MCPB 中 4-氯邻甲酚计）
2 甲 4 氯丙酸	mecoprop	原药、金属盐盐母药、盐可溶液剂	游离酚	free phenols	15g/kg（以 mecoprop 中 4-氯邻甲酚计）

（续）

农药中文名称	农药英文名称	产品剂型	相关杂质中文名称	相关杂质英文名称	最大限量
甲霜灵	metalaxyl	原药	2,6-二甲基苯胺	2,6-dimethylaniline	1g/kg
		可湿性粉剂、乳油、颗粒剂、种子处理液剂、种子处理可分散粉剂	2,6-二甲基苯胺	2,6-dimethylaniline	甲霜灵含量的 0.1%
甲胺磷	methamidophos	原药	O,O-二甲基硫代磷酰胺	O,O-dimethyl phosphoramidothioate	90g/kg
			N-甲基同系物	N-methyl homologues	80g/kg
			O,O,O-三甲基硫代磷酸酯	O,O,O-trimethyl phosphorothioate	70g/kg
			O,O,S-三甲基硫代磷酸酯	O,O,S-trimethyl phosphorothioate	20g/kg
		母药、可溶液剂	O,O-二甲基硫代磷酰胺	O,O-dimethyl phosphoramidothioate	甲胺磷含量的 13%
			N-甲基同系物	N-methyl homologues	甲胺磷含量的 12%
			O,O,O-三甲基硫代磷酸酯	O,O,O-trimethyl phosphorothioate	甲胺磷含量的 10%
			O,O,S-三甲基硫代磷酸酯	O,O,S-trimethyl phosphorothioate	甲胺磷含量的 3%
甲氧氯	methoxychlor	原药	水合氯醛	choral hydrate	0.025%

（续）

农药中文名称	农药英文名称	产品剂型	相关杂质中文名称	相关杂质英文名称	最大限量
异丙甲草胺	metolachlor	原药	2-乙基-6-甲基苯胺	6-ethyl-o-toluidine (2-ethyl-6-methylaniline)	1g/kg
		原药	2-乙基-6-甲基-N-(2-甲氧基-1-甲基乙基) 苯胺	6-ethyl-N-(2-methoxy-1-methylethyl)-o-toluidine [2-ethyl-6-methyl-N-(2-methoxy-1-methylethyl) aniline]	2g/kg
		乳油、颗粒剂	2-乙基-6-甲基-2-氯乙酰苯胺	2-chloro-6'-ethylacet-o-toluidide (2'-ethyl-6'-methyl-2-chloroacetanilide)	15g/kg
			2-乙基-6-甲基苯胺	6-ethyl-o-toluidine (2-ethyl-6-methylaniline)	异丙甲草胺含量的 0.1%
速灭磷	mevinphos	原药	水不溶物	water insolubles	0.10%
			二甲苯不溶物	xylene insolubles	0.10%
甲基对硫磷	parathion-methyl	原药、母药	S-甲基对硫磷	S-methyl parathion	甲基对硫磷含量的 1.3%
			对硫磷	parathion	2.5g/kg
		粉剂	S-甲基对硫磷	S-methyl parathion	甲基对硫磷含量的 2%
			对硫磷	parathion	甲基对硫磷含量的 0.25%
		可湿性粉剂	S-甲基对硫磷	S-methyl parathion	甲基对硫磷含量的 1.5%
			对硫磷	parathion	甲基对硫磷含量的 0.25%
		油剂、乳油	S-甲基对硫磷	S-methyl parathion	甲基对硫磷含量的 1.3%
			对硫磷	parathion	甲基对硫磷含量的 0.25%
石油类产品	petroleum oil products	冬季使用（储藏乳剂）	酚类	phenols	0.2% (w/w)
		夏季使用（储藏乳剂）	酚类	phenols	0.2% (w/w)

（续）

农药中文名称	农药英文名称	产品剂型	相关杂质中文名称	相关杂质英文名称	最大限量
乙酸苯汞	phenylmercury acetate	原药	无机汞	inorganic mercury	1%，以氯化汞计
			其他有机汞	other organomercurials	5%，以 phethylmercury acetate 计
			真空干燥失重		1.0%
			硫酸盐灰分		1.5%
		种子处理粉剂、种子处理液剂	无生物活性汞	biologically inactive mercury	$xy/100\%$，$x\%$是原料中标准允许的无生物活性汞的平均值（如碳酸氢钠不溶物中的汞含量，$y\%$是苯汞含量
稻丰散	phenthoate	原药	硫赶稻丰散	P=O phenthoate	0.5%
丙溴磷	profenofos	原药	2-氯-4-溴-苯酚	4-bromo-2-chlorophenol	1.0%
毒草胺	propachlor	原药	N,N-二异丙基苯胺	N,N-di-isopropylaniline	20g/kg
			2-氯乙酰苯胺	2-chloroacetanilide（2-chloro-N-phenylacetamide）	18g/kg
			2,2-二氯-N-异丙基-N-苯基乙酰胺	2,2-dichloro-N-isopropylacetanilide（2,2-dichloro-N-isopropyl-N-phenylacetamide）	12g/kg
苯胺灵	propham	原药	苯胺	aniline	0.1%
丙森锌	propineb	原药	砷	arsenic	25μg/g
		粉剂	砷	arsenic	20μg/g
		可分散性粉剂	砷	arsenic	0.3X μg/g（X 为丙森锌的标明含量）
硫磺	sulphur	粉剂、水分散剂	砷	arsenic	5.0X μg/g（X 为硫磺的标明含量）
		可分散性粉剂	砷	arsenic	5.1X μg/g（X 为硫磺的标明含量）

（续）

农药中文名称	农药英文名称	产品剂型	相关杂质中文名称	相关杂质英文名称	最大限量
硫双威	thiodicarb	原药	灭多威	methomyl	5g/kg
		悬浮剂、水分散粒剂、可湿性粉剂	灭多威	methomyl	硫双威含量的 0.5%
甲基硫菌灵	thiophanate-methyl	原药、可湿性粉剂、悬浮剂	2,3-二氨基吩嗪	2,3-diaminophenazine	甲基硫菌灵含量的 0.000 5g/kg
			2-氨基-3-羟基吩嗪	2-amino-3-hydroxyphenazine	甲基硫菌灵含量的 0.000 5g/kg
三唑酮	triadimefon	原药	对氯苯酚	4-chlorophenol	0.5%
		母药、可湿性粉剂、粉剂、乳油、颗粒剂、水分散粒剂	对氯苯酚	4-chlorophenol	三唑酮含量的 0.5%
三唑醇	triadimenol	原药	对氯苯酚	4-chlorophenol	5g/kg
		可湿性粉剂、粉剂、油剂、分散液剂、颗粒剂、水分散粒剂	对氯苯酚	4-chlorophenol	三唑醇含量的 0.5%
氟乐灵	trifluralin	原药	N-亚硝基二丙基胺	N-nitroso-di-n-propylamine	1mg/kg
		乳油	N-亚硝基二丙基胺	N-nitroso-di-n-propylamine	1X mg/kg（X 为氟乐灵含量）
杀虫隆	triflumuron	原药	N，N'-双 [4-（三氟甲氧基苯基）脲	N，N'-bis [4-（trifluoromethoxy）pheny] Urea	1.0g/kg
		可湿性粉剂、悬浮剂	N，N'-双 [4-（三氟甲氧基苯基）脲	N，N'-bis [4-（trifluoromethoxy）pheny] Urea	杀虫隆含量的 0.1%
代森锌	zineb	原药	砷	arsenic	250mg/kg
			锰	manganese	—
			水	water	1.5%
		粉剂	砷	arsenic	2.5X + 20mg/kg（X 为代森锌的含量，%）
			水	water	2.0%

（续）

农药中文名称	农药英文名称	产品剂型	相关杂质中文名称	相关杂质英文名称	最大限量
代森锌	zineb	分散粉剂	砷	arsenic	2.5X mg/kg（X 为代森锌的含量,%)
			锰	manganese	代森锌含量的 0.50%
			水	water	2%
福美锌	ziram	原药	砷	arsenic	250mg/kg
		水分散粒剂、粉剂、分散粉剂	砷	arsenic	0.25X+20mg/kg（X 为福美锌的含量,%)

附表 1.2 FAO 新程序（包含 FAO 和 WHO 联合标准）

农药中文名称	农药英文名称	产品剂型及衍生物类型	相关杂质中文名称	相关杂质英文名称	最大限量
印楝素	azadirachtin	母药、乳油	黄曲霉毒素（B1、B2、G1 和 G2 总量）	aflatoxins（sum of aflatoxins B1, B2, G1 and G2）	0.000 03%（300μg/kg）
矮壮素	chlormequat chloride	母药、可溶液剂	1,2-二氯乙烷	1,2-dichloroethane	0.1g/kg
百菌清	chlorothalonil	原药	六氯苯	hexachlorobenzene	0.04g/kg
		原药	十氯联苯	decachlorobiphenyl	0.03g/kg
		可湿性粉剂、水分散粒剂、悬浮剂	六氯苯	hexachlorobenzene	0.004%
			十氯联苯	decachlorobiphenyl	0.003%
毒死蜱	chlorpyrifos	原药	治螟磷（O,O,O',O'-四乙基二硫代焦磷酸酯）	sulfotep（O,O,O',O'-tetraethyl dithiopyrophosphate, CAS No. 3689-24-5）	3g/kg
		乳油、超低容量液剂	治螟磷（O,O,O',O'-四乙基二硫代焦磷酸酯）	sulfotep（O,O,O',O'-tetraethyl dithiopyrophosphate, CAS No. 3689-24-5）	3g/kg（0.3%）
溴氰菊酯	deltamethrin	原药、粉剂、可湿性粉剂、悬浮剂、乳油、超低容量液剂、水分散粒剂	顺式二溴菊酰氯［（1R, 3R）-3-（2,2-二溴乙烯基）-2,2-甲基环丙烷甲酰氯］	bicisthemic acid chloride［（1R, 3R）-3-（2, 2-dibromovinyl）-2, 2-dimethylcyclopropane carboxoyl chloride］	如果其含量≥溴氰菊酯的 1g/kg，被列为相关杂质并明确限制其含量
乐果	dimethoate	原药	氧乐果	omethoate	2g/kg
			异乐果	isodimethoate	3g/kg
		母药	氧乐果	omethoate	乐果含量的 0.4%
			异乐果	isodimethoate	乐果含量的 8%

（续）

农药中文名称	农药英文名称	产品剂型及衍生物类型	相关杂质中文名称	相关杂质英文名称	最大限量
乐果	dimethoate	乳油	氧化乐果	omethoate	乐果含量的 0.4%
			异乐果	isodimethoate	乐果含量的 7%
敌草快	diquat dibromide	母药、可溶液剂	2,2'-联吡啶	free 2,2'-bipyridyl	0.75g/kg
			总三联吡啶	total terpyridines	0.001g/kg
			1,2-二溴乙烷	ethylene dibromide	0.01g/kg
乙氧呋草黄	ethofumesate	乳油、悬浮剂、悬乳剂	甲磺酸乙酯、甲磺酸异丁基酯	ethyl methane sulfonate and/or iso-butyl methane sulfonate	如果其含量≥乙氧呋草黄的 0.1mg/kg，被列为相关杂质并明确限制其含量
杀螟硫磷	fenitrothion	原药	S-甲基杀螟硫磷	S-methyl fenitrothion	5g/kg
			O,O,O'O'-四甲基硫代焦磷酸酯	tetramethyl pyrophosphorothioate (TMPP)	3g/kg
		可湿性粉剂、乳油	S-甲基杀螟硫磷	S-methyl fenitrothion	杀螟硫磷含量的 2.5%
			O,O,O'O'-四甲基硫代焦磷酸酯	tetramethyl pyrophosphorothioate (TMPP)	杀螟硫磷含量的 0.3%
		超低容量液剂	S-甲基杀螟硫磷	S-methyl fenitrothion	杀螟硫磷含量的 2.0%
			O,O,O'O'-四甲基硫代焦磷酸酯	tetramethyl pyrophosphorothioate (TMPP)	杀螟硫磷含量的 0.3%
氟啶胺	fluazinam	原药	5-氯-N-(3-氯-5-三氟甲基-2-吡啶基)-α,α,α-三氟-4,6-二硝基-o-甲苯胺	5-chloro-N-(3-chloro-5-trifluoro methyl-2-pyridyl)-α,α,α-trifluoro-4,6-dinitro-o-toluidine (CAS Nr. 169327-87-1)	3g/kg
		悬浮剂	5-氯-N-(3-氯-5-三氟甲基-2-吡啶基)-α,α,α-三氟-4,6-二硝基-o-甲苯胺	5-chloro-N-(3-chloro-5-trifluoro methyl-2-pyridyl)-α,α,α-trifluoro-4,6-dinitro-o-toluidine (CAS Nr. 169327-87-1)	氟啶胺含量的 0.3%

（续）

农药中文名称	农药英文名称	产品剂型及衍生物类型	相关杂质中文名称	相关杂质英文名称	最大限量
倍硫磷	fenthion	原药、粉剂、可湿性粉剂、超低容量液剂、乳油、水乳剂	—	O,O,O',O'-tetramethyl dithiopyrophosphate (sulfo-TMPP)	如果其含量≥1g/kg，被列为相关杂质并明确限制其含量
草甘膦	glyphosate	原药、母药、可溶液剂、可溶粒剂	甲醛	formaldehyde	草甘膦酸含量的1.3g/kg
			亚硝基草甘膦	N-nitrosoglyphosate	1mg/kg
环嗪酮	hexazinone	原药	氨基甲酸乙酯	carbamic acid, ethyl ester (ethyl carbamate)	0.05g/kg
马拉硫磷	malathion	原药	马拉氧磷	malaoxon (CAS No 1634-78-2)	1g/kg
			异马拉硫磷	isomalathion (CAS No. 3344-12-5)	4g/kg
			O,O,S-三甲基二硫代硫酸酯	MeOOSPS-triester (CAS No. 2953-29-9)	15g/kg
			O,O,O-三甲基硫代磷酸酯	MeOOOPS-triester (CAS No. 152-18-1)	5g/kg
		粉剂、超低容量液剂、乳油、水乳剂	马拉氧磷	malaoxon (CAS No 1634-78-2)	马拉硫磷含量的0.1%（水乳剂为0.8%）
			异马拉硫磷	isomalathion (CAS No. 3344-12-5)	粉剂、超低容量液剂、乳油和水乳剂依次为马拉硫磷含量的2.5%、0.4%、0.8%和0.6%
			O,O,S-三甲基二硫代硫酸酯	MeOOSPS-triester (CAS No. 2953-29-9)	马拉硫磷含量的1.6%
			O,O,O-三甲基硫代磷酸酯	MeOOOPS-triester (CAS No. 152-18-1)	马拉硫磷含量的0.5%

（续）

农药中文名称	农药英文名称	产品剂型及衍生物类型	相关杂质中文名称	相关杂质英文名称	最大限量
抑芽丹	maleic hydrazide	原药	联氨	hydrazine	0.001g/kg（1mg/kg）
		可溶液剂、可溶粒剂、可溶粉剂	联氨	hydrazine	抑芽丹含量的 0.001mg/kg（1mg/kg）
1-甲基环丙烯	1-methylcyclopropene	母药	3-氯-2-甲基丙烯	3-chloro-2-methylpropene	1-甲基环丙烯含量的 0.05%
			1-氯-2-甲基丙烯	1-chloro-2-methylpropene	1-甲基环丙烯含量的 0.05%
吡唑解草酯	mefenpyr-diethyl	原药	2-氯-2-（2,4-二氯苯肼基）乙酸乙酯	ethyl 2-chloro-2-（2,4-dichloro-phenyl hydrazono）acetate	如果其含量≥吡唑解草酯含量的 1mg/kg，就应该被列为相关杂质并明确限制其含量
杀线威	oxamyl	母药、颗粒剂、可溶液剂	亚硝胺	—	如果其含量≥杀线威含量的 0.1mg/kg，被列为相关杂质并明确限制其含量
百草枯	paraquat dichloride	母药、可溶液剂、可溶粒剂	4,4-联吡啶	free 4, 4'-bipyridyl	1.0g/kg
			总三联吡啶	total terpyridines	0.001g/kg
甲基对硫磷	parathion-methyl	原药	甲基对氧磷	paraoxon-methyl	1g/kg
			S-甲基 甲基对硫磷	S-methyl-parathion-methyl	15g/kg
			对硫磷	parathion	3g/kg
		母药、乳油	甲基对氧磷	paraoxon-methyl	甲基对硫磷含量的 0.1%
			S-甲基 甲基对硫磷	S-methyl-parathion-methyl	甲基对硫磷含量的 2%
			对硫磷	parathion	甲基对硫磷含量的 0.3%
氨氯吡啶酸	picloram	母药	六氯苯	hexachlorobenzene	氨氯吡啶酸含量的 0.005%
		可溶液剂	六氯苯	hexachlorobenzene	氨氯吡啶酸含量的 0.005%

（续）

农药中文名称	农药英文名称	产品剂型及衍生物类型	相关杂质中文名称	相关杂质英文名称	最大限量
		原药	O,O-二甲基硫代磷酰氯	O, O-dimethyl phosphorochloridothioate	原药中 5g/kg
			O,O,S-三甲基二硫代磷酸酯	O, O, S-trimethyl phosphorodithioate	5g/kg
			O,O,S-三甲基硫代磷酸酯	O,O,S-trimethyl phosphorothioate	5g/kg
			O,O,O-三甲基硫代磷酸酯	O,O,O-trimethyl phosphorothioate	5g/kg
			异甲基嘧啶磷（O-2-二乙胺基-6-甲基嘧啶-4-基 O, S-二甲基硫代磷酸酯）	O-2-diethylamino-6-methylpyrimidin-4-yl-O,S-dimethyl phosphorothioate	5g/kg
甲基嘧啶磷	pirimiphosmethyl	乳油	O,O-二甲基硫代磷酰氯	O, O-dimethyl phosphorochloridothioate	甲基嘧啶磷含量的 0.5%
			O,O,S-三甲基二硫代磷酸酯	O, O, S-trimethyl phosphorodithioate	甲基嘧啶磷含量的 0.5%
			O,O,S-三甲基硫代磷酸酯	O,O,S-trimethyl phosphorothioate	甲基嘧啶磷含量的 0.5%
			O,O,O-三甲基硫代磷酸酯	O,O,O-trimethyl phosphorothioate	甲基嘧啶磷含量的 0.5%
			异甲基嘧啶磷（O-2-二乙胺基-6-甲基嘧啶-4-基 O, S-二甲基硫代磷酸酯）	O-2-diethylamino-6-methylpyrimidin-4-yl-O,S-dimethyl phosphorothioate	甲基嘧啶磷含量的 0.5%
咪鲜胺	prochloraz	原药、乳油	2,3,7,8-四氯二苯并二噁英	2,3,7,8-tetrachlorodibenzodioxin (2,3,7,8-TCDD)	如果 2,3,7,8-四氯二苯并二噁英含量≥咪鲜胺含量的 0.1μg/kg，被列为相关杂质并明确限制其含量
增效醚（2011）	piperonyl butoxide	原药	二氢黄樟素	dihydrosafrole	0.1g/kg

附表 1.3　WHO 旧程序

农药中文名称	农药英文名称	剂型	相关杂质中文名称	相关杂质英文名称	最大限量
二嗪磷，二嗪农，地亚农	diazinon	原药	O,O,O',O'-四乙基代焦磷酸酯	O,S-TEPP	0.2g/kg
			O,O,O',O'-四乙基二硫代焦磷酸酯	S,S-TEPP	2.5g/kg
		乳油	O,O,O',O'-四乙基代焦磷酸酯	O,S-TEPP	0.22X mg/kg（X 为二嗪磷含量）
			O,O,O',O'-四乙基二硫代焦磷酸酯	S,S-TEPP	2.8X mg/kg（X 为二嗪磷含量）

附表 1.4 WHO 新程序（包含 FAO/WHO 联合标准）

农药中文名称	农药英文名称	剂型及衍生物类型	相关杂质中文名称	相关杂质英文名称	最大限量
右旋丙烯菊酯	d-allethrin	原药	菊酸酐	chrysanthemic anhydride (CAS: 14297-82-6)	10g/kg
噁虫威	bendiocarb	原药、可湿性粉剂、可湿性粉剂-水溶性包装袋	异氰酸甲酯和/或甲苯	methyl isocyanate and/or toluene	如果异氰酸甲酯含量≥噁虫威含量的 1g/kg，甲苯含量≥噁虫威含量的 10g/kg，被列为相关杂质并明确限制其含量
毒死蜱	chlorpyrifos	原药	治螟磷	sulfotep (CAS No. 3689-24-5)	3g/kg
		乳油、超低容量液剂	治螟磷	sulfotep (CAS No. 3689-24-5)	毒死蜱含量的 3g/kg（0.3%）
滴滴涕	DDT	原药	水合氯醛	chloral hydrate (CAS No. 302-17-0)	0.25g/kg
溴氰菊酯	deltamethrin	原药、粉剂、可湿性粉剂、悬浮剂、悬浮剂、乳油、超低容量液剂、水分散粒剂、水分散粒剂-水溶性包装、水溶性包装剂、水乳剂	顺式二溴菊酰氯［（1R, 3R）-3-（2,2-二溴乙烯基）-2,2-二甲基环丙烷甲酰氯］	［（1R, 3R）-3-（2,2-dibro-movinyl）-2, 2-dimethylcyclo-propane carboxoyl chloride]	如果其含量≥溴氰菊酯含量的 1g/kg，被列为相关杂质并明确限制其含量
乐果	dimethoate	原药	氧化乐果	omethoate (CAS No. 1113-02-6)	2g/kg
			异乐果	isodimethoate (CAS No. 3344-11-4)	3g/kg
		乳油	氧化乐果	omethoate (CAS No. 1113-02-6)	乐果含量的 0.4%
			异乐果	isodimethoate (CAS No. 3344-11-4)	乐果含量的 7%

（续）

农药中文名称	农药英文名称	产品剂型及衍生物类型	相关杂质中文名称	相关杂质英文名称	最大限量
杀螟硫磷	fenitrothion	原药	S-甲基杀螟硫磷	S-methyl fenitrothion	5g/kg
			O,O,O'O'-四甲基硫代焦磷酸酯	tetramethyl pyrophosphorothioate (TMPP)	3g/kg
		可湿性粉剂、乳油、超低容量液剂	S-甲基杀螟硫磷	S-methyl fenitrothion	杀螟硫磷含量的2.5%（超低容量液剂2.0%）
			O,O,O'O'-四甲基硫代焦磷酸酯	tetramethyl pyrophosphorothioate (TMPP)	杀螟硫磷含量的0.3%
倍硫磷	fenthion	原药、粉剂、可湿性粉剂、超低容量液剂、乳油、水乳剂	—	O,O,O'-tetramethyl dithiopyrophosphate (sulfo-TMPP)	如果其含量≥2倍硫磷含量的1g/kg,被列为相关杂质并明确限制其含量
林丹	lindane	原药、可湿性粉剂	甲体六六六	alpha-HCH (1α, 2α, 3β, 4α, 5β, 6β-hexachlorocyclohexane, CAS No. 319-84-6)	林丹含量的0.5%
		乳油	甲体六六六	alpha-HCH (1α, 2α, 3β, 4α, 5β, 6β-hexachlorocyclohexane, CAS No. 319-84-6)	林丹含量的0.5%
			水	water	1.5g/kg
马拉硫磷	malathion	原药	马拉氧磷	malaoxon (CAS No. 1634-78-2)	1g/kg
			异马拉硫磷	isomalathion (CAS No. 3344-12-5)	4g/kg
			O,O,S-三甲基二硫代磷酸酯	MeOOSPS-triester (CAS No. 2953-29-9)	15g/kg
			O,O,O-三甲基硫代磷酸酯	MeOOPS-triester (CAS No. 152-18-1)	5g/kg

（续）

农药中文名称	农药英文名称	产品剂型及衍生物类型	相关杂质中文名称	相关杂质英文名称	最大限量
马拉硫磷	malathion	粉剂、超低容量液、剂、乳油、水乳剂	马拉氧磷	malaoxon（CAS No. 1634-78-2）	马拉硫磷含量的 0.1%（水乳剂 0.8%）
			异马拉硫磷	isomalathion（CAS No. 3344-12-5）	粉剂、超低容量液、剂乳油和水乳剂依次为马拉硫磷含量的 2.5%、0.4%、0.8%、0.6%
			O,O,S-三甲基二硫代磷酸酯	MeOOSPS-triester（CAS No. 2953-29-9）	马拉硫磷含量的 1.6%
			O,O,O-三甲基硫代磷酸酯	MeOOOPS-triester（CAS No. 152-18-1）	马拉硫磷含量的 0.5%
甲基嘧啶磷	pirimiphos-methyl	原药	O,O-二甲基硫代磷酰氯	O,O-dimethyl phosphorochloridothioate	5g/kg
			O,O,S-三甲基二硫代磷酸酯	O,O,S-trimethyl phosphorodithioate	5g/kg
			O,O,S-三甲基硫代磷酸酯	O,O,S-trimethyl phosphorothioate	5g/kg
			O,O,O-三甲基硫代磷酸酯	O,O,O-trimethyl phosphorothioate	5g/kg
			异甲基嘧啶磷（O-2-二乙胺基-6-甲基嘧啶-4-基-O,S-二甲基硫代磷酸酯）	O-2-diethylamino-6-methylpyrimidin-4-yl O,S-dimethyl phosphorothioate	5g/kg

（续）

农药中文名称	农药英文名称	产品剂型及衍生物类型	相关杂质中文名称	相关杂质英文名称	最大限量
甲基嘧啶磷	pirimiphos-methyl	乳油、微囊悬浮剂	O,O-二甲基硫代磷酰氯	O, O-dimethyl phosphorochloridothioate	甲基嘧啶磷含量的 0.5%
			O,O,S-三甲基二硫代磷酸酯	O, O, S-trimethyl phosphorodithioate	甲基嘧啶磷含量的 0.5%
			O,O,S-三甲基硫代磷酸酯	O, O, S-trimethyl phosphorothioate	甲基嘧啶磷含量的 0.5%
			O,O,O-三甲基硫代磷酸酯	O, O, O-trimethyl phosphorothioate	甲基嘧啶磷含量的 0.5%
			异甲基嘧啶磷（O-2-二乙胺基-6-甲基嘧啶-4-基-O,S-三甲基硫代磷酸酯）	O-2-diethylamino-6-methylpyrimidin-4-yl O,S-dimethyl phosphorothioate	甲基嘧啶磷含量的 0.5%
双硫磷	temephos	原药	氧双硫磷	temephos-oxon	3g/kg
			异双硫磷	iso-temephos	13g/kg
		颗粒剂、乳油	氧双硫磷	temephos oxon	双硫磷含量的 0.3%
			异双硫磷	iso-temephos	双硫磷含量的 1.4%
增效醚（2011）	piperonyl butoxide	原药	二氢黄樟素	dihydrosafrole	0.1g/kg

附表 2 欧盟登记规定的相关杂质

附表 2.1 欧盟 91/414/EEC 批准的有效成分

农药中文名称	农药英文名称	相关杂质中文名称	相关杂质英文名称	最大限量
丙森锌	propineb	砷	arsenic	25μg/g
		水	water	2.5%
硝磺草酮	mesotrione	硝基呫吨酮	1-cyano-6-（methylsulfonyl）-7-nitro-9H-xanthen-9-one	0.000 2%（w/w）
福美锌	ziram	砷	arsenic	250mg/kg
		水	water	1.5 %
吡唑醚菌酯	pyraclostrobin	硫酸二甲酯	dimethyl sulfate（DMS）	0.000 1 %
绿针假单胞菌	Pseudomonas chlororaphis Strain：MA 342	2,3-脱环氧基-2,3-二脱氢-根霉素	2, 3-deepoxy-2, 3-didedhydro-rhizoxin（DDR）	2mg/L
百菌清	chlorothalonil	六氯苯	hexachlorobenzene	0.04g/kg
		十氯联苯	decachlorobiphenyl	0.03g/kg
丁酰肼	daminozide	N-亚硝基二甲胺	N-nitrosodimethylamine	2.0mg/kg
		1,1-二甲基肼	1,1-dimethylhydrazide	30mg/kg
毒死蜱	chlorpyrifos	治螟磷	O, O, O, O-tetraethyl dithiopyrophosphate（sulfotep）	3g/kg
甲基毒死蜱	chlorpyrifos-methyl	治螟磷	O, O, O, O-tetramethyl dithiopyrophosphate（sulfotep）	5g/kg
		治螟磷酯	O,O,O-trimethyl-O-（3,5,6-trichloro-2-pyridinyl）diphosphorodithioate（sulfotep-ester）	5g/kg

（续）

农药中文名称	农药英文名称	相关杂质中文名称	相关杂质英文名称	最大限量
代森锰	maneb	乙撑硫脲	ethylene thiourea (ETU)	0.5X % （X 为测得的代森锰的含量）
代森锰锌	mancozeb	乙撑硫脲	ethylene thiourea (ETU)	0.5X % （X 为测得的代森锰的含量）
代森联	metiram	乙撑硫脲	ethylene thiourea (ETU)	0.5X % （X 为测得的代森锰的含量）
1-甲基环丙烯	1-methylcyclopropene	1-氯-2-甲基丙烯	1-chloro-2-methylpropene	0.5g/kg
		3-氯-2-甲基丙烯	3-chloro-2-methylpropene	0.5g/kg
嘧霉胺	pyrimethanil	腈氨	cyanamide	0.5g/kg
乙烯利	ethephon	2-氯乙基膦酸单 2-氯基乙基酯	MEPHA（Mono 2-chloroethyl ester, 2-chloroethyl phosphonic acid）	20g/kg
多菌灵	carbendazim	1,2-二氯乙烷	1,2-dichloroethane	0.5g/kg
		2-氨基-3-羟基吩嗪 (HAP)	2-amino-3-hydroxyphenazine (HAP)	0.000 5g/kg
		2,3-二氨基吩嗪 (DAP)	2,3-diaminophenazine (DAP)	0.003g/kg
克菌丹	captan	全氯甲硫醇	perchloromethylmercaptan (R005406)	5g/kg
		四氯化碳	carbon tetrachloride	0.1g/kg
灭菌丹	folpet	灭菌丹	folpet	10g/kg
		全氯甲硫醇	perchloromethylmercaptan (R005406)	3.5g/kg
		四氯化碳	carbon tetrachloride	4g/kg
乐果	dimethoate	氧化乐果	omethoate	2g/kg
		异乐果	isodimethoate	3g/kg
亚胺硫磷	phosmet	氧化亚胺硫磷	phosmet oxon	0.8g/kg
		异亚胺硫磷	isophosmet	0.4g/kg

（续）

农药中文名称	农药英文名称	相关杂质中文名称	相关杂质英文名称	最大限量
苯噻菌胺	benthiavalicarb	6，6'-二氟-2，2'-联苯并噻唑	6，6'-difluoro-2，2'-dibenzothiazole	3.5mg/kg
		双（2-氨基-5-氟苯基）二硫醚	bis（2-amino-5-fluorophenyl）disulfide	14mg/kg
		甲苯	toluene	5g/kg
丙硫菌唑	prothioconazole	脱硫丙硫菌唑	prothioconazole-desthio［2-（1-chloro-cyclopropyl）1-（2-chlorophenyl）-3-（1,2,4-triazol-1-yl）-propan-2-ol］	0.5g/kg（LOD）
苯醚甲环唑	difenoconazole	甲苯	toluene	5g/kg
除虫脲	diflubenzuron	对氯苯胺	4-chloroaniline	0.03g/kg
甲羧除草醚	bifenox	2,4-二氯苯酚	2,4-dichlorophenol	3g/kg
		2,4-二氯苯甲醚	2,4-dichloroanisole	6g/kg
灭藻醌	quinoclamine	二氯萘醌	dichlone（2,3-dichloro-1,4-naphtho-quinone）	15g/kg
杀草敏	chloridazon	4-氨基5氯异构体	4-amino-5-chloro-isomer	60g/kg
三氯甲磺隆	tritosulfuron	2-氨基-4-甲氧基-6-（三氟甲基）-1,3,5-三嗪	2-amino-4-methoxy-6-（trifluormeth-yl）-1,3,5-triazine	0.2g/kg
氟草胺	benfluralin	乙基-丁基亚硝胺	ethyl-butyl-nitrosamine	0.1mg/kg
氟啶胺	fluazinam	5-氯-N-（3-氯-5-三氟甲基-2-吡啶基）-α，α，α-三氟-4,6-二硝基-o-甲苯胺	5-chloro-N-（3-chloro-5-trifluoromethyl-2-pyridyl）-α，α，α-trifluoro-4，6-dinitro-o-toluidine	2g/kg
白僵菌	*Beauveria bassiana* STRAIN：A 原药 TCC 74040 and STRAIN：GHA	白僵菌素	beauvericin	5mg/kg

（续）

农药中文名称	农药英文名称	相关杂质中文名称	相关杂质英文名称	最大限量
苯草醚	aclonifen	苯酚	phenol	5g/kg
吡草胺	metazachlor	甲苯	toluene	0.05 %
乙酸铵	ammonium acetate	重金属	heavy metals as Pb	10mg/kg（以 Pb 计）
碳化钙	calcium carbide	磷化钙	calcium phosphide	0.08～0.9g/kg
		磷化氢	phosphane	0.3μL/L（v/v）
二氧化碳	carbon dioxide	苯	benzene	0.02μL/L（v/v）
		一氧化碳	carbon monoxide	10μL/kg（v/v）
		甲醇	methanol	10μL/kg（v/v）
		氰化氢	hydrogen cyanide	0.5μL/kg（v/v）
乙烯	ethylene	环氧乙烷	ethylene oxide	1mg/kg
茶树提取物	extract from tea tree	甲基丁香酚	methyl eugenol	1g/kg
脂肪蒸馏残渣	fat distillation residues	镍	Ni	200mg/kg
		砷	arsenic	18mg/kg
		镉	cadmium	1.8mg/kg
硫酸亚铁	iron sulphate	铬	chromium	90mg/kg
		铅	lead	36mg/kg
		汞	mercury	1.8mg/kg
硅藻土	kieselgur（diatomaceous earth）	石英颗粒（直径小于 50 μm）	particles of crystalline silica with diameter below 50μm	0.1 %
香茅油	citronella oil	甲基丁香酚和甲基异丁香酚	methyl eugenol and methyl-isoeugenol	0.1 %
丁香油	clove oil	甲基丁香酚	methyl eugenol	0.1 %
菜籽油	rape seed oil	芥酸	erucic acid	2 %

（续）

农药中文名称	农药英文名称	相关杂质中文名称	相关杂质英文名称	最大限量
碳酸氢钾	potassium hydrogen carbonate	铅	Pb	10mg/kg
		砷	As	3mg/kg
石英砂	quartz sand	石英颗粒（直径小于50 μm）	particles of crystalline silica（with diameter below 50μm）	0.1 %
		二噁英	dioxine	6 pg/kg
鱼油	fish oil	汞	Hg	0.5mg/kg
		镉	Cd	2mg/kg
		铅	Pb	10mg/kg
		多氯化联苯	PCBs	5mg/kg
羊油	sheep fat	水	water	0.18 %（w/w）
		水	water	2 %
妥尔油	tall oil crude	灰	ash	0.2 %
		不可皂化物	unsaponifiables	12 %
		游离矿物酸	free mineral acids	0.02 %
磺草酮	sulcotrione	氰化氢	hydrogen cyanide	80mg/kg
		甲苯	toluene	4g/kg
邻硝基酚钠	sodium o-nitrophenolate	苯酚	phenol	0.1g/kg
		2,4-二硝基酚	2,4-dinitrophenol	0.14g/kg
		2,6-二硝基酚	2,6-dinitrophenol	0.32g/kg
对硝基酚钠	sodium p-nitrophenolate	苯酚	phenol	0.1g/kg
		2,6-二硝基酚	2,4-dinitrophenol	0.07g/kg
		2,6-二硝基酚	2,6-dinitrophenol	0.09g/kg

（续）

农药中文名称	农药英文名称	相关杂质中文名称	相关杂质英文名称	最大限量
矮壮素	chlormequat	1,2-二氯乙烷	1,2-dichloroethane	0.1X g/kg（X 为测得的干燥矮壮素的含量）
		氯乙烯	chloroethene（vinylchloride）	0.000 5X g/kg（X 为测得的干燥矮壮素的含量）
铜化合物	copper compounds: copper hydroxide, copper oxychloride, copper oxide, bordeaux mixture, tribasic copper sulphate	铅	lead	0.000 5X g/kg（X 为测得的铜含量）
		镉	cadmium	0.000 1X g/kg（X 为测得的铜含量）
		砷	arsenic	0.000 1X g/kg（X 为测得的铜含量）
喔草酯	propaquizafop	甲苯	toluene	5g/kg
氯氰菊酯	zeta-cypermethrin	甲苯	toluene	2g/kg
		焦油	tars	12.5g/kg
氯磺隆	chlorsulfuron	2-氯苯磺酰胺	2-chlorobenzenesulfonamide（IN-A4097）	5g/kg
		4-甲氧基-6-甲基-1,3,5-三嗪-2-氨	4-methoxy-6-methyl-1,3,5-triazin-2-amine（IN-A4098）	6g/kg
二甲草胺	dimethachlor	2,6-二甲基苯胺	2,6-dimethylaniline	0.5g/kg
野麦畏	tri-allate	亚硝基二异丙胺	NDIPA（nitroso-diisopropylamine）	0.02mg/kg
四氟醚唑	tetraconazole	甲苯	toluene	13g/kg
矿物油	paraffin oils	多环芳烃	polycyclic aromatic hydrocarbons	0.47mg/L
氟吡菌胺	fluopicolide	甲苯	toluene	3g/kg
暂无	heptamaloxyloglucan	棒曲霉素	patulin	50μg/kg

（续）

农药中文名称	农药英文名称	相关杂质中文名称	相关杂质英文名称	最大限量
马拉硫磷	malathion	异马拉硫磷	isomalathion	2g/kg
五氟磺草胺	penoxsulam	2-氯-4-[2-（2-氯-5-甲氧基-4-嘧啶基肼基]-5-甲基嘧啶	bis-CHYMP（2-chloro-4-[2-（2-chloro-5-methoxy-4-pyrimidinyl）hydrazino]-5-methoxypyrimidine）	0.1g/kg
螺螨酯	spirodiclofen	3-（2,4-二氯苯基）-4-羟基-1-氧杂螺[4.5]癸-3-烯-2-酮（BAJ-2740 enol）	3-（2,4-dichlorophenyl）-4-hydroxy-1-oxaspiro[4.5]dec-3-en-2-one（BAJ-2740 enol）	6g/kg
甲霜灵	metalaxyl	N,N-二甲基乙酰胺	N,N-dimethylacetamide	4g/kg
氟啶虫酰胺	flonicamid（IKI-220）	2,6-二甲基苯胺	2,6-dimethylaniline	1g/kg
氟菌唑	triflumizole	甲苯	toluene	3g/kg
敌草胺	napropamide	甲苯	toluene	1g/kg
腈菌唑	myclobutanil	1-甲基吡咯烷-2-酮	1-methylpyrrolidin-2-one	1.4g/kg
杀铃脲	triflumuron	N,N'-二-[4-（三氟甲氧基）苯基]脲	N,N'-bis-[4-（trifluoromethoxy）phenyl]urea	1g/kg
乙霉威	diethofencarb	4-三氟甲氧基苯胺	4-trifluoro-methoxyaniline	5g/kg
氨磺乐灵	oryzalin	N-亚硝基二丙胺	N-nitrosodipropylamine	1g/kg
氟胺氰菊酯	tau-fluvalinate	甲苯	Toluene	0.1mg/kg
烯草酮	clethodim	甲苯	toluene	4g/kg
乙嘧酚磺酸酯	bupirimate	甲苯	toluene	5g/kg
		乙嘧酚	ethirimol	4g/kg
		甲苯	toluene	2g/kg
				3g/kg

（续）

农药中文名称	农药英文名称	相关杂质中文名称	相关杂质英文名称	最大限量
苯氧威	fenoxycarb	甲苯	toluene	1g/kg
异噁酰草胺	isoxaben	甲苯	toluene	3g/kg
四聚乙醛	metaldehyde	乙醛	acetaldehyde	1.5g/kg
津奥啉	sintofen	2-甲氧基乙醇	2-methoxyethanol	0.25g/kg
		N,N-二甲基甲酰胺	N,N-dimethylformamide	1.5g/kg
印楝素	azadirachtin	黄曲霉毒素 B1、B2、G1、G2 总量	sum of the aflatoxins B1, B2, G1, G2	300X μg/kg（X 为测得的印楝素的含量）
虫酰肼	tebufenozide	特丁基肼	t-butyl hydrazine	0.001g/kg
粉唑醇	flutriafol	硫酸二甲酯	dimethyl sulphate	0.1g/kg
		二甲基甲酰胺	dimethylformamide	1g/kg
		甲醇	methanol	1g/kg
氟咯草酮	flurochloridone	甲苯	toluene	8g/kg

附表 2.2 欧盟 Regulation (EC) No 1107/2009 批准的有效成分

农药中文名称	农药英文名称	相关杂质中文名称	相关杂质英文名称	最大限量
四唑嘧磺隆	azimsulfuron	苯酚	phenol	2g/kg
嘧菌酯	azoxystrobin	甲苯	toluene	2g/kg
		顺式异构体	Z-isomer	25g/kg
醚菌酯	kresoxim-methyl	甲醇	methanol	5g/kg
		氯甲烷	methyl chloride	1g/kg
		甲苯	toluene	1g/kg
七氟菊酯	tefluthrin	六氯苯	hexachlorobenzene	1mg/kg
乙氧氟草醚	oxyfluorfen	N,N-二甲基亚硝胺	N,N-dimethylnitrosamine	50μg/kg
精吡氟禾草灵	fluazifop-p	2-氯-5-(三氟甲基)吡啶	2-chloro-5-(trifluoromethyl) pyridine	1.5g/kg
特丁津	terbuthylazine	扑灭津	propazine	10g/kg
		阿特拉津	atrazine	1g/kg
		西玛津	simazine	30g/kg
咪唑嗪	triazoxide	甲苯	toluene	3g/kg
氟丙菊酯	acrinathrin	1,3-二环己基脲	1,3-dicyclohexylurea	2g/kg
咪鲜胺	prochloraz	二噁英和呋喃	dioxins and furans (WHO-PCDD/T TEQ)	0.01mg/kg
威百亩	metam	异硫氰酸甲酯	methylisothiocyanate (MITC)	12X g/kg (X 为干燥威百亩钠盐的含量),0.42Y g/kg(X为干燥威百亩钾盐的含量)
		N, N'-二甲基硫脲	N, N'-dimethylthiourea (DMTU)	23X g/kg (X 为干燥威百亩钠盐的含量),6Y g/kg(X为干燥威百亩钾盐的含量)
联苯菊酯	bifenthrin	甲苯	toluene	5g/kg
氟唑菌酰胺	fluxapyroxad	甲苯	toluene	1g/kg

（续）

农药中文名称	农药英文名称	相关杂质中文名称	相关杂质英文名称	最大限量
磷化氢	phosphane	砷化氢	arsane	0.023g/kg
唑嘧菌胺	ametoctradin	杀草强	amitrole	50mg/kg
		邻二甲苯	o-xylene	2g/kg
双炔酰菌胺	mandipropamid	N-｛2-［4-（2-氯-烯丙氧基）-3-甲氧基-苯基］-乙基｝-2-（4-氯苯基）-2-丙炔-2-基氧基乙酰胺	N-｛2-［4-（2-chloro-allyloxy）-3-methoxy-phenyl］-ethyl｝-2-（4-chloro-phenyl）-2-prop-2-ynyloxy-acetamide	0.1g/kg
螺甲螨酯	spiromesifen	N,N-二甲基乙酰胺	N,N-dimethylacetamide	4g/kg
丁子香酚	eugenol	甲基丁香酚	methyl eugenol	0.1%
环磺酮	tembotrione	甲苯	toluene	10g/kg
		氢氰酸	HCN	1g/kg
氯虫苯甲酰胺	chlorantraniliprole	乙腈	acetonitrile	3g/kg
		3-甲基吡啶	3-picoline	3g/kg
		甲磺酸	methanesulfonic acid	2g/kg
		甲醇	methanol	3g/kg
维生素C	L-ascorbic acid	重金属	heavy metals	10mg/kg（以Pb计）
吲唑磺菌胺	amisulbrom	3-溴-6-氟-2-甲基-1-（1H-1,2,4-三唑-3-基磺酰基）-1H-吲哚	3-bromo-6-fluoro-2-methyl-1-（1H-1,2,4-triazol-3-ysulfonyl）-1H-indole	2g/kg
氯氨吡啶酸	aminopyralid	毒莠定	picloram	40g/kg
		联氨	hydrazine	1mg/kg
氰氟虫腙	metaflumizone	4-三氟甲氧基苯基异氰酸酯	4-（trifluoromethoxy）phenyl isocyanate	100mg/kg
		甲苯	toluene	2g/kg
消螨多	meptyldinocap	2,6-二硝基-4-［（4RS）-辛-4-基］苯基（2E/Z）-丁-2-烯酸酯	2,6-dinitro-4-［（4RS）-octan-4-yl］phenyl（2E/Z）-but-2-enoate	0.4g/kg
环虫酰肼	chromafenozide	乙酸正丁酯	butyl acetate（n-buthyl acetate，CAS No 123-86-4）	8g/kg

附表 2.3 欧盟 Regulation (EC) NO 1107/2009 批准的基础物质

中文名称	英文名称	相关杂质中文名称	相关杂质英文名称	最大限量
壳聚糖盐酸盐	chitosan hydrochloride	重金属	heavy metals	40 ppm（以 Pb 计）
氢氧化钙	calcium hydroxide	钡	barium	300mg/kg
		氟化物	fluoride	50mg/kg
		砷	arsenic	3mg/kg
		铅	lead	2mg/kg

附表 3 澳大利亚登记规定的相关杂质

农药中文名称	农药英文名称	相关杂质中文名称	相关杂质英文名称	最大限量
1-甲基环丙烯	1-methylcyclopropene	1-氯-2-甲基丙烯	1-chloro-2-methylpropene	800mg/kg
		3-氯-2-甲基丙烯	3-chloro-2-methylpropene	800mg/kg
2,4-滴	2,4-D	游离酚	free phenols	3g/kg（以 2,4-二氯苯酚计）
2,4-滴酯类	2,4-D esters	游离酚	free phenols	3X g/kg（X 为测得的 2,4-滴含量，以 2,4-二氯苯酚计）
2,4-滴二甲胺盐	2,4-D-dimethylamine salt	游离酚	free phenols	3g/kg（以 2,4-二氯苯酚计）
2,4-滴异丙胺盐	2,4-D-isopropylamine salt	游离酚	free phenols	3g/kg（以 2,4-二氯苯酚计）
2,4-滴钠盐	2,4-D-sodium	游离酚	free phenols	3g/kg（以 2,4-二氯苯酚计）
2,4-滴丁酸二甲胺盐	2,4-DB-dimethylammonium	游离酚	free phenol, calculated as 2,4-dichlorophenol of the 2,4-DB content	10X g/kg（X 为测得的 2,4-滴丁酸含量，以 2,4-二氯苯酚计）
乙酰甲胺磷	acephate	O,O,S-三甲基硫代磷酸酯	O,O,S-trimethylphosphorothioate	10g/kg
涕灭威	aldicarb	异氰酸甲酯	methyl isocyanate	12.5g/kg
磷化铝	aluminium phosphide	砷	arsenic	0.04g/kg
氨基乙氧基乙烯甘氨酸	aminoethoxyvinylglycine	(S)-2-氨基-4-（2-氨基乙氧基）-丁酸	(S)-2-amino-4-（2-aminoethoxy）-3-butanoic acid	160g/kg
苯霜灵	benalaxyl	2,6-二甲基苯胺	2,6-dimethylaniline	1g/kg
噁虫威	bendiocarb	水	water	5g/kg
仲丁灵	butralin	N-亚硝基仲丁灵	N-nitrosobutralin	1mg/kg
克菌丹	captan	全氯甲硫醇	perchloromethyl mercaptan	20g/kg

（续）

农药中文名称	农药英文名称	相关杂质中文名称	相关杂质英文名称	最大限量
多菌灵	carbendazim	2,3-二氨基吩嗪（DAP）	2,3-diaminophenazine	3mg/kg
		2-氨基-3-羟基吩嗪（HAP）	2-amino-3-hydroxyphenazine:	0.5mg/kg
百菌清	chlorothalonil	六氯苯	hexachlorobenzene	100mg/kg
氯苯胺灵	chlorpropham	氯苯胺	chloroaniline	250mg/kg
毒死蜱	chlorpyrifos	O,O,O',O'-四乙基二硫代焦磷酸酯（S,S-TEPP）	O,O,O',O'-tetraethyl dithiopyrophosphate (S,S-TEPP)	3g/kg
甲基毒死蜱	chlorpyrifos-methyl	O,O,O',O'-四甲基二硫代焦磷酸酯	O,O,O,O-tetramethyl dithiopyrophosphate	3g/kg
氯酞酸甲酯	chlorthal-dimethyl	六氯苯	hexachlorobenzene	100mg/kg
氯咪巴唑	climbazole	对氯苯酚	4-chlorophenol	1g/kg
二嗪农	Diazinon	O,O,O',O'-四乙基硫代焦磷酸酯（O,S-TEPP）	O,O,O',O'-tetraethyl thiopyrophosphate (O,S-TEPP)	0.2g/kg
		O,O,O',O'-四乙基二硫代焦磷酸酯（S,S-TEPP）	O,O,O',O'-tetraethyl dithiopyrophosphate (S,S-TEPP)	2.5g/kg
		水	water	0.6g/kg
二氯酚	Dichlorophen	对氯苯酚	4-chlorophenol	20g/kg
2,4-滴丙酸	Dichlorprop	游离酚	free phenols	10g/kg（以 2,4-二氯苯酚计）
敌敌畏	Dichlorvos	水	water	1g/kg
		酸度	acidity (CIPAC method MT 31)	2g/kg（以 H_2SO_4 计）
三氯杀螨醇	dicofol	滴滴涕和滴滴涕相关杂质的总和	sum of DDT and DDT related impurities	1g/kg
精二甲吩草胺	dimethenamid-P	1,1,1,2-四氯乙烷	1,1,1,2-tetrachloroethane	2g/kg
乐果	dimethoate	O,O,S-三甲基二硫代磷酸酯	O,O,S-trimethyl phosphorodithioate	5g/kg

（续）

农药中文名称	农药英文名称	相关杂质中文名称	相关杂质英文名称	最大限量
二苯胺	diphenylamine	2-氨基联苯	2-aminobiphenyl	20mg/kg
		4-氨基联苯	4-aminobiphenyl	1mg/kg
		苯胺	aniline	5mg/kg
敌草快	diquat dibromide	1,2-二溴乙烷	ethylene dibromide	10mg/kg
		游离的 2，2'-联吡啶	free 2，2'-bipyridyl	0.25%X（w/w）（X 为测得的敌草快的含量）
甲基胂酸二钠	disodium methylarsonate (DSMA)	三价无机砷	trivalent inorganic arsenic	4g/kg
敌草隆	diuron	3,3',4,4'-四氯偶氮苯	3,3',4,4'-tetrachloroazobenzene	20mg/kg
		3,3',4,4'-四氯氧化偶氮苯	3,3',4,4'-tetrachloroazoxybenzene	2mg/kg
乙烯利	ethephon	水	water	{1000-（乙烯利含量 g/kg）/0.91-15}
杀螟硫磷	fenitrothion	S-甲基杀螟硫磷	S-methyl fenitrothion	5g/kg
		O，O，O'O'-四甲基硫代焦磷酸酯	tetramethyl pyrophosphorothioate (TMPP)	3g/kg
暂无	fordaminozide	1,1-二甲基肼	1,1-dimethylhydrazine	50mg/kg
		N-亚硝基二甲胺	N-nitrosodimethylamine	2mg/kg
呋霜灵	furalaxyl	2,6-二甲基苯胺	2,6-dimethylaniline	500mg/kg
草甘膦	glyphosate	甲醛	formaldehyde	1.3g/kg
		亚硝基草甘膦	N-nitroso-N-phosphonomethylglycine	1mg/kg
草甘膦二甲胺盐	glyphosate-isopropylammonium	甲醛	formaldehyde	1.3g/kg
		亚硝基草甘膦	N-nitroso-N-phosphonomethylglycine	1mg/kg

（续）

农药中文名称	农药英文名称	相关杂质中文名称	相关杂质英文名称	最大限量
草甘膦三甲基硫盐	glyphosate-trimesium	甲醛	formaldehyde	1.3g/kg
		亚硝基草甘膦	N-nitroso-N-phosphonomethylglycine	1mg/kg
利谷隆	linuron	3,3',4,4'-四氯偶氮苯	3,3',4,4'-tetrachloroazobenzene	20mg/kg
		3,3',4,4'-四氯氧化偶氮苯	3,3',4,4'-tetrachloroazooxybenzene	2mg/kg
马拉硫磷	maldison	O,O,S-三甲基硫代磷酸酯	O,O,S-trimethylphosphorothioate	5g/kg
抑芽丹		O,S,S-三甲基二硫代磷酸酯	O,S,S-trimethylphosphorodithioate	0.1g/kg
	maleic hydrazide	联氨	hydrazine	15mg/kg
代森锰锌	mancozeb	乙撑硫脲	ethylene thiourea	2g/kg
2甲4氯	MCPA	游离酚	free phenol	10g/kg（以4-氯-2-甲基苯酚计）
	MCPA dimethylammonium	游离酚	free phenol	10g/kg（以4-氯-2-甲基苯酚计）
2甲4氯钠	MCPA sodium	游离酚	free phenol	10g/kg（以4-氯-2-甲基苯酚计）
2甲4氯乙基己酯	MCPA-2-ethylhexyl ester	游离酚	free phenol	10g/kg（以4-氯-2-甲基苯酚计）
2甲4氯丁酸	MCPB	游离酚	free phenol	10g/kg（以4-氯-2-甲基苯酚计）
2甲4氯丙酸	mecoprop	4-氯-2-甲基苯酚	4-chloro-2-methylphenol	10g/kg
甲霜灵	metalaxyl	2,6-二甲苯胺	2,6-dimethylaniline	7.5g/kg
精甲霜灵	metalaxyl-M	2,6-二甲基苯胺	2,6-dimethylaniline	500mg/kg
		S-对映异构体	S-enantiomer	4%
烯虫酯	methoprene	顺式-烯虫酯	cis-methoprene	50g/kg

（续）

农药中文名称	农药英文名称	相关杂质中文名称	相关杂质英文名称	最大限量
代森联	metiram	乙撑硫脲	ethylene thiourea:	0.7% (w/w)
异丙甲草胺	metolachlor	2-乙基-6-甲基苯胺	2-ethyl-6-methylaniline	1g/kg
甲基胂酸钠	monosodium methylarsonate	三价无机砷	trivalent inorganic arsenic	2.2g/kg
		五价无机砷	pentavalent inorganic arsenic	27g/kg
		锑	antimony	2.2g/kg
氧乐果	omethoate	O,O,S三甲基硫代磷酸酯	O,O,S-trimethyl phosphorothioate	5g/kg
氨磺乐灵	oryzalin	N-亚硝基二丙基胺	N-nitroso-di-N-propylamine	0.5mg/kg
乙酰甲胺磷	oxydemeton-methyl	O,O,S三甲基硫代磷酸酯	O,O,S-trimethyl phosphorothioate	21g/kg
乙氧氟草醚	oxyfluorfen	N-亚硝基二甲胺	N-nitrosodimethylamine	1mg/kg
百草枯二氯化物	paraquat dichloride	总三联吡啶	total terpyridines	0.001g/kg
		4,4'-联吡啶	4, 4'-bipyridyl	1.0g/kg
二甲戊乐灵	pendimethalin	N-亚硝基二甲戊乐灵	N-nitroso-pendimethalin	60mg/kg
氨氯吡啶酸	picloram	六氯苯	hexachlorobenzene	100mg/kg
氨氯吡啶酸异辛酯	picloram isooctyl ester	六氯苯	hexachlorobenzene	100mg/kg
甲基嘧啶磷	pirimiphos-methyl	O,O,S三甲基硫代磷酸酯	O,O,S-trimethylphosphorothioate	5g/kg
咪鲜胺	prochloraz	2,4,6-三氯苯酚	2,4,6-trichlorophenol	1g/kg
咪鲜胺锰盐	prochloraz-manganese chloride	2,4,6-三氯苯酚	2,4,6-trichlorophenol	1g/kg
丙溴磷	profenofos	4-溴-2-氯苯酚	4-bromo-2-chlorophenol	10g/kg
敌稗	propanil	四氯偶氮苯	tetrachloroazobenzene	20mg/kg
		四氯氧化偶氮苯	tetrachloroazoxybenzene	2mg/kg
甲基代森锌	propineb	丙烯硫脲	propylene thiourea	5g/kg
		砷	arsenic	25mg/kg

（续）

农药中文名称	农药英文名称	相关杂质中文名称	相关杂质英文名称	最大限量
吡唑醚菌酯	pyraclostrobin	硫酸二甲酯	dimethyl sulfate	3mg/kg
磺酰草吡唑	pyrasulfotole	氰化物	cyanide	50mg/kg
定菌磷	pyrazophos	治螟磷	sulfotep	15g/kg
嘧霉胺	pyrimethanil	苯胺	aniline	1g/kg
五氯硝基苯	quintozene	六氯苯	hexachlorobenzene	500mg/kg
苯嘧磺草胺	saflufenacil	硫酸二甲酯	dimethyl sulfate	1mg/kg
甲基硫菌灵	thiophanate-methyl	2,3-二氨基吩嗪（DAP）	2,3-diaminophenazine	3mg/kg
		2-氨基-3-羟基吩嗪（HAP）	2-amino-3-hydroxyphenazine	0.5mg/kg
福美双	thiram	水	water	5%
三唑酮	triadimefon	对氯苯酚	4-chlorophenol	5g/kg
三唑醇	triadimenol	对氯苯酚	4-chlorophenol	5g/kg
环烷酸三丁基锡	tributyltin naphthenate	游离的三丁基氧化锡	free tributyl tin oxide	2g/kg
氟乐灵	trifluralin	N-亚硝基二丙基胺	N-nitroso-di-N-propylamine	1mg/kg
磷化锌	zinc phosphide	砷	arsenic	0.04g/kg
代森锌	zineb	乙撑硫脲	ethylene thiourea	3g/kg

参 考 文 献

褚秋珉，张其美，1991. 有机磷农药杂质-O，O，S-三甲基硫代磷酸酯的迟发性肺脏毒性 ［J］. 法医学杂志，3：37.

李玲，徐幸莲，周光红，2013. 气质联用检测传统中式香肠中的 9 种挥发性亚硝胺 ［J］. 食品科学，34（14）：241-244.

林睿，赖莺，葛秀秀，等，2012. 气相色谱-质谱法测定仿真饰品中磷酸酯类增塑剂含量 ［J］. 广州化学，37（2）：1-5.

全国农药标准化技术委员会，中国标准出版社第二编辑室，中国石油和化学工业协会，2010. 农药标准汇编 产品卷：上 ［M］. 北京：中国标准出版社.

全国农药标准化技术委员会，中国标准出版社第二编辑室，中国石油和化学工业协会，2010. 农药标准汇编 产品卷：中 ［M］. 北京：中国标准出版社.

全国农药标准化技术委员会，中国标准出版社第二编辑室，中国石油和化学工业协会，2010. 农药标准汇编 产品卷：下 ［M］. 北京：中国标准出版社.

中华人民共和国农业部，2008. NY/T 1667. 2-2008 农药登记管理术语，第 2 部分：产品化学 ［S］. 北京：中国农业出版社.

British Crop Protection Council. e-Pesticide Manual. England：BCPC，Version 5. 0 2009-2010 fifteen edition.

CIPAC. CIPAC Handbook volume E：methamidophos technical 355/TC/M.

CIPAC. CIPAC Handbook volume E：parathion-methyl technical 487（10. a）/TC/（M1 and M2）/-.

CIPAC. CIPAC Handbook volume E：Zineb technical 25/TC/M/-.

CIPAC. CIPAC Handbook volume E：Ziram technical 31/TC/M/-.

CIPAC. CIPAC Handbook volume F：MT 92 Determination of lead.

CIPAC. CIPAC Handbook volume F：MT 94 Determination of zinc.

CIPAC. CIPAC Handbook volume F：MT 98 Water-soluble copper.

CIPAC. CIPAC Handbook volume F：MT 99 Determination of arsenic.

Collaborative International Pesticides Analytical Council（CIPAC），2009. CIPAC guideline for analytical methods for the determination of relevant impurities referred to in FAO and/or WHO specifications for pesticide technical grade active ingredients and formulations ［EB/OL］. CIPAC rev. 7 http：//www. cipac. org/howprepa. htm.

FAO/WHO Joint Meeting on Pesticide Specifications（JMPS），2010. Manual on development and use of FAO and WHO specifications for pesticides-second version of the First Edition ［EB/OL］. http：//www. fao. org/agriculture/crops/thematic-sitemap/theme/pests/jmps/manual/en/.

Food and Agriculture Organization，2006. FAO specifications and evaluations for agricultural pesticides azadirachtin：azadirachtin technical concentrate FAO specification 627/TK.

Food and Agriculture Organization，2008. FAO specifications and evaluations for agricultural pesticides diquat dibromide：diquat dibromide technical concentrate FAO specification 55. 303/TK.

Food and Agriculture Organization，2010. FAO specifications and evaluations for agricultural pesticides fenitrothion: fenitrothion technical material FAO specification 35/TC.

Food and Agriculture Organization，2006. FAO specifications and evaluations for agricultural pesticides hexazinone: hexazinone technical material FAO specification 374/TC.

Food and Agriculture Organization，2013. FAO specifications and evaluations for agricultural pesticides malathion: malathion technical material FAO specification 12/TC/.

Food and Agriculture Organization，2010. FAO specifications and evaluations for agricultural pesticides 1-methylcyclopropene: 1-methylcyclopropene technical concentrate FAO specification 767/TK.

Food and Agriculture Organization，1995. FAO specifications for plant protection products AGP: CP/336 acephate: acephate technical FAO specification 338/TC/S/P.

Food and Agriculture Organization，1991. FAO specifications for plant protection products AGP: CP/300 alachlor: alachlor technical FAO specification 204/TC/S.

Food and Agriculture Organization，1990. FAO specifications for plant protection products AGP: CP/248 dinoterb: dinoterb technical FAO specification 238/TC/S.

Food and Agriculture Organization，1993. FAO specifications for plant protection products AGP: CP/318 fenbutatin oxide: fenbutatin oxide technical FAO specification 359/TC/S/F.

Food and Agriculture Organization，1995. FAO specifications for plant protection products AGP: CP/343 ioxinil octanoate: ioxinil octanoate technical FAO specification 86. 3 oct/TC/S/F.

Food and Agriculture Organization，1980. FAO specifications for plant protection products AGP: CP/93 linuron: linuron technical FAO specification 76/TC/S/11.

Food and Agriculture Organization，1992. FAO specifications for plant protection products AGP: CP/320 methamidophos: methamidophos technical FAO provisional specification 355/TC/S/P.

Food and Agriculture Organization，1991. FAO specifications for plant protection products AGP: CP/302 metolachlor: metolachlor technical FAO specification 400/TC/S.

Food and Agriculture Organization，1997. FAO specifications for plant protection products AGP: CP/359 profenofos: profenofos technical FAO specification 461/TC/S/F.

Food and Agriculture Organization，1997. FAO specifications for plant protection products AGP: CP/351 thiodicarb: thiodicarb technical FAO specification 543/TC/S/F.

Food and Agriculture Organization，2000. FAO specifications for plant protection products AGP: CP/370 triflumuron: triflumuron technical FAO specification 548/TC/S/F.

Food and Agriculture Organization，1988. Provisional FAO specifications for plant protection products AGP: CP/219 aldicarb: aldicarb technical FAO provisional specification 215/TC/ (S) /.

World Health Organization，1999. Diazinon technical full specification WHO/SIT/9. R7.

World Health Organization，2006. WHO specifications and evaluations for public health pesticides dimethoate: dimethoate technical material WHO specification 59/TC.

World Health Organization，2014. WHO specifications and evaluations for public health pesticides pirimiphos-methyl: pirimiphos-methyl technical material WHO specification 239/TC.